动力工程及工程
热物理机械分析方法与应用

张文华　艾丽昆　刘秀林　著

哈尔滨工业大学出版社

内容简介

本书包括工程热物理、动力机械工程、流体机械工程基本理论及其在工程领域的应用。工程热物理以热机气动热力学、流体动力学、传热传质为理论基础,研究热力系统中能量高效利用的理论、方法及应用;动力机械及工程基于工程热力学、流体力学、固体力学、材料学、工程控制理论及现代设计方法等,研究各种形式能源高效、可靠、清洁的转换与利用;流体机械及工程以流体动力学为基础,开展流体机械装置中的能量转化规律、复杂系统流动过程和关键技术的研究,在旋流分离器中的数值计算模拟研究及应用。本书分为4篇共10章,第1篇为工程热力学部分,介绍了热力学基本概念和基本定律;第2篇介绍传热学基本理论;第3篇介绍过程流体机械原理;第4篇介绍机械分析方法与应用。

本书可为相关领域的工程技术人员提供参考。

图书在版编目(CIP)数据

动力工程及工程热物理机械分析方法与应用/张文华,艾丽昆,
刘秀林著. —哈尔滨:哈尔滨工业大学出版社,2023.7
ISBN 978 - 7 - 5767 - 0975 - 9

Ⅰ.①动… Ⅱ.①张…②艾…③刘… Ⅲ.①动力机械
②工程热物理学 Ⅳ.①TK05②TK121

中国国家版本馆 CIP 数据核字(2023)第 150851 号

策划编辑	杨秀华
责任编辑	杨秀华
出版发行	哈尔滨工业大学出版社
社　　址	哈尔滨市南岗区复华四道街 10 号　邮编 150006
传　　真	0451 - 86414749
网　　址	http://hitpress.hit.edu.cn
印　　刷	哈尔滨市工大节能印刷厂
开　　本	787 mm×1 092 mm　1/16　印张 16.25　字数 382 千字
版　　次	2023 年 7 月第 1 版　2023 年 7 月第 1 次印刷
书　　号	ISBN 978 - 7 - 5767 - 0975 - 9
定　　价	78.00 元

前　　言

　　动力工程及工程热物理机械分析方法与应用,涉及工程热物理、动力机械工程、流体机械工程基本理论及其在工程领域的应用。工程热力学部分,以热力学基本定律为依据,探讨各种热力过程的特性,通过对能量转化的观点来研究物质的热性质,是研究能量从一种形式转换为另一种形式时遵从的宏观规律,揭示物质的宏观现象的理论科学;传热学是研究由温差引起的热能传递规律的科学,自然界和生产技术中几乎到处都存在着温度差,所以热量传递就成为自然界和生产技术中一种非常普遍的现象;流体机械是以流体、流体和固体混合物为对象进行能量转换处理,也包括提高其压力进行输送的机械,它是过程装备的重要组成部分;机械分析方法与应用,作者通过大量实例阐述了动力工程及工程热物理在工程各领域的应用。

　　本书由齐齐哈尔大学张文华、艾丽昆、刘秀林著,其中第 1 章、第 2 章和第 10 章由艾丽昆撰写,第 3 章、第 4 章、第 5 章、第 6.4 节和第 8 章由张文华撰写,第 6.1、6.2、6.3 节、第 7 章和第 9 章由刘秀林撰写。

　　本书编写过程中,徐京明参与第 8 章的绘图与整理工作,并给予了大力支持和帮助,在此表示感谢。由于作者水平有限,书中难免存在不足之处,恳请读者批评指正。

作　者

2023 年 5 月

目　　录

第1篇　工程热力学

第2篇　传热学基本理论

第3篇　过程流体机械原理

第4篇 机械分析方法与应用

第1篇　工程热力学

第1章　基本概念

1.1　引　　言

翻开人类的发展史,不难看到人类社会的发展与人类对能源的开发、利用息息相关。能源的开发和利用水平是衡量社会生产力和社会物质文明的重要标志,而且关系着社会可持续发展和社会的精神文明建设。

掌握和了解能源的基本知识,不但对能源动力类的专业人才是必需的,而且对于机械、材料、环境建筑、力学、工业企业管理和科技外语等专业人才培养和未来发展也是不可缺少的。尤其在 21 世纪,为培养和造就复合型人才和全面提高各类人才的科学素质,掌握热源知识是十分必要的。

能量是产生某种效果(变化)的能力,通常包括机械能、热能、电能、辐射能、化学能、核能等。能源是直接或通过转换为人类生产与生活提供能量和动力的物质资源,常用的能源如煤、石油、天然气、太阳能、风能、水能、地热能、核能、煤气、电力、焦炭、蒸汽、沼气、氢能等。能源依据不同领域的基准分类如下:

1. 按能源的来源分类

来自地球以外天体的能量,主要是太阳辐射能;

地球本身蕴藏的能量,主要是地热能和原子核能;

地球和其他天体相互作用产生的能量,主要是潮汐能。

2. 按能源的转化和利用层次分类

一次能源:自然界中以自然形态存在、未经加工或转换的可利用能源,如原煤、石油、天然气、天然铀矿、水能、风能、太阳辐射能、海洋能、地热能等。

二次能源:为满足生产工艺或生活上的需要,由一次能源加工转换而成的能源产品,如电、蒸汽、煤气、焦炭、各种石油制品等。

终端能源:通过用能设备,供消费者使用的能源。二次能源或一次能源一般经过输送、存储和分配成为终端使用的能源。

3. 按能源的使用状况分类

常规能源:指那些开发技术比较成熟、生产成本比较低、已经大规模生产和广泛利用的能源,如煤炭、石油、天然气、水力等。

新能源:指目前尚未得到广泛使用、有待科学技术的发展以期更经济有效开发的能源,如太阳能、地热能、潮汐能、风能、生物质能、原子能等。

4. 按能源对环境污染程度的分类

清洁能源:无污染或污染小的能源,如太阳能、风能、水力、海洋能、氢能、气体燃料等。

非清洁能源:污染大的能源,如煤炭、石油等。

在各种能源中,除风能(空气的动能)和水能(水的位能)可以向人们直接提供机械能以外,其他各种能源往往只能直接或间接地(通过燃烧、核反应)提供热能。人们可以直接利用热能为生产和生活服务,例如用于冶炼、分馏、加热、蒸煮、烘干、采暖等方面,但更大量的还是通过热机(如蒸汽轮机、内燃机、燃气轮机、喷气发动机等)使这些热能部分地(只能是部分地)转变为机械能,或进一步转变为电能,以供生产和生活中的大量需求。因此,对热能性质及其转换规律的研究,显然有着十分重要的意义。

目前,热动力工程所利用的热源物质主要是煤、石油、天然气等矿物燃料。所谓热能动力装置(简称热机),是指从燃料燃烧中得到热能,并利用热能得到动力的整套设备(包括辅助设备)。一般的,热能动力装置可分为燃气动力装置和蒸汽动力装置两大类。

(1)燃气动力装置。

以活塞式发动机为例,分析说明燃气动力装置中热能与机械能的转换情况。如图1.1所示,活塞式发动机主要包括气缸、活塞、曲柄连杆机构、飞轮、进气阀和排气阀等。燃料和空气的混合物在气缸中燃烧,释放出大量热能,使燃气的温度、压力大大高于周围介质的温度和压力而具备所做功的能力。燃气在发动机气缸中膨胀做功,推动活塞,从而使得燃气的能量通过曲柄连杆机构传给装在发动机曲轴上的飞轮,转变成飞轮的动能,而飞轮的转动带动曲轴,并通过机械轴向外输出机械功,同时完成活塞的逆向运动,排出废气,为下一轮进气做好准备,如此周而复始。于是,每经过一定的时间间隔,燃料和空气即被送

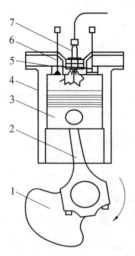

图 1.1　活塞式发动机示意图

1—曲轴;2—连杆;3—活塞;4—气缸;5—排气阀;6—进气阀;7—火花塞

入气缸中,并在其中燃烧、膨胀,推动活塞做功。这样,活塞不断地往复运动,曲轴则连续回转,而飞轮则将所得到的能量一部分作为带动活塞逆向运动所需的能量,其余部分作为传递给工作机械加以利用。此外,排出的废气把一部分燃料化学能转换来的热能排向环境大气。

(2)蒸汽动力装置。

以燃煤电站锅炉为例,分析说明蒸汽动力装置中热能与机械能的转换过程。燃煤电站锅炉系统简图如图 1.2 所示,这是由锅炉、汽轮机、冷凝器、水泵等组成的一套热力设备。煤粉在锅炉炉膛中燃烧,使化学能转变为热能,锅炉沸水管内的水吸热后变为蒸汽,并且在过热器内过热,成为过热蒸汽,它的温度、压力比环境介质(空气)的温度及压力高,具有做功的能力;当过热蒸汽被导入汽轮机后,先通过喷管膨胀,速度增大(该热力过程中热能转变成动能),于是具有一定动能的蒸汽推动叶片,使轴转动做功。做功后的蒸汽从汽轮机进入冷凝器,被冷却水冷凝成水,并由水泵加压后送入锅炉加热。如此周而复始,通过锅炉、汽轮机、冷凝器等不断把煤粉中的化学能转变而来的一部分热能转变为功,其余部分热能则排向环境介质。

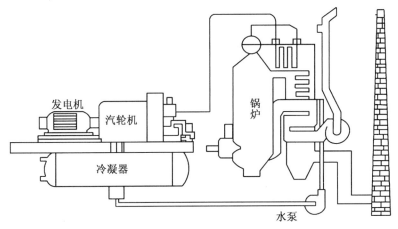

图 1.2 燃煤电站锅炉系统简图

1.2 热力系统

热力学是通过对有关物质的状态变化的宏观分析来研究能量转换过程的。为了便于研究,应选取某些确定的物质或某个确定空间中的物质作为主要的研究对象,并称它为热力系统,简称系统。热力系统之外和能量转换过程有关的一切其他物质统称为外界。在进行热力学分析时,对于热力系统在能量转换过程中的行为及变化规律,要进行详细的分析。而对于外界,一般只笼统地考察它们和热力系统间相互作用时所传递的各种能量与质量。热力系统和外界之间的分界面称为边界。根据具体问题,边界可以是实际的,也可以是假想的;可以是固定的,也可以是移动的。如图 1.3(a)所示的气缸活塞,若把虚线包围的空间取作热力系统,则其边界就是真实的,其中有一条边界是移动的。如图 1.3(b)所示的汽轮机,若取 1—1、2—2 截面积气缸所包围的空间作为热力系统,那么 1—1、2—2

截面所形成的边界就是假想的。

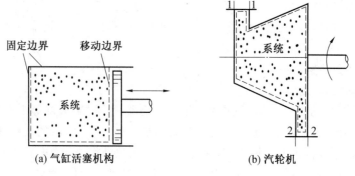

图 1.3 热力系统

当热力系统和外界间发生相互作用时,必然有能量和质量穿越边界,因而可以在边界上判定热力系统和外界间传递能量和质量的形式及数量。实际上也只有在边界上才能判定系统和外界间是否有能量和质量的交换。由于热力设备是通过工质状态变化而实现能量转换的,且其变化规律决定了过程的特点,故在分析热力设备的工作时经常取工质作为热力系统,而把高温热源、低温热源等其他物体取作外界。

根据分析对象的不同,常见的热力系统有以下几种分类:

1. 按照系统与外界有无物质交换来分

按照系统与外界有无物质交换热力系统可分为以下两种:

(1)与外界无物质交换的热力系统称为闭口系统,又称为封闭系统。闭口系统内工质的质量固定不变,因此又称为控制质量系统。如图 1.3(a)所示,封闭气缸中的定质量气体就属于此例。

(2)与外界有物质交换的热力系统称为开口系统。这类热力系统的主要特点是在所分析的系统内工质是流动的,如图 1.3(b)所示。工程上绝大多数设备和装置都是开口系统。

值得指出的是,不论是闭口系统还是开口系统,两者之间都不是绝对的,是随着研究侧重点的改变而改变的。图 1.4 看起来和图 1.3(b)是一样的,但如果关注的是某一具有假想界面的小气团所组成的热力系统,随着这一气团边流动边膨胀,边界也边运动边扩大,此时,这个热力系统内气体工质的质量不变,这个热力系统就是一个闭口系统。

可见,热力系统的选取完全是人为的,主要取决于分析问题的需要与方便。

2. 按照系统与外界在边界上是否存在能量交换来分

(1)非孤立系统。这类热力系统的特点是在分界面上系统与外界存在物质或能量交换。

(2)孤立系统。这类热力系统在分界面上与外界既不存在能量交换,也不存在物质交换。

(3)绝热系统。这类热力系统在分界面上与外界不存在热量交换,但可以有功量和物质交换。例如,在分析火力发电时可以把汽轮机看成是绝热系统。

严格地讲,自然界中不存在完全绝热或孤立的系统,但工程上却存在着接近于绝热或

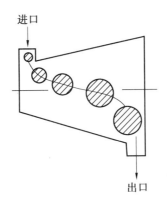

进口

出口

图 1.4　看似开口系统的闭口系统

孤立的系统。用工程观点来处理问题时,只要抓住事物的本质,突出主要因素,就可以近似地将这样的系统看成是绝热系统或孤立系统,进而得出有指导意义的结论。

3. 按照系统内工质的相态不同来分

(1)单相系统。这类热力系统内的工质只由性质均匀的单相(如气态、液态、固态)物质所组成。在不考虑重力影响的情况下,这种单相系统也称为均匀系统。

(2)多相系统。这类热力系统内的工质相态不尽相同,可以是两相(如锅炉水冷壁中的水以气态和液态共存)或三相共存。

在热力工程中,能量转换是通过工质的状态变化来实现的。最常用的工质是一些可压缩流体,如蒸汽动力装置中的水蒸气、燃气轮机装置中的燃气等。由可压缩流体构成的热力系统称为可压缩系统。如果可压缩系统与外界只有准平衡体积变化功(膨胀功或压缩功)交换则此系统称为简单可压缩系统。

1.3　热力过程

热能与机械能的相互转换或热能的转移必须通过热力系统的状态变化来实现。热力系统由一个状态向另一个状态变化时所经历的全部状态的总和称为热力过程,简称过程。

就热力系统本身而言,热力学仅可对平衡状态进行描述,"平衡"就意味着宏观是静止的;而要实现能量的转换,热力系统又必须通过状态的变化即过程来完成,"过程"就意味着变化,意味着平衡被破坏。"平衡"和"过程"这两个矛盾的概念怎样统一起来呢? 这就要靠准平衡过程。

1.3.1　准平衡过程

如前所述,热力学参数只能描述平衡状态,处于非平衡态下的工质没有确定的状态参数,而热力过程又是平衡被破坏的结果。"过程"与"平衡"这两个看起来互不相容的概念给过程的定量研究带来了困难。进一步考察就会发现,尽管过程总是意味着平衡被打破,但是被打破的程度有很大差别。

为了便于对实际过程进行分析和研究,假设过程中系统所经历的每一个状态都无限地接近平衡状态,这个热力过程称为准平衡过程。

　　实现准平衡过程的条件是推动过程进行的不平衡势差(压力差、温度差等)无限小,而且系统有足够的时间恢复平衡。这对于一些热机来说,并不难实现。准平衡过程中系统有确定的状态参数,因此可以在坐标图上用连续的实线表示。

　　将上述过程的结论推广到传热、有相变和化学反应的过程中去,不难发现准平衡过程的实现条件是:破坏平衡态存在的不平衡势差(温差、力差、化学势差)应为无限小。

　　要实现不平衡势差无限小推动下的准平衡过程,从理论上讲要无限缓慢。然而由于实际热力过程热力系统恢复平衡的速度比破坏平衡的速度要快得多,即系统恢复平衡的时间(弛豫时间)相对破坏平衡的时间要少得多,从而可使(与初始态之间的)不平衡势差得以迅速连续地增加。这样,可将有限势差推动下的实际过程看作是连续平衡态构成的准过程。

1.3.2　可逆过程

　　准平衡过程只是为了对系统的热力过程进行描述而提出的。但是当研究涉及系统与外界的功量和热量交换时,即涉及热力过程能量传递的计算时,就必须引出可逆过程的概念。可逆过程的定义为:如果系统完成某一热力过程后,再沿原来路径逆向进行时,能使系统和外界都返回原来状态而不留下任何变化,则这一过程称为可逆过程。否则,其过程称为不可逆过程。

　　可逆过程的特征是:首先,它应是准平衡过程,因为有限势差的存在必然导致不可逆。例如,两个不同温度的物体相互接触,高温物体会不断放热,低温物体会不断吸热,直到两者达到热平衡为止。要使两物体恢复原状,必须借助于外界的作用,这样外界就留下了变化,因此这是一个不可逆过程。其次,在可逆过程中不应包括诸如摩阻、电阻、磁阻等的耗散效应(通过摩阻、电阻和磁阻等使机械能、电能和磁能变为热能的效应)。所以说,可逆过程就是无耗散效应的准平衡过程。例如,由工质、热机和热源组成的一个热力系统,如图1.5所示。如果工质被无限多的不同温度的热源加热,那么工质就沿1-3-4-5-6-7-2经历一系列无限缓慢的吸热膨胀过程,在此过程中,热力系统和外界随时保持热和力的无限小势差,是一个准平衡过程。如果机器没有任何摩擦阻力,则所获机械功全部以动能形式储存于飞轮中。撤去热源,飞轮中储存的动能通过曲柄连杆缓慢地还给活塞,使它反向移动,无限缓慢地沿2-7-6-5-4-3-1压缩工质,压缩工质所消耗的功恰与工质膨胀产生的功相同。与此同时,工质在被压缩的过程中以无限小的温差向无限多的热源放热,所放出的热量与工质膨胀时所吸收的热量也恰好相等。结果系统及所涉及的外界都恢复到原来状态,未留下任何变化。工质经历的1-3-4-5-6-7-2过程就是一个可逆过程。需要指出的是,可逆过程中的"可逆"只是指可能性,并不是指必须要回到初态。

　　准平衡过程和可逆过程都是无限缓慢进行的,由无限接近平衡态所组成的过程。因此,可逆过程与准平衡过程一样在坐标图上都可用连续的实线描绘。它们的区别在于,准平衡过程只着眼于工质的内部平衡,有无摩擦等耗散效应与工质内部的平衡并无关系。而可逆过程则是分析工质与外界作用所产生的总效果,不仅要求工质内部是平衡的,而且

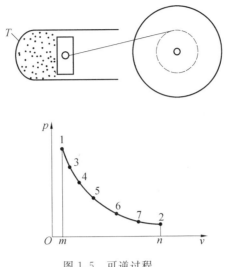

图 1.5　可逆过程

要求工质与外界的作用可以无条件地逆复,过程进行时不存在任何能量的耗散。因此,可逆过程必然是准平衡过程,而准平衡过程不一定是可逆过程。

　　实际过程都或多或少地存在着各种不可逆因素,都是不可逆过程。对于不可逆过程进行分析计算往往是相当困难的,因为此时热力系统内部以及热力系统与外界之间不但存在着不同程度的不可逆,而且错综复杂。由于可逆过程是没有耗散的准静态过程,因此可以用系统的状态参数及其变化计算系统与外界的能量交换——功量和热量,而不必考虑外界复杂繁乱的变化,从而解决了热力过程的计算问题。同时,由于可逆过程突出了能量转换的主要矛盾,因此可以通过对可逆过程的分析选择更合理的热力过程,达到预期的结果。正是由于可逆过程反映了热力过程中能量转换的主要矛盾,因此可逆过程偏离实际过程有限,可以用一些经验系数对可逆过程计算结果加以修正而得到实际过程系统与外界的能量交换。

1.4　可逆过程的体积变化功和热量

1.4.1　可逆过程的体积变化功

　　热能转换为机械能是通过工质的体积膨胀实现的。系统体积变化时通过边界与外界交换的功称为体积变化功,用符号 W 表示,单位为 J 或 kJ。单位质量工质所做的体积变化功,称为比功,用符号 w 表示,单位为 J/kg 或 kJ/kg。热力学中规定:热力系统对外界做功,功量为正;外界对热力系统做功,功量为负。

　　如图 1.6 所示,假定气缸中盛有质量为 m 的工质,经历了一个可逆膨胀做功过程。若活塞在工质压力 p 的推动下向前移动了一微小距离 $\mathrm{d}x$。活塞面积为 A,则工质作用于活塞上的力为 pA(非平衡过程不能用系统的状态参数确定此力)。于是工质在这一可逆微元过程与外界交换的功存在耗散效应的准平衡过程,此功仅是工质所做的功为

$$\delta W = pA\mathrm{d}x = p\mathrm{d}V \tag{1.1}$$

式中,$\mathrm{d}V$ 为活塞移动距离 $\mathrm{d}x$ 时气缸中工质体积的增量,$\mathrm{d}V = A\mathrm{d}x$。

在工质由状态 1 可逆膨胀到状态 2 的过程中,工质与外界交换的体积变化功为

$$W = \int_1^2 p\mathrm{d}V \tag{1.2}$$

单位质量工质所交换的体积变化功为

$$\delta w = \frac{\delta W}{m} = p\mathrm{d}v \tag{1.3}$$

$$w = \int_1^2 p\mathrm{d}v \tag{1.4}$$

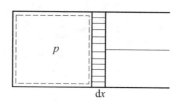

图 1.6　活塞气缸

上述关于功量的计算式仅适用于可逆过程。可以看出,功量是过程量,即功量数值的大小不仅取决于系统的初、终状态,而且与过程的途径有关。如图 1.7 所示,尽管初态都是状态 1,终态都是状态 2,当经历过程 $1-a-2$ 时,过程线与横坐标包围的面积(过程 $1-a-2$ 线下的面积)则为系统与外界交换的比功。当经历过程途径 $1-b-2$ 时,过程线下的面积(过程 $1-b-2$ 线下的面积)变化,所交换的比功也就不同。因此,$p-v$ 图也可以称为示功图。

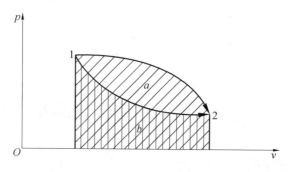

图 1.7　$p-v$ 图

根据比体积的变化,可以判断可逆过程系统与外界之间功量交换的方向:若比体积增大 $\mathrm{d}v > 0$,则 $\delta w > 0$,系统对外做功,即膨胀功;若比体积减小 $\mathrm{d}v < 0$,则 $\delta w < 0$,外界对系统做功,即压缩功。

1.4.2　可逆过程的热量

热力系统与外界之间依靠温差传递的能量称为热量,用符号 Q 表示,单位与功的单位相同,为 J 或 kJ。单位质量工质所传递的热量,称为比热量,用 q 表示,单位为 J/kg 或 kJ/kg。热力学中规定:系统吸收热量,热量为正;系统放出热量,热量为负。

　　热量也是过程量,即热量数值的大小也与过程的途径有关。在可逆过程中,与功量计算式相对应的热量计算公式为

$$\delta q = T p \, ds \tag{1.5}$$

$$\delta Q = T dS \tag{1.6}$$

$$q = \int_1^2 T \, ds \tag{1.7}$$

$$Q = \int_1^2 T dS \tag{1.8}$$

式中　　S——状态参数熵,单位为 J/K 或 kJ/K;

　　　　s——单位质量工质的熵,称为比熵,单位为 J/(kg·K) 或 kJ/(kg·K)。

1.5　热力循环

　　实用的热力发动机必须能连续不断地做功。为此,工质在经历了一系列状态变化过程后,必须能回到原来的状态。如图 1.8 蒸汽动力装置系统简图,蒸汽在经过若干过程之后,重又回到了原来的状态。这样一系列过程的综合称为热力循环,简称循环。工质完成循环后恢复其原来的状态,就有可能按相同的过程不断重复运行而连续不断地做功。当然,蒸汽动力装置也可以不用冷凝器,把乏汽直接排入大气,而另外从自然界取水供入锅炉。这种情况下,工质在装置内部虽未完成循环,但乏汽排入大气后要被冷凝成环境温度和环境压力的水,其状态和补充给锅炉的水相同。从热力学的观点来看,工质仍完成了循环,只是有一部分过程在大气环境中进行。图 1.8 所示的内燃动力装置也是如此,工质在装置内部虽未完成循环,但排出的废气在大气中也一定会改变其状态,最后回到与吸入气缸的新气相同的状态。

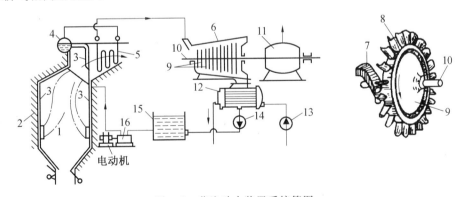

图 1.8　蒸汽动力装置系统简图

1—炉子;2—炉墙;3—沸水管;4—汽锅;5—过热器;6—汽轮机;7—喷嘴;8—叶片;9—叶轮;
10—轴;11—发电机;12—冷凝器(凝汽器);13、14 及 16—泵;15—蓄水池

　　全部由可逆过程组成的循环称为可逆循环,若循环中有部分过程或全部过程是不可逆的,则该循环为不可逆循环。在状态参数的平面坐标图上,可逆循环的全部过程构成一闭合曲线。

根据循环效果及进行方向的不同,可以把循环分为正循环和逆循环。将热能转化为机械能的循环叫正循环,它使外界得到功,将热量从低温热源传给高温热源的循环叫逆循环,一般来讲逆循环必然消耗外功。

普遍接受的循环经济性指标的原则性定义是

$$经济性指标 = \frac{得到的收获}{花费的代价} \tag{1.9}$$

1.5.1　正循环

正循环也叫热动力循环。设有 1 kg 工质在气缸中进行一个正循环 $1-2-3-4-1$,如图 1.9(a)所示。过程 $1-2-3$ 表示膨胀过程,所做膨胀功在 $p-v$ 图上为面积 123561。为使工质到初态,必须对工质进行压缩,此时所消耗的压缩功为面积 341653。正循环所做净功 w_0 为膨胀功与压缩功之差,即循环所包围的面积 12341(正值)。

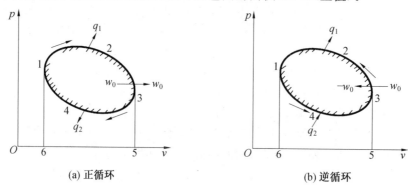

(a) 正循环　　　　　　　　　　　　(b) 逆循环

图 1.9　任意循环在 $p-v$ 图上的表示

对正循环 $1-2-3-4-1$,在膨胀过程 $1-2-3$ 中工质从热源吸热 q_1,在压缩过程 $3-4-1$ 中工质向冷源放热 q_2。由于在循环过程中,工质回复到初态,工质的状态没有变化,因此,工质内部所具有的能量也没有变化。循环过程中工质从热源吸收的热量 q_1 与向冷源放出的热量 q_2 的差值,必然等于循环 $1-2-3-4-1$ 所做的净功 w_0,即

$$w_0 = q_1 - q_2$$

正循环中热转换功的经济性指标用循环热效率表示

$$循环热效率 = \frac{循环中转换为功的热量}{工质从热源吸收的总热量}$$

即

$$\eta_t = \frac{w_0}{q_1} = \frac{q_1 - q_2}{q_1} \tag{1.10}$$

从式(1.10)可得出结论:循环热效率总是小于 1。从热源得到的热量 q_1,只能有一部分变为净功 w_0,在这一部分热能转换为功的同时,必然有另一部分的热量 q_2 流向冷源,没有这部分热量流向冷源,热量是不可能连续不断地转变为功的。

1.5.2　逆循环

逆循环主要应用于制冷装置和热泵系统。制冷装置中,功源(如电动机)供给一定的

机械能,使低温冷藏库或冰箱中的热量排向温度较高的大气环境,热泵则消耗机械能把低温热源,如室外大气的热量输向温度较高的室内,使室内空气获得热量维持较高的温度。两种装置用途不同,但热力学原理相同,均是在循环中消耗机械能(或其他能量),把热量从低温热源传向高温热源。

如图 1.9(b)所示,热力循环按逆时针方向进行(即循环 1-4-3-2-1)时,就成了逆循环。由 $p-v$ 图可知,逆循环的净功为负值,即逆循环需消耗功。工程上逆循环有两种用途:如以获得冷量为目的,称为制冷循环,这时制冷工质从冷源吸取热量 q_2(或称冷量),如以获得供热量为目的,则称为热泵循环,这时工质将从冷源吸收的热量 q_2,连同循环中消耗的净功 w_0,一并向较高温度的供热系统供给热量 q_1($q_1=q_2+w_0$)。逆循环的经济指标采用工作系数表示,分别有制冷系数 ε_1 和供热系数 ε_2,即:

制冷系数

$$\varepsilon_1=\frac{q_2}{w_0}=\frac{q_2}{q_1-q_2} \tag{1.11}$$

供热系数

$$\varepsilon_2=\frac{q_1}{w_0}=\frac{q_1}{q_1-q_2} \tag{1.12}$$

从式(1.11)和式(1.12)可知,制冷系数与供热系数之间存在下列关系

$$\varepsilon_2=1+\varepsilon_1 \tag{1.13}$$

制冷系数可能大于、等于或小于 1,而供热系数总是大于 1。

应当指出:由可逆过程组成的循环称为可逆循环,在 $p-v$ 图上可用实线表示。部分或全部由不可逆过程组成的循环称为不可逆循环,在坐标图中不可逆过程部分只能用虚线表示。因此,循环有可逆正循环、可逆逆循环、不可逆正循环及不可逆逆循环之分。

第 2 章　　基本定律

2.1　热力学第一定律

2.1.1　热力学第一定律的实质

能量转换与守恒定律是自然界的一条普适定律。它指出：自然界中一切物质都具有能量，能量有各种不同的形式，它可以从一个物体或系统传递到另外的物体和系统，能够从一种形式转换成另一种形式。在能量的传递和转换过程中，能量的"量"既不能创生，也不能消灭，其总量保持不变。将这一定律应用到涉及热现象的能量转换过程中，即是热力学第一定律，它可以表述为：热可以转变为功，功也可以转变成热；一定量的热消失时，必然伴随产生相应量的功；消耗一定量的功时，必然出现与之对应量的热。换句话说：热能可以转变为机械能，机械能可以转变为热能，在它们传递和转换过程中，总量保持不变。焦耳的热功当量实验和瓦特蒸汽机的成功，以及以后所有的热功转换装置都证实了热力学第一定律的正确性。

热力学第一定律是能量守恒与转换定律在热力学上的体现与应用，是热力学最基本的定律之一。它确定了热能在与其他能量转化时能量的守恒关系。热能的消失意味着其他能量的产生，而其他能量的消失也意味着热能的产生。热能和其他能量处于不断的转化之中，同时它们的总量处于固定不变的状态。

热力学第一定律是热力学的基础，在热力学的学习和研究中始终处于重要的位置，它是经过时间考验的，是具有普遍性的一个定律。

2.1.2　热力学能

热力过程中热能和机械能的转换过程，总是伴随着能量的传递和交换。这种交换不仅包括功量和热量的交换，而且包括因工质流进流出而引起的能量交换。根据热力学第一定律能量的"量"守恒的原则，对于任意系统可以得到其一般关系式，即

$$\text{进入系统的能量} - \text{流出系统的能量} = \text{系统储存能量的变化} \tag{2.1}$$

由式(2.1)看出，分析热力过程中能量的平衡关系时，既要考虑系统本身具有的能量（称为储存能），也要考虑系统与外界之间所传递的能量（称为迁移能）。前者取决于系统本身所处的状态，后者取决于系统与外界之间的相互作用。

工质可同时进行各种不同形式的运动，相应地也就具有多种不同形式的能量。

动能系统作为一个整体在空间做宏观运动（相对于某参考系）所具有的能量称为动能，用 E_k 表示。若系统内工质的质量为 m，速度为 c，则系统动能为

$$E_k = \frac{1}{2}mc^2 \tag{2.2}$$

位能　系统处于外力场的作用下,具有一定的能量称为位能,用 E_p 表示。这里只考虑重力的作用。若系统内工质的质量为 m,系统质量中心在相对于某参考系的高度为 z,则系统的位能为

$$E_p = mgz \tag{2.3}$$

上述动能和重力位能是系统本身所储存的机械能。由于它们需要借助于系统外的参考系测量参数 (c,z) 来表示,故称为外部储存能。

储存于系统内部的能量称为内能用 U 表示。它与系统内部粒子的微观运动和粒子间空间位形有关。当系统的状态发生变化时,内能的各组成部分并不都发生变化。因此,分析系统能量的变化时,只需考虑过程变化所涉及的那部分内能。所研究的热力过程,一般不涉及分子结构与原子核的变化,故不考虑化学内能和核能。只是在研究化学热力学时,才考虑涉及分子结构的化学内能。系统内工质的内能可认为由下列各项组成:

(1)内动能。工质内部粒子热运动的能量,称为内动能。它包括分子的移动动能、转动动能和分子内部的振动动能。根据气体分子运动论,内动能越大,温度也越高。所以,内动能是温度的函数。

(2)内位能。分子间由于相互作用力的存在而具有的位能,称为内位能。内位能的大小与分子间的平均距离有关,即与工质的比容有关。

由此可见,系统内工质的内能决定于它的温度和比容,即

$$u = f(T,v)$$

当系统处于一定的热力状态时,系统具有确定的温度和比容,与此同时,系统具有一定的内动能和内位能,所以,对于每个热力状态,系统都具有确定的内能。因此,内能是一个状态参数。即当系统的状态发生变化时,内能的变化量完全取决于过程始点和终点的状态,而与其所经历的过程路线无关。

综上所述,系统的总的储存能 E 为动能、位能和内能之和,即

$$E = E_k + E_p + U \tag{2.4}$$

对于单位质量工质而言,比存储能

$$e = e_k + e_p + u = \frac{c^2}{2} + gz + u \tag{2.5}$$

2.1.3　热力学第一定律的普遍表达式

热力学中的能量转换是热力系统与外部能量的转化,转化中热力系统可能会从外部得到一部分能量,也可能会失去本身的一部分能量,但根据能量的转化与守恒定律,能量始终是保持平衡的,不会凭空的失去或得到。热力学第一定律的能量方程就是表示热力学能量转化过程中能量保持平衡的方程,是能量的转化与守恒定律的体现。

当热力学第一定律应用于不同热力系统时,可以得到不同的能量方程。

热力过程中热能和机械能的转换过程,总是伴随着能量的传递和交换。这种交换不但包括功量和热量的交换,而且包括因工质流进流出而引起的能量交换。根据热力学第

一定律的守恒原则,对于任意系统可以得到其一般关系式(2.1)。

如图 2.1 所示的一般热力系统,假设该系统在无限短的时间间隔 $\mathrm{d}\tau$ 内,系统对外界做出各种形式的功量 δW_{tot},从外界吸收热量 δQ,有 δm_1 的工质携带 $e_1\delta m_1$ 的能量进入系统;有 δm_2 的工质携带 $e_2\delta m_2$ 的能量流出系统,其间系统的总储存能从 E_{sy} 增加到 $E_{\mathrm{sy}}+\mathrm{d}E_{\mathrm{sy}}$,根据式(2.1)可得

$$(\delta Q+e_1\delta m_1)-(\delta W_{\mathrm{tot}}+e_2\delta m_2)=E_{\mathrm{sy}}+\mathrm{d}E_{\mathrm{sy}}$$

即

$$\delta Q=\mathrm{d}E_{\mathrm{sy}}+(e_2\delta m_2-e_1\delta m_1)+\delta W_{\mathrm{tot}} \tag{2.6}$$

对式(2.6)进行积分可以得到有限时间内 τ 的表达式

$$Q=\Delta E_{\mathrm{sy}}+\int_{\tau}(e_2\delta m_2-e_1\delta m_1)+W_{\mathrm{tot}} \tag{2.7}$$

式(2.6)和式(2.7)即为热力学第一定律的一般表达式。

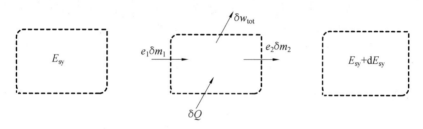

图 2.1　一般热力系统

2.1.4　闭口系统的能量方程式

在实际热力过程中,许多系统都是闭口系统。例如,内燃机的压缩和膨胀过程,活塞式压气机的压缩过程。因此,有必要从热力学第一定律的一般表达式推导出闭口系统能量方程。

如图 2.2 所示的气缸活塞系统是一个典型的闭口系统,取气缸中质量为 m 千克的工质为闭口系统,该闭口系统从外界吸收的热量为 Q。该闭口系统的宏观动能和宏观势能均无变化。因此,该闭口系统的能量增量仅为热力学能增量 ΔU。该闭口系统与外界没有物质交换,$\delta m_1=\delta m_2=0$。该闭口系统对外界所做的功仅为膨胀功 W。这样由热力学第一定律的一般表达式(2.7)可推导出闭口系统能量方程为

$$Q=\Delta U+W \tag{2.8}$$

对单位工质的闭口系统而言,有

$$q=\Delta u+w \tag{2.9}$$

对闭口系统微元过程的能量方程,有

$$\delta Q=\mathrm{d}U+\delta W \tag{2.10}$$

$$\delta q=\mathrm{d}u+\delta w \tag{2.11}$$

以上四式为封闭系统热力学第一定律的三种表达式。它们说明热源加给闭口系统的热量用于系统内能的增加和对功源做的膨胀功。上述公式中的 q、Δu 和 w 都是代数值,即:

①$q>0$,表示热源对系统加热,$q<0$,表示系统向热源放热;

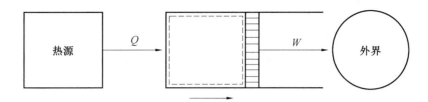

图 2.2　闭口系统与外界的能量转换

②$\Delta u > 0$,表示系统比内能增加,$\Delta u < 0$,表示系统比内能减少;

③$w > 0$,表示系统对外界做功,$w < 0$,表示外界对系统做功。

从上述四式可以看出,当初终状态给定时,内能的变化量为定值,但过程不同时,膨胀功有不同数值,因而热量也有不同数量。这就具体地说明热量不是状态参数,而是过程函数。上述四式是由普遍适用的热力学第一定律的一般表达式导出的,所以,它们对任何工质和任何过程(可逆或不可逆过程)都是适用的。

对可逆过程,因为 $\mathrm{d}w = p\mathrm{d}v$,所以封闭系统可逆过程的热力学第一定律称为

$$Q = \Delta U + \int_1^2 p\mathrm{d}V \tag{2.12}$$

$$q = \Delta u + \int_1^2 p\mathrm{d}v \tag{2.13}$$

$$\delta Q = \mathrm{d}U + p\mathrm{d}V \tag{2.14}$$

$$\delta q = \mathrm{d}u + p\mathrm{d}v \tag{2.15}$$

2.1.5　流动功和焓

1. 流动功

功的形式除了膨胀功或压缩功这类与系统的界面移动有关的功外,还有一个因工质在开口系统中流动而传递的功,这种功称为流动功,也称为推进功。在对开口系统进行功的计算时,需要考虑这种功。如图 2.3 所示,当质量为 $\mathrm{d}m$ 的工质在外力的推动下移动距离 $\mathrm{d}x$,并通过面积为 A 的截面进入系统时,则外界所做的流动功为

$$\delta W_f = p A\mathrm{d}x = p\mathrm{d}V = p v\mathrm{d}m \tag{2.16}$$

对于单位质量工质而言,流动功为

$$w_f = \frac{\delta W_f}{\mathrm{d}m} = p v \tag{2.17}$$

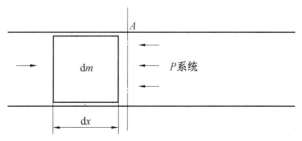

图 2.3　流动功示意图

可见,对于单位质量工质所做的流动功在数值上等于工质的压力和比体积的乘积 pv。流动功应理解为,由泵或风机加给被输送工质并随着工质的流动面向前传递的一种能量,不是工质本身具有的能量。流动功只有在工质流动过程中才出现。工质在移动位置时总是从后面获得流动功,而对前面做出流动功。当工质不流动时,虽然工质也具有一定的状态参数 p 和 v,但此时它们的乘积 pv 并不代表流动功。

2. 焓

在许多计算的公式中,$U+pV$ 组合经常出现,为了简化公式和计算,把这个组合定义为焓,用 H 表示。规定

$$H=U+pV \tag{2.18}$$

单位质量工质的焓称为比焓,用 h 表示,即

$$h=u+pv \tag{2.19}$$

国际制中,焓的单位为 J 或者 kJ,比焓的单位为 J/kg 或 kJ/kg。从焓的定义式可知,焓是一个状态参数,在任一平衡状态下,系统的 u、p、v 都有一定的值,因而 h 也有一定的值,而与到达这一点的路径无关。

焓由 u 和 pv 项组成,其中内能 u 有明确的物理意义。所以,论及焓的物理意义时,关键在于对 pv 项的理解。在工质流动的情况下,pv 项代表 1 kg 工质的流动功。当工质流入某系统时,不仅将它所具有的内能、动能和位能带入了系统,而且,还把它从原来所在系统获得的流动功也传给了系统。在此部分能量中,只有 u 和 pv 取决于热力状态。所以,焓代表系统因引入工质而获得的能量中取决于工质热力状态的那部分能量。这样,就可根据工质的热力状态,通过计算焓来确定这部分能量。如果,工质的动能和位能可以忽略,则系统因引入工质而获得的能量,将只是内能和流动功之和。这种情况下,焓就代表随工质流动而转移的总能量。例如,活塞式内燃机中,进排气的动能、位能常忽略不计,因此,由于进气面带入的能量,或由于排气而带走的能量,都是用相应的焓来计算。

焓是热力学中的一个重要的状态参数。它的引用,简化了很多公式的形式。也简化了某些热力过程的计算。特别在研究有关工质流动的问题中,焓的应用非常广泛。

2.1.6　稳定流动能量方程及其应用

1. 稳定流动能量方程

在实际的热力工程和热工设备中,工质要不断地流入和流出,热力系统是一个开口系统。在正常运行工况或设计工况下,所研究的开口系统是稳定流动系统。所谓稳定流动系统是指热力系统内各点状态参数不随时间变化的流动系统。为实现稳定流动,必须满足以下条件:

(1)进出系统的工质流量相等且不随时间而变。

(2)系统进出口工质的状态不随时间而变。

(3)系统与外界交换的功和热量等所有能量不随时间而变。

图 2.4 为一稳定流动系统,在时间 τ 内系统从外界吸收热量 Q,有 m_1 kg 的工质进出系统,m_2 kg 的工质进出系统,由稳定流动系统的性质可得

$$m_1 = m_2 = m = \int_\tau \delta m \tag{2.20}$$

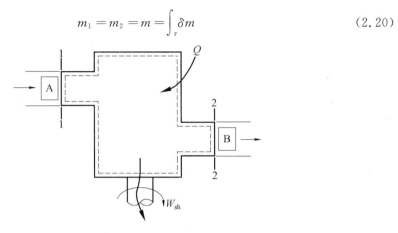

图 2.4　稳定流动系统示意图

若流入和流出系统工质的比储存能分别为 e_1 和 e_2，由稳定流动系统性质可得

$$\int_\tau (e_2 \delta m_2 - e_1 \delta m_1) = \int_\tau (e_2 - e_1)\delta m = (e_2 - e_1)\int_\tau \delta m = (e_2 - e_1)m$$

$$= E_2 - E_1 = \left(U_2 + \frac{1}{2}mc_2^2 + mgz_2\right) - \left(U_1 + \frac{1}{2}mc_1^2 + mgz_1\right) \tag{2.21}$$

在 τ 时间内，系统与外界交换的功量除维持工质流动的流动功外，还有通过机器的旋转轴与外界交换的轴功 W_{sh}。因此，系统与外界交换的总功为

$$W_{tot} = W_{sh} + W_f = W_{sh} + \Delta(pV) \tag{2.22}$$

另外，由于稳定流动系统内各点参数不随时间发生变化，故作为状态参数的系统总能量变化恒为零，即

$$\Delta E_{sy} = 0 \tag{2.23}$$

根据上述分析和热力学第一定律的一般表达式，有

$$Q = \Delta E_{sy} + \int_\tau (e_2 \delta m_2 - e_1 \delta m_1) + W_{tot}$$

$$= 0 + (E_2 - E_1) + W_{sh} + W_f$$

$$= \left(U_2 + \frac{1}{2}mc_2^2 + mgz_2\right) - \left(U_1 + \frac{1}{2}mc_1^2 + mgz_1\right) + W_{sh} + \Delta(pV)$$

$$= (U_2 + p_2V_2) - (U_1 + p_1V_1) + \frac{1}{2}m(c_2^2 - c_1^2) + mg(z_2 - z_1) \tag{2.24}$$

由于 $H = U + pV$，则式(2.24)可表示为

$$Q = \Delta H + \frac{1}{2}m(\Delta c^2) + mg\Delta z + W_{sh} \tag{2.25}$$

上式即为稳定流动系统的能量方程。

如流入流出系统的工质为单位工质，则有

$$q = \Delta h + \frac{1}{2}\Delta c^2 + g\Delta z + w_{sh} \tag{2.26}$$

在推导稳定流动系统能量方式时，除了要求系统是稳定流动系统外，没有任何附加条

件,故适用于任何过程和工质。

2. 稳定流动能量方程的应用

热力学第一定律是能量传递和转换所必须遵循的基本定律。闭口系统的能量方程反映了热能和机械能相互转换的基本原理和关系。稳定流动系统的能量方程虽然与闭口系统的形式不同,但本质并没有变化。应用它们可以解决工程中的能量传递和转换问题。在分析具体问题时,对于不同的热力设备和热力过程,应根据具体问题的不同条件做出合理简化,得到更加简单明了的方程。在实际工程中,多数热力设备、装置是开口的稳定流动系统,因此,稳定流动的能量方程应用得较多。下面以几种典型的热力设备为例进行分析和说明。

(1)叶轮式机械。

叶轮式机械包括叶轮式动力机和叶轮式耗功机械。叶轮式动力机有汽轮机和燃气轮机。如图 2.5 和图 2.6 所示。在工质流经叶轮式动力机时,压力降低,体积膨胀,对外做功。通常进出口的动能差、位能差以及系统向外界散失的热量均可忽略不计,于是稳定流动系统能量方程式可简化为

$$w_{sh} = h_1 - h_2$$

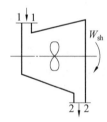
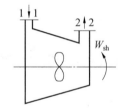

图 2.5　叶轮式动力机　　　　图 2.6　叶轮式耗功机械

上式说明叶轮式动力机对外所做的轴功来源于工质从动力机进出口的焓降。对于如图 2.6 所示的叶轮式耗功机械,如叶轮式压气机、水泵等,同理可得

$$w_{sh} = -(h_2 - h_1)$$

叶轮式耗功机械是外界通过旋转轴对系统做功。外界所消耗的功用于增加工质的焓,故有 $h_1 < h_2$,系统所在的轴功为负值。

(2)换热器。

热力工程中的锅炉、回热加热器、冷油器和冷凝器等均属热交换器,即换热器。取如图 2.7 所示换热器工质流经的空间为热力系统(虚线所围),工质在换热器中被加热或冷却,与外界有热量交换而无功量交换,忽略进出口工质的宏观动能变化与位能差,对于稳定流动,根据稳定流动能量方程则有

$$q = \Delta h = h_2 - h_1$$

说明工质流经换热器时所吸收的热量全部用来增加工质的焓值;反之,工质流经换热器所放出的热量全部由工质焓值的减少来补偿。

(3)(绝热)节流。

阀门、流量孔板等是工程中常用的设备。工质流经这些设备时,流体通过的截面突然缩小,称为节流。在节流过程中,工质与外界交换的热量可以忽略不计,故节流又称绝热

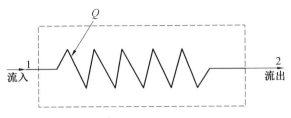

图 2.7　换热器示意图

节流。

　　工质在管道中流经一个小孔时,由于流道断面缩小,工质流速增加,压力降低。当工质流过小孔后,管道断面突然扩大到原来的尺寸,工质的流速降低,压力升高,由于工质流经小孔前后流动断面的突然收缩和扩大,流动工质中产生了大量的涡旋,因而工质内部摩擦很剧烈。这样,压力就不能恢复到原来的数值。按照小孔直径与管道直径比值的不同,压力降低的数值也不同。如图 2.8 所示,我们把小孔前后的空间取为开口系统。由于节流前后工质动能的变化与焓的变化相比可略去不计,又由于工质流经小孔时流速较大,来不及与外界进行热量交换,以及工质流经小孔时与外界没有轴功交换,根据稳定流动能量方程,有

$$h_1 = h_2$$

　　可见节流前后工质的焓相等。因为节流过程中,工质内部有摩擦,所以节流过程不仅是不可逆的而且是非平衡的。

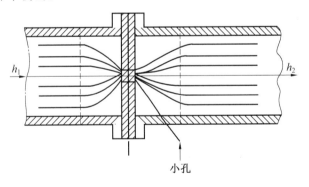

图 2.8　节流

　　(4)喷嘴和扩压管。

　　喷嘴是一种使流动工质加速从而增加其动能的管道。扩压管是使工质沿流动方向增加压力的管道。如图 2.9 所示,因为工质在喷管和扩压管中流速都很高,来不及与外界进行热量交换,而且喷嘴和扩压管与外界都没有轴功交换。根据稳定流动能量方程,有

$$\frac{1}{2}(c_2^2 - c_1^2) = h_1 - h_2$$

　　对于喷管,因为 $c_2^2 > c_1^2$,所以 $h_1 > h_2$。可见,工质在喷管中增加的动能全部由工质焓值的减少来补偿。对扩压管,因压力差的方向与流动方向相反,工质做减速流动,因而,$c_2^2 < c_1^2$,所以 $h_1 < h_2$。可见,工质在扩压管中焓值的增加全部是工质动能转换而来的。这一结论对任意工质和任意过程都是适用的。

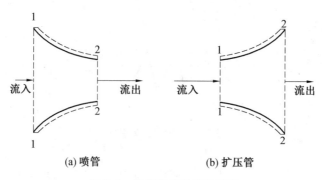

图 2.9　喷管和扩压管示意图

(5)泵和风机。

工质流经泵和风机时,压力增加,外界对工质做功,因此工质做的是负功。工质流经设备的时间很短,所以散热很少,可忽略不计,而且与外界无热量交换,进出口动能差和势能差都很小,可忽略不计。因此,根据稳定流动能量方程,得

$$-w_{sh}=h_2-h_1$$

故工质在泵和风机中被压缩时外界所消耗的功等于工质焓的增加。

2.2　热力学第二定律

热力学第二定律是反映自然界各种过程的方向性、自发性、不可逆性、能量转换的条件和限度等的基本规律。这一规律可以概括为:自然界所有宏观过程进行时必定伴随着熵的产生。

2.2.1　热力学第二定律的任务

热力学第一定律确定了各种能量的转换和转移不会引起总能量的改变。创造能量(第一类永动机)既不可能,消灭能量也办不到。总之,自然界中一切过程都必须遵守热力学第一定律。然而,是否任何不违反热力学第一定律的过程都是可以实现的呢?事实上又并非如此。我们不妨考察几个常见的例子。

例如,一个烧红了的锻件,放在空气中便会逐渐冷却。显然,热能从锻件散发到周围空气中了,周围空气获得的热量等于锻件放出的热量,这完全遵守热力学第一定律。现在设想这个已经冷却了的锻件从周围空气中收回那部分散失的热能,重新赤热起来,这样的过程也并不违反热力学第一定律(锻件获得的热量等于周围空气供给的热量)。然而,经验告诉我们,这样的过程是不会实现的。

又如,一个转动的飞轮,如果不继续用外力推动它旋转,那么它的转速就会逐渐减低,最后停止转动。飞轮原先具有的动能由于飞轮轴和轴承之间的摩擦以及飞轮表面和空气的摩擦,变成了热能散发到周围空气中去了,飞轮失去的动能等于周围空气获得的热能,这完全遵守热力学第一定律。但是反过来,周围空气是否可以将原先获得的热能变成动能,还给飞轮,使飞轮重新转动起来呢?经验告诉我们,这又是不可能的,尽管这样的过程并不违反热力学第一定律(飞轮获得的动能等于周围空气供给的热能)。

再如,盛装氧气的高压氧气瓶只会向压力较低的大气中漏气,而空气却不会自动向高压氧气瓶中充气。

以上这些例子都说明了过程的方向性。过程总是自发地朝着一定的方向进行:热能总是自发地从温度较高的物体传向温度较低的物体;机械能总是自发地转变为热能;气体总是自发地膨胀等。这些自发过程的反向过程(称为非自发过程)是不会自发进行的:热量不会自发地从温度较低的物体传向温度较高的物体;热能不会自发地转变为机械能;气体不会自发地压缩等。

这里并不是说这些非自发过程根本无法实现,而是说,如果没有外界的推动,它们是不会自发进行的。事实上,在制冷装置中可以使热能从温度较低的物体(冷库)转移到温度较高的物体(大气)。但是,这个非自发过程的实现是以另一个自发过程的进行(比如说制冷机消耗了一定的功,使之转变为热排给了大气)作为代价的。或者说,前者是靠后者的推动才得以实现的。在热机中可以使一部分高温热能转变为机械能,但是这个非自发过程的实现是以另一部分高温热能转移到低温物体(大气)作为代价的。在压气机中气体被压缩,这一非自发过程的进行是以消耗一定的机械能(这部分机械能变成了热能)作为补偿条件的。总之,一个非自发过程的进行,必须有另外的自发过程来推动,或者说必须以另外的自发过程的进行作为代价、作为补偿条件。

另外,在提高能量转换的有效性方面,包括热效率的提高,还有一个最大限度问题。事实上,在一定条件下,能量的有效转换是有其最大限度的,而热机的热效率在一定条件下也有其理论上的最大值。

研究过程进行的方向、条件和限度正是热力学第二定律的任务。

2.2.2　热力学第二定律的表述和实质

热力学第二定律揭示了自然界中一切热过程进行的方向、条件和限度。自然界中热过程的种类很多,因此热力学第二定律的表述方式也很多。由于各种表述所揭示的是一个共同的客观规律,因而它们彼此是等效的。下面介绍两种具有代表性的表述。

1. 克劳修斯表述

克劳修斯表述:不可能将热从低温物体传至高温物体而不引起其他变化。这是从热量传递的角度表述的热力学第二定律,由克劳修斯于 1850 年提出。它指明了热量只能自发地从高温物体传向低温物体,反之的非自发过程并非不能实现,而是必须花费一定的代价。例如,压缩制冷装置就是以消耗机械能为代价来实现热量从低温物体转移至高温物体。

2. 开尔文－普朗克表述

开尔文－普朗克表述:不可能从单一热源取热,并使之完全转变为功而不产生其他影响。这是从热功转换的角度表述的热力学第二定律,于 1851 年由开尔文提出,1897 年普朗克也发表了内容相同的表述,后来称之为开尔文－普朗克表述。"不产生其他影响"是这一表述不可缺少的部分。例如,理想气体定温膨胀过程进行的结果,就是从单一热源取热并将其全部变成了功。但与此同时,气体的压力降低,体积增大,即气体的状态发生了变化,或者说"产生了其他影响"。因此,并非热不能完全变为功,而是必须有其他影响为代价才能实现。

通常人们把假想的从单一热源取热并使之完全变为功的热机称为第二类永动机。它虽然不违反热力学第一定律,转变过程能量是守恒的,但却违反了热力学第二定律。如果这种热机可以制造成功,就可以利用大气、海洋等作为单一热源,将大气、海洋中取之不尽的热能转变为功,维持它永远转动,这显然是不可能的。因此,热力学第二定律又可表述为:第二类永动机是不可能制造成功的。

热力学第二定律的以上两种表述,各自从不同的角度反映了热过程的方向性,实质上是统一的、等效的,如果违反了其中一种表述,也必然违反另一种表述,这在普通物理学中已有证明。

热力学第一定律与热力学第二定律都是建立在无数事实基础上的经验定律,从这两个定律出发的一切推论都符合客观实际。

2.2.3　卡诺循环和卡诺定理

热力学第二定律的上述两种说法还仅仅停留在经验总结上,卡诺循环的提出和卡诺定理的证明,大大推进了热力学第二定律从感性和实践的认识,向理性和抽象概念的发展。

1. 卡诺循环

卡诺循环实际上就是最简单的可逆循环。它只利用两个恒温热源:一个作为高温热源,其温度为 T_1,由它给工质可逆地定温加热;一个作为低温热源,其温度为 T_2,工质向它可逆地定温放热。除了和热源进行热交换外,工质就通过可逆绝热过程,使工质温度由 T_1 变化到 T_2,以及由 T_2 变化到 T_1,从而完成循环。图 2.10 给出了卡诺循环在 $p-v$ 图和 $T-s$ 图上的表示。

四个过程的顺序如下:

定温膨胀过程 $a-b$:工质在定温 T_1 下,从高温热源吸热 Q_1 并做膨胀功 W_0;

定熵膨胀过程 $b-c$:工质在可逆绝热条件下膨胀,温度由 T_1 降到 T_2;

定温压缩过程 $c-d$:工质在定温 T_1 下被压缩,过程中将热量 Q_2 传给低温热源;

定熵压缩过程 $d-a$:工质在可逆绝热条件下被压缩,温度由 T_2 升高至 T_1,过程终了时,工质的状态恢复到循环开始的状态 a。

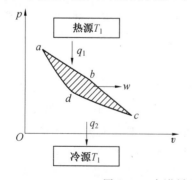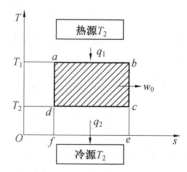

图 2.10　卡诺循环的 $p-v$ 图和 $T-s$ 图

热机的经济性常以热效率来衡量。根据热力学第一定律,对于循环有

$$\oint \delta Q = \oint \delta W_0$$

循环输出的净功 W_0 为循环中的工质吸热量 Q_1 与放热量 Q_2 之差,即 $W_0 = Q_1 - Q_2$。此 Q_1、Q_2 都为绝对值。因此,任何热机的循环效率为

$$\eta_t = \frac{W_0}{Q_1} = \frac{Q_1 - Q_2}{Q_1} = 1 - \frac{Q_2}{Q_1} \qquad (2.27)$$

然后利用 $T-s$ 图来分析循环热效率。在 $T-s$ 图上,卡诺循环表示为一矩形,循环的加热量用加热过程线 $a-b$ 下的面积表示,即 $Q_1 = $ 面积 $abcda = T_1(S_b - S_a)$,同理,放热量 Q_2 用 $c-d$ 过程线下的面积表示,即 $Q_2 = $ 面积 $cdefc = T_2(S_c - S_d)$。因为,$S_b - S_a = S_c - S_d$,则

$$\eta_c = 1 - \frac{Q_2}{Q_1} = 1 - \frac{T_2(S_b - S_a)}{T_1(S_c - S_d)} = 1 - \frac{T_2}{T_1} \qquad (2.28)$$

分析卡诺循环热效率公式,可得出如下结论:

(1)卡诺循环的热效率只取决于高温恒温热源和低温恒温热源的温度 T_1 和 T_2,要提高热效率可采用提高 T_1 及降低 T_2 的方法来实现。

(2)卡诺循环的热效率总是小于 1,绝不可能等于 1。如果要等于 1,必须 $T_1 \to \infty$ 或 $T_2 = 0$,然而这两者都是不可实现的。这说明在卡诺循环中,不可能将从高温热源吸收的能量全部转化为循环净功。

(3)当 $T_1 = T_2$ 时,即只有一个热源时,$\eta_c = 0$,这说明不可能只冷却一个热源而使热能周而复始地转换为机械能,即第二类永动机是不可能存在的。要利用热能转化为机械能就一定要有温差。

卡诺循环是一种理想的可逆循环,实际上无法实现无温差的等温传热过程,也不可能实现没有摩擦损失的定熵过程,因而无法制造出由可逆过程组成的卡诺循环发动机。然而,卡诺循环在热力学中具有重要的热力学意义,它首先奠定了热力学第二定律的基本概念,其次对如何提高各种热力发动机的热效率提供了方向,因而具有重要的理论价值。

2. 卡诺定理

热力学第二定律否定了第二类永动机,效率为 1 的热机是不可能实现的,那么热机的效率最高可以达到多少呢? 卡诺定理从理论上解决了这一问题。1824 年法国工程师卡诺提出了卡诺定理:在相同的高温热源和相同的低温热源间工作的可逆热机的热效率,恒高于不可逆热机的热效率。

卡诺定理推论:在相同的高温热源和相同的低温热源间工作的可逆热机有相同的热效率,而与工质无关。

卡诺定理先于热力学第二定律被提出,受当时科学发展的限制,卡诺应用了错误的"热质说"来证明卡诺定理。卡诺定理的正确证明,要应用到热力学第二定律。

卡诺定理证明:设在两个温度分别为 T_1 和 T_2 的热源之间,有可逆机 R(即卡诺热机)和任意的热机 Ⅰ 在工作,如图 2.11 所示。最简单的卡诺热机循环通常是指由两个等温吸/放热过程和两个绝热压缩/膨胀过程组成的可逆循环的热机。调节两个热机使它们

所做的功相等。可逆机 R 从高温热源吸热 Q_1，做功 W，放热 Q_1-W 到低温热源（图 2.11 中虚线箭头方向），其热机效率为 η_R。任意热机 I，从高温热源吸热 Q'_1，做功 W，放热 Q'_1-W 到低温热源，其效率为 η_I，则

$$\eta_R=\frac{W}{Q_1}, \eta_I=\frac{W}{Q'_1}$$

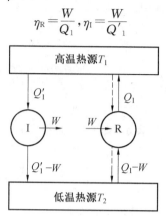

图 2.11 卡诺定理证明

先假设热机 I 的效率大于可逆热机 R（这个假设是否合理，要根据从这个假定所得的结论是否合理来验证），即

$$\eta_I>\eta_R \text{ 或 } \frac{W}{Q'_1}>\frac{W}{Q_1}$$

因此得

$$Q_1>Q'_1$$

今若以热机 I 带动卡诺可逆机 R，使 R 逆向转动，如图 2.11 所示的实线箭头方向。逆循环的卡诺热机成为制冷机，所需的功 W 由热机 I 供给，R 从低温热源吸热 Q_1-W，并放热 Q 到高温热源，整个复合机循环一周后，在两机中工作的物质均恢复原态，最后除热源有热量交换外，无其他变化。

从低温热源吸热

$$(Q_1-W)-(Q'_1-W)=Q_1-Q'_1>0$$

对高温热源放热

$$Q_1-Q'_1<0$$

结果是热量从低温传到高温而没发生其他变化。这违反了热力学第二定律的克劳修斯说法，所以最初的假设 $\eta_I>\eta_R$ 不能成立。因此应有

$$\eta_I\leqslant\eta_R \tag{2.29}$$

这就证明了卡诺定理。

卡诺定理的推论可以证明如下：假设两个可逆机 R1 和 R2 在相同温度的热源和相同温度的冷源间工作。若以 R1 带动 R2，使其逆转，则由式（2.29）知

$$\eta_{R1}\leqslant\eta_{R2}$$

反之，若以 R2 带动 R1，使其逆转，则有

$$\eta_{R2}\leqslant\eta_{R1}$$

因此，若要同时满足上面两式，则应有

$$\eta_{R1} = \eta_{R2}$$

由此得知,不论参与卡诺循环的工作物质是什么,只要是可逆机,在两个温度相同的低温热源和高温热源之间工作时,热机效率都是相等的。在明确了 η_R 与工作物质的本性无关后,就可以引用理想气体卡诺循环的结果了。采用理想气体卡诺循环的热效率为

$$\eta_c = 1 - \frac{T_2}{T_1} \tag{2.30}$$

卡诺定理说明两热源间一切可逆循环的热效率都相等,故式(2.30)也是两热源间一切可逆循环的热效率表达式,它与工质、热机形式以及循环组成无关。

卡诺定理经无数实践证明是正确的,它虽然是为回答热机的极限效率而提出来的,但其意义远远超出热机范围,具有更深刻且广泛的理论和实践意义。它在公式中引入了一个不等号。由于所有的不可逆过程是相互关联的,由一个过程的不可逆性可以推断到另一个过程的不可逆性,因而对所有的不可逆过程就都可以找到一个共同的判别准则。由于热功转换的不可逆而在公式中所引入的不等号,对于其他过程同样可以使用。同时,卡诺定理在原则上也解决了热机效率的极限值的问题。

卡诺定理指明了提高热机效率的方向。第一,要提高卡诺热机的效率,即应提高热源温度 T_1,降低冷源温度 T_2。但是,提高热源温度 T_1 受到材料的耐高温性的限制,降低冷源温度 T_2 受制于环境大气的温度 T_0。第二,要降低热机各个过程的不可逆性,例如减少传热温差、流动的摩擦损失等。

据卡诺定理,实际热机在温度为 T 的热源吸收热量 Q,所做的有用功 W 或微小量有限功 δW 为

$$W \leqslant Q\left(1 - \frac{T_0}{T}\right) \text{ 或 } \delta W \leqslant \delta Q\left(1 - \frac{T_0}{T}\right) \tag{2.31}$$

式中不能转为功而排入大气中的废热量 Q_0 或小量有限 δQ_0 为

$$Q_0 \geqslant \frac{T_0}{T} Q \text{ 或 } \delta Q_0 \geqslant \frac{T_0}{T} \delta Q \tag{2.32}$$

如果实际热机是卡诺机,即能够进行可逆循环时,式(2.31)和(2.32)取等号。

2.2.4　克劳修斯不等式

熵是在热力学第二定律基础上所导出的状态参数,热力学第二定律的相关表述方式有很多种,状态参数熵的导出也有多种方式,本节介绍克劳修斯法,它更为简单、直观。

1.克劳修斯积分等式

分析任意工质进行的一个任意可逆循环,为了保证循环可逆,需要与工质温度变化相对应的无穷多个热源。

用一组可逆绝热线将它分割成无穷多个微元循环,这些绝热线无限接近,可以认为每个微元过程 $a-b, b-c, c-d, \cdots f-g, \cdots$ 接近定温过程。$a-b-f-g-a, b-c-e-f-b, \cdots$ 每一个小循环 $a-b-f-g-a, b-c-e-f-b, \cdots$ 都是微元卡诺循环,综合构成了循环 $1-A-2-B-1$。

对任一小循环,例如 $a-b-f-g-a, a-b$ 是定温吸热过程,工质与热源的温度相同

都为 T_1，吸热量为 δQ_1，$f-g$ 是定温放热过程，工质与冷源的温度相同都为 T_2，放热量为 δQ_2。热效率为

$$1-\frac{\delta Q_2}{\delta Q_1}=1-\frac{T_2}{T_1} \tag{2.33}$$

即

$$\frac{\delta Q_1}{T_1}=\frac{\delta Q_2}{T_2} \tag{2.34}$$

式中，δQ_2 为绝对值，若改用为代数值，δQ_2 则为负值，所以上式要加"$-$"号，因而可得

$$\frac{\delta Q_1}{T_1}+\frac{\delta Q_2}{T_2}=0 \tag{2.35}$$

对全部微元卡诺循环积分求和，即可得出

$$\int_{1-A-2}\frac{\delta Q_1}{T_1}+\int_{2-B-1}\frac{\delta Q_2}{T_2}=0 \tag{2.36}$$

式中的 δQ_1 与 δQ_2 都是工质与热源之间的换热量。因采用了代数值，故可以统一用 δQ_{rev} 表示，T_1 与 T_2 都是换热时的热源温度，可统一用 T 表示。故可将上式改写为

$$\int_{1-A-2}\frac{\delta Q_{\text{rev}}}{T}+\int_{2-B-1}\frac{\delta Q_{\text{rev}}}{T}=0 \tag{2.37}$$

即

$$\oint\frac{\delta Q_{\text{rev}}}{T}=0 \text{ 或} \oint\frac{\delta Q_{\text{rev}}}{T}=0$$

用文字表述为任意工质经任一可逆循环，微小量 $(\delta Q_{\text{rev}})/T$ 沿循环的积分为零。积分 $\oint(\delta Q_{\text{rev}})/T$ 由克劳修斯首先提出，称为克劳修斯积分，上式称为克劳修斯积分等式。

如上所述，克劳修斯积分等式 $\oint(\delta Q_{\text{rev}})/T=0$ 是循环可逆的一种判据，那么当循环不可逆时又该如何进行判定呢？

循环过程只是一种特殊的热力过程。自然界存在着大量的以各种形式进行的热过程，实际热过程是不可逆过程，都具有一定的方向性。而克劳修斯积分不等式则是更为一般的、适用于一切热过程进行方向的判据。

2. 克劳修斯不等式

克劳修斯不等式也称为克劳修斯定理，全称"克劳修斯积分不等式"。是指明任意循环中加给工质的微元热量与热源热力学温度之比的沿循环路线积分值绝不可能大于零的关系式。是德国科学家鲁道夫·克劳修斯在 1855 年提出的热力学不等式，描述在热力学循环中，系统热的变化及温度之间的关系。

如果循环中的全部或部分过程是不可逆过程，该循环即为不可逆循环，如图 2.12 中 $1-A-2-B-1$，类似上述内容所用方法，令一组可逆绝热线将该循环分割成无穷多个小循环，其中部分循环为可逆的微元卡诺循环，求和可得 $\oint(\delta Q_{\text{rev}})/T=0$。

其余部分为微元不可逆循环，根据卡诺定理二可知，其热效率小于微元卡诺循环的热效率，即 $\eta_t<\eta_c$，$1-(\delta Q_1)/(\delta Q_2)=1-T_1/T_2$，同上考虑 δQ_2 使用代数值，并统一使用 δQ 表示热量，对所有的微元不可逆循环过程求和，则有 $\sum\delta Q/T<0$。综合全部微元循环，

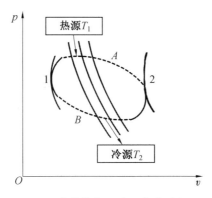

图 2.12　克劳修斯积分不等式导出图

包括可逆和不可逆的所有过程全部相加,令微元循环的数目趋向无穷多,然后用积分代替求和即可得出

$$\oint \frac{\delta Q}{T} < 0 \tag{2.38}$$

表明:工质经过任何不可逆循环,微量 $\delta Q/T$ 沿整个循环的积分必小于零。该式即为著名的克劳修斯积分不等式。

克劳修斯定理以数学的方式说明热力学第二定律,克劳修斯提出此定理的目的在解释系统中热的流动及系统和环境的熵之间的关系,此定理可以解释熵,并提供其量化的定义。克劳修斯定理也提供了判断热力学循环是否可逆的方法。

克劳修斯是最早研究熵的科学家之一,而且为此物理量命名。克劳修斯想要找到熵和系统中热量流动(δQ)之间的比例关系。在热力学循环中,系统的热可以转换为功,而功也可以转换为热。

此不等式表明:所有可逆循环的克劳修斯积分值都等于零,所有不可逆循环的克劳修斯积分值都小于零。故本不等式可作为判断一切任意循环是否可逆的依据。应用克劳修斯不等式还可推出如下的重要结论,即任何系统或工质经历一个不可逆的绝热过程之后,其熵值必将有所增大。

2.2.5　熵与熵增原理

1. 熵

可逆过程系统所做的功 W 可用系统与体积功相关的强度参数压力 p 和系统广延参数体积 V 的乘积变化量表示。类推,可逆过程热量 Q 也可以用系统的热量与相关的势强度参数 T 和某种广延参数的乘积变化量表示,这种与热量 Q 有关的广延参数被称为熵,用符号 S 表示。既然体积 V 是状态参数,根据对比关系,S 也一定是状态参数。另外,据卡诺定理对卡诺循环可导出如下关系

$$\left(\frac{\delta Q}{T}\right)_R = \left(\frac{\delta Q_0}{T_0}\right)_R \tag{2.39}$$

式中分子和分母的量纲不一致,有一个带量纲的比例因子被消去了,令其为 dS,则有

$$dS = \left(\frac{\delta Q}{T}\right)_R \tag{2.40}$$

上式给出了状态参数熵 S、温度 T 与可逆过程系统热交换量的关系,也是熵的定义式。它表明,系统在与温度 T 的热源接触时,热源传给系统的热量 δQ 与系统的热力学温度 T 之比等于系统在接收热量前后的两个态之间的熵差 dS 与环境的热力学温度 T 之比。

系统中熵的变化简称为"熵变"。熵是一个状态参数,系统中熵的变化来自两个方面:"熵流"和"熵产"。

(1)熵流。

在系统与外界热量和质量的交换中纯粹由非做功能的迁移引起的系统熵的变化,称为熵流,记作 dS_f。由热交换引起的熵流叫热熵流,记作 $dS_{f,Q}$,由物质迁移引起的熵流叫质熵流,记作 $dS_{f,m}$。熵流计算式为

$$dS_f = dS_{f,Q} + dS_{f,m} \tag{2.41}$$

(2)熵产。

不可逆过程引起的熵变化,叫熵产,它是由不可逆过程消耗的功量产生的,在孤立系中熵产即是"熵增",记作 dS_g。当系统进行不可逆过程时

$$dS_g > 0 \tag{2.42}$$

克劳修斯提出熵参数时也证明了熵是热力学状态函数,因此,熵具有只与系统的初始状态和最终状态有关,而与过程无关的一切状态参数共有的性质。

在热力学上"熵"具有极其重要的地位和作用,它不仅与其他状态参数一样,可以作为系统与外界功热交换计算之用的参数,又可作为过程不可逆的判据。熵的双重作用使对熵的学习和应用增加了难度,但只要牢牢把握住熵是与热能有关的广延性的状态参数的特点,把可逆过程的熵变和不可逆过程的熵变区分来计算,就不会因为概念的混淆而伤脑筋了。

2. 孤立系熵增原理

由 2.2.4 节克劳修斯积分等式导出了新的状态参数熵,由克劳修斯积分不等式得出了过程判据。本节将进一步讨论过程的不可逆性方向性与熵参数的内在联系,揭示热现象的又重要原理——熵增原理。

绝热闭口系统中可以包括多个子系统,工质热源、功源、物质源以及环境都可作为子系统。根据熵的可加性,系统总熵变等于各子系统熵变的代数和。任何一个热力系统(闭口系统、开口系统、绝热系统、非绝热系统),总可以将它连同与其相互作用的一切物体组成一个复合系统,该复合系统不再与外界有任何形式的能量交换和质量交换,该复合系统为孤立系统。如图 2.13 所示。孤立系统当然是闭口绝热系统,可以得出

$$\Delta S_{iso} \geqslant 0 \text{ 和 } dS_{iso} \geqslant 0 \tag{2.43}$$

上式的含义为孤立系内部发生不可逆变化时,孤立系的熵增大,$dS_{iso} > 0$。极限情况(发生可逆变化)熵保持不变,$dS_{iso} = 0$。使孤立系熵减小的过程不可能出现。简言之,孤立系统的熵可以增大或保持不变,但不可能减少。这一结论即孤立系熵增原理,简称熵增原理。

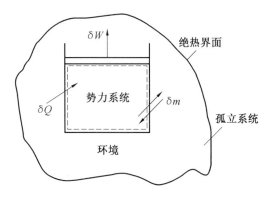

图 2.13　复合系统熵增

(1)单纯的传热过程。

孤立系中有物体 A 和 B,温度各为 T_A 和 T_B,这时孤立系的熵增

$$dS_{iso} = dS_A + dS_B \tag{2.44}$$

若为有限温差传热,$T_A > T_B$,微元过程中 A 物体放热,熵变 $dS_A = -\dfrac{\delta Q}{T_A}$。B 物体吸热,熵变 $dS_B = \dfrac{\delta Q}{T_B}$。又因 $T_A > T_B$,有 $\dfrac{\delta Q}{T_A} < \dfrac{\delta Q}{T_B}$,将这些关系式代入式(2.44)得

$$dS_{iso} = -\frac{\delta Q}{T_A} + \frac{\delta Q}{T_B} > 0 \tag{2.45}$$

若为无限小温差传热,$T_A = T_B$,有 $\dfrac{\delta Q}{T_A} = \dfrac{\delta Q}{T_B}$,故

$$dS_{iso} = 0 \tag{2.46}$$

可见,有限温差传热,孤立系的总熵变 $dS_{iso} > 0$,因而热量由高温物体传向低温物体是不可逆过程。同温传热 $dS_{iso} = 0$,则为可逆过程。

(2)热转化为功。

可以通过两个温度为 T_1、T_2 的恒温热源间工作的热机实现热能转化为功。这时孤立系熵变包括热源、冷源的熵变和循环热机中工质的熵变,即

$$\Delta S_{iso} = \Delta S_{T_1} + \Delta S + \Delta S_{T_2} \tag{2.47}$$

热源放热,熵变 $\Delta S_{T_1} = (-Q)/T_1$。冷源吸热,熵变 $\Delta S_{T_2} = Q_2/T_2$(Q_1、Q_2 均为绝对值)。

工质在热机中完成一个循环,$\Delta S = \oint dS = 0$。将以上关系代入式(2.47),得

$$\Delta S_{iso} = -\frac{Q_1}{T_1} + 0 + \frac{Q_2}{T_2} = \frac{Q_2}{T_2} - \frac{Q_1}{T_1} \tag{2.48}$$

热机进行可逆循环时 $\dfrac{Q_1}{T_1} = \dfrac{Q_2}{T_2}$,所以 $\Delta S_{iso} = 0$。进行不可逆循环时,因热效率低于卡诺循环,$1 - \dfrac{Q_2}{Q_1} < 1 - \dfrac{T_2}{T_1}$,故 $\dfrac{Q_1}{T_1} < \dfrac{Q_2}{T_2}$,所以 $dS_{iso} > 0$。这再次验证了孤立系统中进行可逆变化时总熵不变,进行不可逆变化时系统总熵必增大。

（3）耗散功转化为热。

由于摩擦等耗散效应而损失的机械功称耗散功，以 W_1 表示。当孤立系统内部存在不可逆耗散效应时，耗散功转化为热量，称为耗散热，以 Q_g 表示。这时 $\delta Q_g = \delta W_1$，它由孤立系内某个（或某些）物体吸收，引起物体的熵增大，称为熵产 S_g。可逆过程因无耗散热，故熵产为零。设吸热时物体温度为 T，则 $\mathrm{d}S = \dfrac{\delta Q_g}{T} = \dfrac{\delta W_1}{T} = \delta S_g > 0$，这是孤立系统内部存在耗散损失而产生的后果。因而，孤立系的熵增等于不可逆损失造成的熵产，且不可逆时恒大于零，即

$$\Delta S_{\mathrm{iso}} = S_g > 0 \quad \text{或} \quad \mathrm{d}S_{\mathrm{iso}} = \delta S_g > 0 \tag{2.49}$$

可见，孤立系统内只要有机械功不可逆地转化为热能，系统的熵必定增大。

耗散功转化的热能，如果全部被一个温度与环境温度 T_0 相同的物体吸收，它将不再具有做出有用功的能力，或者说做功能力丧失殆尽。做功能力损失以 I 表示，$\mathrm{d}I = \delta W_1$。因而，可得出孤立系统的熵增与做功能力损失的关系为

$$\mathrm{d}S_{\mathrm{iso}} = \frac{\mathrm{d}I}{T_0} \tag{2.50}$$

上述示例证实了熵增原理的结论。这三种情况概括了大多数热力过程，尤其第三种有着极其深刻的内涵，因为任何一种不可逆变化，都意味着机械功损失，也都可以归结于第三种。不可逆循环，显然有机械功损失。不等温传热也意味着机械功损失，因为低温物体与大气环境间的做功能力要比高温物体与环境间的做功能力低，热量直接从高温物体不可逆地传给了低温物体同样意味着机械功损失。因此，孤立系统中的各种不可逆因素都表现为系统机械功损失，最后的效果总可以归结为机械功不可逆地转化为热，使孤立系统的熵增大。可以说，这是一切不可逆过程的共性。

必须指出，熵增原理只适用于孤立系统。至于非孤立系，或者孤立系中某个物体，它们在过程中可以吸热也可以放热，所以它们的熵既可能增大、可能不变，也可能减小。

3. 熵增原理的实质

熵增原理指出：凡是使孤立系统总熵减小的过程都是不可能发生的，理想可逆情况也只能实现总熵不变。可逆实际上又是难以做到的，所以实际的热力过程总是朝着使系统总熵增大的方向进行，即 $\mathrm{d}S_{\mathrm{iso}} > 0$。熵增原理阐明了过程进行的方向。

熵增原理给出了系统达到平衡状态的判据。孤立系统内部存在不平衡势差是过程自动进行的推动力。随着过程进行，系统内部由不平衡向平衡发展，总熵增大，当孤立系统总熵达到最大值时过程停止进行，系统达到相应的平衡状态，这时 $\mathrm{d}S_{\mathrm{iso}} = 0$，即为平衡判据。因而，熵增原理指出了热过程进行的限度。

熵增原理还指出，如果某一过程的进行会导致孤立系中各物体的熵同时减小，或者虽然各有增减但其总和使系统的熵减小，则这种过程不能单独进行，除非有熵增大的过程作为补偿，使孤立系统总熵增大，至少保持不变。从而，熵增原理揭示了热过程进行的条件。例如，热转功，或热量由低温传向高温，这类过程会使孤立系统总熵减小，所以不能单独进行，必须有能导致熵增大的过程作为补偿。而功转热，或热量由高温传向低温，这类过程本来就导致孤立系统总熵增大，故不需要补偿，能单独进行，并且还可以用作补偿过程。

非自发过程必须有自发过程相伴而行,原因就在于此。

　　熵增原理全面地、透彻地揭示了热过程进行的方向、限度和条件,这些正是热力学第二定律的实质。由于热力学第二定律的各种说法都可以归结为熵增原理,又总能将任何系统与相关物体、相关环境一起归入一个孤立系统,所以可以认为

$$dS_{iso} \geqslant 0 \tag{2.51}$$

　　式(2.51)是热力学第二定律数学表达式的一种最基本的形式。

第2篇 传热学基本理论

第3章 热传导

3.1 导热基本定律

物体内部产生导热的起因在于物体各部分之间具有温度差。导热过程中热量的传递不但与物体的物性有关，同时与物体内部温度分布状况密切相关。因此，在研究导热规律之前，我们首先讨论温度分布。

当物体内部温度不同或温度不同的物体相互接触时，就会产生导热现象，因此研究导热问题必须涉及物体内部的温度分布。为了描述物体内部的温度分布状态，引入了温度场的概念。将某一瞬间物体内部各点温度的集合称为温度场，也称为温度分布，由于温度是标量，因此温度场也是标量场。一般来说，温度场是空间坐标和时间坐标的函数，即在直角坐标系中温度场可表示为

$$t = f(x, y, z, \tau) \tag{3.1}$$

式中　　x、y、z——空间坐标；

　　　　τ——时间坐标。

导热问题研究的目标之一就是求物体的温度场，即确定式(3.1)的具体函数表达式。

可以按温度随时间或空间坐标的变化情况对温度场进行分类。若物体内各点的温度均不随时间变化，则称为稳态温度场，或稳定温度场、定常温度场。发生在稳态温度场中的导热称为稳态导热；反之，如果物体内各点温度随时间而变化，则称为非稳态温度场，也称为不稳定温度场、非定常温度场、瞬态温度场等。非稳态温度场中的导热称为非稳态导热。

如果按照温度随空间的变化规律来分，可以分为一维、二维和三维温度场，即物体内的温度只与空间的一个、两个和三个坐标有关。

除了可用数量函数式(3.1)表示温度场外，还可用等温面(Isothermal surface)的方式直观地表示温度场。所谓等温面，就是温度场中同一瞬间温度相同的各点连接起来所构成的曲面，二维平面上等温面表现为等温线(Isotherms)，图 3.1 (a)是用等温线表示的内燃机活塞的温度场，图 3.1(b)是埋深为 1.5 m 的非保温输油管道周围地层的温度场。由图可见，采用等温线表示温度场的优点是形象、直观。类似于地图中的等高线，当等温线上任意两条相邻等温线的温度间隔相同时，等温线的疏密将直观地反映出物体内温度变化的剧烈程度，等温线越密集，表示物体内温度变化越剧烈。

　　根据连续介质假设,物体中的等温线是连续的,它要么终止于物体的边界上,要么自身构成封闭曲线。同一瞬间不同温度的任意两条等温线是不可能相交的。等温线上温度相等,沿等温线无热量传递。

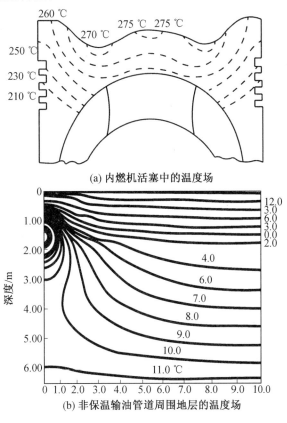

(a) 内燃机活塞中的温度场

(b) 非保温输油管道周围地层的温度场

图 3.1　温度场示意图

　　等温线上不存在温度差,只有跨越等温线时温度才有变化,如图 3.2 所示。从温度为 t 的等温线上任一点 P 出发,沿不同方向到达温度为 $t+\Delta t$ 的等温线时,虽然它们之间的温度差相等,但由于温度变化的路径不同,温度变化率并不相同,其中以该点法线方向上的温度变化率为最大,称为温度梯度(Temperature gradient),记作 grad t:

$$\text{grad } t = \frac{\partial t}{\partial n}\boldsymbol{n} \tag{3.2}$$

式中　$\boldsymbol{n}$——位置 P 处等温面外法线方向的单位向量;

　　　$\dfrac{\partial t}{\partial n}$——表示法线方向的温度变化率。

　　温度梯度是矢量,它沿等温线的法线指向温度升高的方向,具有最大的温度变化率。温度梯度是由物体内部的温度场决定的,一旦温度场确定了物体内的温度梯度也就确定了。温度梯度在直角坐标系下可表示为

$$\text{grad } t = \frac{\partial t}{\partial x}\boldsymbol{i} + \frac{\partial t}{\partial y}\boldsymbol{j} + \frac{\partial t}{\partial z}\boldsymbol{k} \tag{3.3}$$

式中　$\boldsymbol{i},\boldsymbol{j}$ 和 $\boldsymbol{k}$——分别表示三个坐标方向的单位矢量。

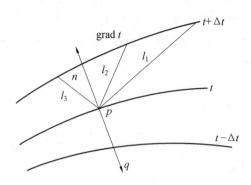

图 3.2　等温线和温度梯度

负温度梯度称为温度降度,其数值与温度梯度相同,但方向相反,指向温度降低的方向。

傅里叶于 1822 年发表了著名论著《热的解析理论》,成功地完成了创建导热理论的任务。他提出的导热基本定律正确地概括了导热实验的结果,现称为傅里叶定律。

傅里叶定律指出:在任意时刻,各向同性连续介质内任意位置处的热流密度在数值上与该点的温度梯度的大小成正比,方向相反,即

$$q = -\lambda \, \mathrm{grad} \, t = -\lambda \frac{\partial t}{\partial z} \tag{3.4}$$

式中,比例系数 λ 为导热系数,负号是根据热力学第二定律引入的。

式(3.4)表明,热流密度是一个矢量,它与温度梯度位于等温线的同一法线上,但方向相反,永远指向温度降低的方向。

傅里叶定律又称为导热热流速率方程,它揭示了导热热流与局部温度梯度之间的内在关系,是实验定律。无论是稳态的还是非稳态的导热问题,傅里叶定律都是研究和分析各种导热问题的基础,它在导热问题中的地位和作用相当于渗流力学中的达西(Darcy)定律。

最后指出,对于发生在工程中各向同性材料内的一般导热问题,傅里叶定律都适用,但它不适用于深冷(温度接近 0 K)中的导热问题或极短时间内产生大热流密度的瞬态导热过程等。

3.2　稳态导热

研究导热问题的目的有两个:①准确计算所研究过程的热流量;②确定导热物体内的温度场。其中,预测温度场是关键,因为利用傅里叶定律计算热流密度时需要物体的温度场。由导热问题的数学描述可以获得物体内的温度场。但如果直接求解含四个自变量的导热微分方程,数学上复杂、困难,特别是对工程中有实用价值的导热问题,甚至是不可能求解的。因此研究分析问题时合理地简化假设要求既能反映出物理过程的本质,又能给求解带来实质性的简化。导热问题简化假设的出发点有:①几何条件:根据研究对象的几何特征并结合物理过程特征,确定问题的空间坐标数目;②物理条件:物性是否恒定,是否存在内热源及其分布情况;③时间特征:是稳态还是非稳态的;④边界条件的类型及特征等。在对实际导热问题进行简化分析时,首先根据过程的时间特征将其分为稳态导热和

非稳态导热。当研究对象工作于正常的运行工况时,基本上都可以看作处于稳定状态,稳态导热的基本特征是物体内各位置处的温度不随时间变化;而当热力设备与系统在启动、变工况和停机阶段时则处于非稳定状态,此时物体的温度不仅随空间变化,而且还随时间变化。

1. 一维稳态导热分析

一维稳态导热是指物体内的温度仅沿一个空间坐标方向发生变化,热量传递也仅发生在这个方向上,忽略其他方向的温度变化和热量传递,如通过平壁、圆筒壁以及球壳的导热等。需要注意的是,某个具体问题能否简化成一维稳态导热,取决于物体的边界条件,而非几何形状。

2. 肋片导热

工程上经常会遇到固体壁面与流体间的对流传热情形,如图 3.3(a)所示。在固体壁面温度维持不变的条件下,增加传热速率可以采取增大流体与壁面间的表面传热系数 h 或降低流体温度 t_f 等措施。如果这两种方法受到限制或不可行,还可以采用如图3.3(b)所示的方案,即通过固体壁面与流体间的对流传热情形。

如图 3.3(b)所示,将从某个基体表面延伸出来的固体壁面称为肋片(Fin),又称为翅片、扩展表面(Extended Surface)或延伸表面,这是工程中重要且应用广泛的强化传热方法之一。

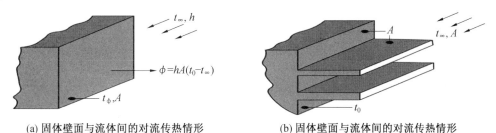

(a) 固体壁面与流体间的对流传热情形　　　　(b) 固体壁面与流体间的对流传热情形

图 3.3　利用肋片增强平壁的传热

生活和工程中采用肋片的例子很多,如暖气片、汽车的散热水箱、摩托车发动机顶盖的散热片、电机的外壳、计算机 CPU 上的散热结构等。肋片有多种多样的形式,图 3.4 给出了几种典型的肋片结构。选用何种形式的肋片取决于使用空间、重量、制造和费用等多种因素。肋片可以由管子整体轧制或缠绕、嵌套金属薄片通过焊接、浸镀或胀管等方法加工制成。

研究肋片的目的有两个:一是确定肋片内的温度分布;二是计算肋片的散热量。从而为肋片的设计、优化提供理论依据。

通过等截面直肋的导热。从基体表面延伸到对流环境中的等截面直肋如图 3.5 所示。可以采用三个参数描述等截面直肋的几何结构,分别是肋高 L、肋宽 b 和肋厚 δ。肋片的导热系数为 λ,肋片与基体表面相交处(通常称为肋基或肋根)的温度为 t_0,环境流体的温度为 t_∞,肋片表面与周围流体间的表面传热系数为 h。

和平壁内的导热不同,从肋基进入肋片内的热量在沿肋高方向传导的同时,还通过肋

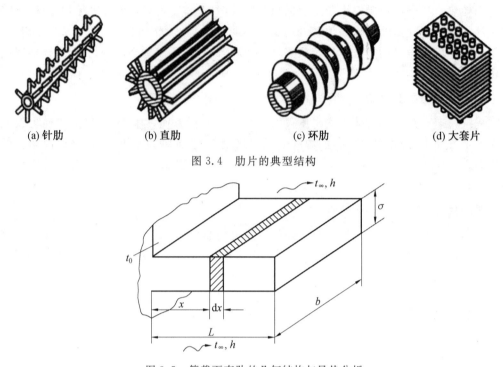

(a) 针肋　　　　　(b) 直肋　　　　　(c) 环肋　　　　　(d) 大套片

图 3.4　肋片的典型结构

图 3.5　等截面直肋的几何结构与导热分析

片表面向周围流体与环境以对流传热或对流传热与辐射传热并存的方式散发(或吸收)热量,因而肋片内沿肋片高度方向上的热流量是不断变化的。为了简化分析过程,做如下假设:

(1)肋片处于稳定的工作状态,肋片内无内热源。

(2)肋片的几何参数、热物性参数、肋基温度和流体温度以及肋片表面与流体间的表面传热系数均为常数。

(3)肋片的厚度和肋高、肋宽相比很小,并且肋片通常是由金属材料制成的,导热系数较大,忽略沿肋片厚度方向的温度变化。

(4)肋片根部与肋基接触良好,且肋基温度均匀;肋表面沿宽度方向的换热条件相同而且均匀,忽略沿肋片宽度方向的温度变化。

(5)忽略肋端与流体间的对流传热,即将肋端视为绝热的。

这样,可将肋片内的导热视为沿高度方向的一维稳态导热,肋片内温度仅沿着肋的高度方向变化。

3. 多维稳态导热

前面,我们讨论的导热问题仅限于一维的情况,其导热微分方程属于常微分方程,求解也相对简单。对于二维和三维的问题,其导热微分方程是偏微分方程,分析求解的难度大大增加,而且也仅仅对部分形状规则的导热体才有可能求解。因此,对于多维的导热问题一般采用数值求解的方法。本节先简单介绍在第一类边界条件下二维稳态导热问题的分析解,然后介绍求解多维稳态导热的形状因子法。

二维稳态导热的分析解。

（1）研究对象。

讨论一个矩形截面的柱体，如图 3.6 所示。矩形的长度和宽度分别为 a 和 b，在垂直纸面方向上无限长，柱体左、右和下面三个边界温度均为 t_1，上表面边界温度为 t_2，物体内无内热源，导热系数为常数。先要确定截面内的温度分布。

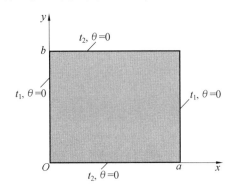

图 3.6　矩形区域中的二维稳态

（2）物理模型。

很明显，该问题属于直角坐标系中二维、无内热源、导热系数为常数的稳态问题，四个边界均为第一类边界。

（3）数学模型。

描述该问题的导热微分方程式为

$$\frac{\partial^2 t}{\partial x^2} + \frac{\partial^2 t}{\partial y^2} = 0 \tag{3.5a}$$

其边界条件可表示为

$$\left. \begin{array}{l} x=0, t=t_1 \\ x=a, t=t_1 \\ y=0, t=t_1 \\ y=b, t=t_2 \end{array} \right\} \tag{3.5b}$$

（4）分析求解。

导热微分方程（3.5a）属于二阶的偏微分方程，分离变量法是分析求解偏微分方程最常用的方法。根据使用分离变量法的条件，除偏微分方程要求是齐次的以外，其定解条件中也最多只能有一个是非齐次的。为了使式（3.5b）中边界条件中的三个齐次化，可引入过余温度 $\theta = t - t_1$，于是，对应的导热微分方程式为

$$\frac{\partial^2 \theta}{\partial x^2} + \frac{\partial^2 \theta}{\partial y^2} = 0 \tag{3.6a}$$

其边界条件可表示为

$$\left. \begin{array}{l} x=0, \theta=0 \\ x=a, \theta=0 \\ y=0, \theta=0 \\ y=b, \theta=t_2-t_1=\theta_2 \end{array} \right\} \tag{3.6b}$$

设偏微分方程(3.6a)解的形式为

$$\theta(x,y)=X(x)Y(y) \tag{3.7}$$

式中　$X(x)$——变量 x 的函数；

　　　$Y(y)$——变量 y 的函数。

将上式代入(3.6a)得

$$XY''+YX''=0 \tag{3.8}$$

对上式分离变量，得到

$$\frac{X''}{X}=-\frac{Y''}{Y}=-\beta^2 \tag{3.9}$$

式中　β——与 x、y 无关的常数。

这样，就把偏微分方程转化为两个常微分方程，即

$$\begin{aligned} X''+\beta^2 X=0 \\ Y''-\beta^2 Y=0 \end{aligned} \tag{3.10}$$

各自的解分别为

$$\begin{cases} X(x)=A\cos(\beta x)+B\sin(\beta x) \\ Y(y)=Ce^{\beta y}+De^{-\beta y} \end{cases} \tag{3.11}$$

因此，该矩形截面内的温度分布为

$$\theta(x,y)=X(x)Y(y)=[A\cos(\beta x)+B\sin(\beta x)](Ce^{\beta y}+De^{-\beta y}) \tag{3.12}$$

进一步利用边界条件(3.6b)，可求解出式(3.12)中的各待定系数，详见有关参考文献，最后，可得该问题的分析解为

$$\theta(x,y)=\theta_2\,\frac{2}{\pi}\sum_{n=1}^{\infty}\frac{(-1)^{n+1}+1}{n}\sin\frac{n\pi x}{a}\,\frac{\sinh\left(\dfrac{n\pi y}{a}\right)}{\sinh\left(\dfrac{n\pi b}{a}\right)} \tag{3.13}$$

3.3　非稳态导热

3.3.1　两类非稳态导热

物体的温度随时间而变化的导热过程称为非稳态导热。通常来说根据物体内温度随时间而变化的特征不同又可以分为两类：一类是物体的温度随时间做周期性变化，称为周期性非稳态导热。如墙体的温度在一天内随室外气温的变化而做周期性变化；在一年内随季节的变化而做周期性变化。本书中不讨论周期性非稳态导热问题。感兴趣的读者可以参阅相关文献。另一类是物体的温度会随着时间的推移逐渐趋于恒定的值，称为瞬态导热问题。例如一个固体的周围热环境突然发生变化形成的导热问题，初始时处于均匀温度，突然放到温度较低的液体中进行淬火的金属锻件，金属锻件的温度会随着时间的推移而逐渐降低，最终达到冷却液体的温度。

我们仅分析后一种非稳态导热过程的特点。如图 3.7 所示，假设一平壁，其初始温度为 t_0，令其左侧的表面温度突然升高到 t 并保持不变，而右侧仍与温度为 t_0 的空气接触，

平壁的温度分布通常要经历以下的变化过程。首先,物体与高温表面靠近部分的温度很快上升,而其余部分仍保持原来的温度 t_0,如图 3.7 中曲线 HBD。随着时间的推移,由于物体导热,温度变化波及范围扩大,以致在一定时间后,右侧表面温度也逐渐升高,图 3.7 中曲线 HCD、HE、HF 示意性地表示了这种变化过程。最终达到稳态时,温度分布保持恒定,如图 3.7 中曲线 HG(若热导率为常数,则 HG 是直线)。

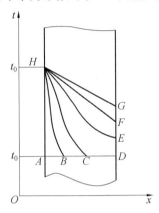

图 3.7　非稳态导热过程中的温度分布

以上分析表明,在上述非稳态导热过程中,物体中的温度分布存在着两个不同阶段。

(1)非正规状况阶段(右侧面不参与换热)。

其特点是温度的变化从表面逐渐向物体内部深入,物体内各点的温度变化对时间的变化率各不相同,在这一阶段,温度分布呈现出主要受初始温度分布控制的特性。

(2)正规状况阶段(右侧面参与换热)。

当过程进行到一定程度时,物体初始温度分布的影响逐渐消失,物体中的温度分布主要取决于边界条件及物性。正规状况阶段的温度变化规律是本章讨论的重点。周期性非稳态导热不存在正规状况与非正规状况两个阶段之分,这也是周期性与瞬态非稳态导热的一个很大的区别。

在上述平壁由于左侧表面温度突然升高发生的非稳态导热过程中,在与热流量方向相垂直的不同截面上热流量不相等,这是非稳态导热区别于稳态导热的一个特点。

其原因是,由于在热量传递的路径上,物体各处温度的变化要积聚或消耗能量,所以,在热流量传递的方向上热流量并不是一个常数($\Phi \neq \mathrm{cons}\,t$)。

图 3.8 定性地示出了图 3.7 所示的非稳态导热平板,从左侧面导入的热流量及从右侧面导出的热流量随时间变化的曲线。在整个非稳态导热过程中,这两个截面上的热流量是不相等的,但随着过程的进行,其差别逐渐减小,直至达到稳态时热流量相等。

图 3.8 中有阴影部分代表了平板升温过程中所积聚的能量。

3.3.2　非稳态导热的数学描述

前文中指出,一个导热问题完整的数学描述包括控制方程和定解条件两个方面,对于非稳态导热也是如此,与稳态导热不同的是,对于非稳态导热其定解条件中某时刻或者初始时刻的条件尤为重要。

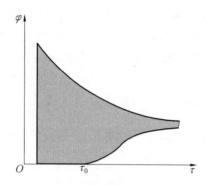

图 3.8　平板非稳态导热过程中两侧表面上导热量随时间的变化

1. 微分方程

在前文中我们导出的导热微分方程是描述所有导热问题(包括稳态导热和非稳态导热)的通用方程,只不过非稳态项在稳态导热过程中为 0,而在非稳态导热中不为 0。

$$\rho c \frac{\partial t}{\partial \tau} = \frac{\partial}{\partial x}\left(\lambda \frac{\partial t}{\partial x}\right) + \frac{\partial}{\partial y}\left(\lambda \frac{\partial t}{\partial y}\right) + \frac{\partial}{\partial z}\left(\lambda \frac{\partial t}{\partial z}\right) + \dot{\Phi} \tag{3.14}$$

2. 初始条件

导热微分方程式连同初始条件及边界条件一起,完整地描述了一个特定的非稳态导热问题。非稳态导热问题的求解,实质上归结为在规定的初始条件及边界条件下求解导热微分方程式,这是本章的主要任务。初始条件的一般形式为

$$t(x,y,z,0) = f(x,y,z) \tag{3.15}$$

一个实际中经常遇到的简单特例是初始温度均匀,即

$$t(x,y,z) = t_0 \tag{3.16}$$

3. 边界条件

边界条件的表示方法已在前文中讨论过,分为第一类、第二类和第三类边界条件,在瞬态非稳态导热问题中最常见的是处于第三类边界条件下,导热体内的温度对周围对流换热的边界条件的响应。

为了说明第三类边界条件下非稳态导热时物体中的温度变化特性与边界条件参数的关系,分析一简单情形。

假设有一块厚 2δ 的金属平板,初始温度为 t_0,突然将它置于温度为 t_∞ 的流体中进行冷却,表面传热系数为 h,平板热导率为 λ。分析此非稳态导热问题,仅受两个因素的影响:一是物体内部的导热;二是边界上与外部流体的对流换热。因此分析内部导热面积热阻 δ/λ 与外部对流热阻 $1/h$ 的相对大小的不同,可以得知平板中温度场的变化会出现以下三种情况(图 3.9)。

(1)$1/h \ll \delta/\lambda$:这时,由于表面对流换热热阻 $1/h$ 几乎可以忽略。相当于表面对流换热系数很大的情形,因而过程一开始平板的表面温度就被冷却到 t_∞。随着时间的推移,平板内部各点的温度逐渐下降而趋近于 t_∞,如图 3.9(a)所示。

(2)$\delta/\lambda \ll 1/h$:这时,平板内部导热热阻 δ/λ 几乎可以忽略,没有热阻则没有温度差,

因而任一时刻平板中各点温度接近均匀,并随着时间的推移整体地下降,逐渐趋近于 t_∞,如图 3.9(b)所示。

(3)$1/h$ 与 δ/λ 的数值比较接近:这时,平板中不同时刻的温度分布介于上述两种极端情况之间。

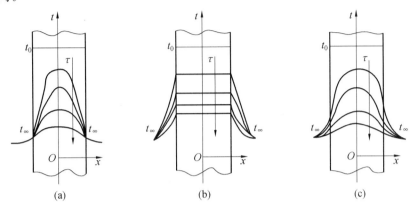

图 3.9 毕渥数 Bi 对平板温度场变化的影响

由上述分析可见,表面对流换热热阻 $1/h$ 与导热热阻 δ/λ 的相对大小对物体中非稳态导热温度场的分布有重要影响。因此,在传热学上引入表征二者比值的无量纲数称为毕渥数。类似流体力学中表征流动状态为层流还是湍流的 Re 数,这类表征某一物理现象或过程特征的无量纲数也称为特征数或准则数。

毕渥数定义式:

$$Bi = \frac{\dfrac{\delta}{\lambda}}{\dfrac{1}{h}} = \frac{\delta h}{\lambda} \tag{3.17}$$

Bi 的物理意义:是固体内部导热热阻与其界面上对流换热热阻之比,其大小反映了物体在非稳态条件下内部温度场的分布规律。

特征长度:需要注意的是,在特征数的表达式中,δ 是厚度,指特征数定义式中的几何尺度,称为特征长度。

第4章 热对流

4.1 对流传热问题

对流是流体流过固体壁面时,由于两者温度不同所发生的热量传递过程。对流传热是常见的热传递过程,对流传热仅发生在流体中,而且由于流体中的分子同时还在进行着不规则的热运动,因而对流必然伴随有导热现象。例如,人体周围的空气与人体的对流传热,空气与屋面和墙壁的对流传热,冷凝器中水蒸气凝结和冷却水被加热的对流传热等。

对流传热可分为单相流体(无相变)对流传热和有相变流体(凝结和沸腾)的对流传热。对流传热又可按流动原因分为强制对流传热和自然对流传热。

4.2 对流传热的影响因素

对流传热是流体流过固体壁面时的热量传递。它是由流体宏观位移的热对流和流体分子间微观的导热构成的复杂的热量传递过程。因此,影响对流传热表面传热系数的因素不外乎是影响流动的因素及流体本身的热物理性质。

1. 流动的起因

按照引起流动的原因,可将对流传热分为强制对流传热和自然对流传热两大类。强制对流传热是流体在泵和风机或其他压差作用下流过传热面时的对流传热。自然对流传热是流体在浮升力作用下流过传热面时的对流传热。一般来说,同一流体的强制对流表面传热系数比自然对流表面传热系数大。

2. 流动的速度与形态

由流体力学可知,流速增加,边界层变薄,对流传热热阻减小,对流传热表面传热系数增加。另外流速增加时,有时会使流体由层流转变成湍流,湍流时由于流体微团的互相掺混作用,对流传热增强。

3. 流体有无相变

对流传热无相变时流体仅有显热变化,而有相变时流体吸收或放出汽化热。对于同一流体,其汽化热要比比热容大得多,所以有相变时的对流传热表面传热系数比无相变时大。此外,沸腾时液体中气泡的产生和运动增加了液体内部的扰动,也使对流传热增强。

4. 流体的热物理性质

由于对流传热是导热和流动着的流体微团携带热量的综合作用,因此,对流传热表面传热系数与反映流体导热能力的热导率 λ、反映流体携带热量能力的密度 ρ 及比热容 c 有关。流体的[动力]黏度 η(或运动黏度 v)的变化引起流速的变化,从而影响流体流态和

流动边界层的厚度 δ。体膨胀系数 α_v 影响自然对流。显然,流体的这些物性值也都影响表面传热系数的大小。

5. 壁面的几何形状、大小和位置

壁面的形状、大小和位置对流体在壁面上的运动状态、速度分布和温度分布都有很大影响。几何形状对强迫流动情况的影响,分别表示流体纵抗平壁,管内强迫流动和横抗单管时的流动情况,由于传热面的几何形状和位置不同,流体在传热面上的流动情况不同,从而对流传热系数也不同。此外,如传热面的大小、管束排列方式、管间距离及流体冲刷管子角度等也都影响流体沿壁面的流动情况,从而影响对流传热系数,

4.3　边界层型对流传热问题

4.3.1　流动边界层

下面以流体平行外掠平板的强迫对流换热为例,来说明流动边界层的定义、特征及其形成和发展过程。

由实验观察可知,当连续性黏性流体流过固体壁面时,由于黏性力的作用,紧靠壁面的一薄层流体内的速度变化最为显著,紧贴壁面($y=0$)的流体速度为零,随着与壁面距离 y 的增加,速度越来越大,逐渐接近主流速度 u_∞,速度梯度 $\dfrac{\partial u}{\partial y}$ 越来越小。

如图 4.1 所示。根据牛顿黏性应力公式 $\tau = \eta\,\dfrac{\partial u}{\partial y}$,随着与壁面距离 y 的增加,黏性力的作用也越来越小。这一速度发生明显变化的流体薄层称为流动边界层(或速度边界层)。

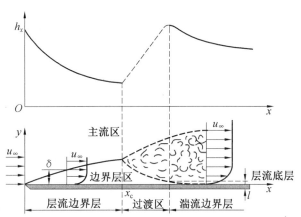

图 4.1　流体外掠平板时流动边界层的形成与发展及局部表面传热系数变化示意图

4.3.2　热边界层

当温度均匀的流体与它所流过的固体壁面温度不同时,在壁面附近将形成一层温度

变化较大的流体层,称为热边界层或温度边界层。

如图 4.2 所示,在热边界层内,紧贴壁面的流体温度等于壁面温度 t_w,随着远离壁面,流体温度逐渐接近主流温度 t_∞。与流动边界层类似,规定流体过余温度 $t-t_w=0.99(t_\infty-t_w)$ 处到壁面的距离为热边界层的厚度,用 δ_t 表示。所以说,热边界层就是温度梯度存在的流体层,因此也是发生热量传递的主要区域,其温度场由能量微分方程描绘。热边界层之外,温度梯度忽略不计,流体温度为主流温度 t_∞。

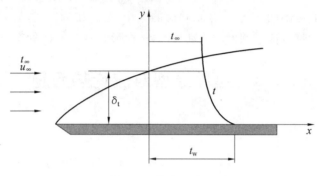

图 4.2 热边界层

边界层具有以下几个特征。

(1)边界层的厚度(δ、δ_t)与壁面特征长度 l 相比是很小的量。

(2)流场划分为边界层区和主流区。流动边界层内存在较大的速度梯度,是发生动量扩散(即黏性力作用)的主要区域。在流动边界层之外的主流区,流体可近似为理想流体。热边界层内存在较大的温度梯度,是发生热量扩散的主要区域,热边界层之外的温度梯度可以忽略。

(3)根据流动状态,边界层分为层流边界层和湍流边界层。湍流边界层分为层流底层、缓冲层与湍流核心 3 层。层流底层内的速度梯度和温度梯度远大于湍流核心。

(4)在层流边界层与层流底层内,垂直于壁面方向上的热量传递主要靠导热。湍流边界层的主要热阻在层流底层。

4.4 对流传热现象分类

对流传热影响因素很多,为了得到适用于工程计算的对流表面传热系数公式,有必要按其主要影响因素进行分类研究。表 4.1 给出了目前工程上最常见的对流传热现象分类。

表 4.1 对流传热现象分类

相态	流态	流动起因	几何因素	基本类型
无相变（单相）	层流、过渡流、湍流	强制对流	内部流动	圆管内强制对流传热 其他形状截面管道内的对流传热
			外部流动	外掠平板的对流传热 外掠单根圆管的对流传热 外掠圆管管束的对流传热 外掠其他截面形状柱体的对流传热 射流冲击传热
		自然对流	大空间	沿竖板/竖管的自然对流传热 水平圆/非圆管道自然对流传热 水平板（热面朝上/朝下）
			有限空间	竖立管道或夹层 水平管道
有相变	凝结传热			管内凝结 管外凝结
	沸腾传热			大容器沸腾 管内沸腾

第5章 热辐射基本理论

热辐射是热能传递的又一种基本方式。它与导热对流换热的本质区别在于它是以电磁波的方式来传递能量的。本章主要介绍热辐射的本质、特征及有关的基本概念和基本定律;然后通过对几种简单的固体表面间辐射换热的介绍来阐述辐射换热计算的一般方法。

5.1 热辐射及辐射换热本质

物体以电磁波方式向外传递能量的过程称为辐射,被传递的能量称为辐射能。物体可因各种不同原因产生电磁波从而发射辐射能而因其本身热的原因发射的辐射称为热辐射。也就是说,物体因热的原因致使其内部微观粒子发生运动状态的改变,并激发出具有一定质量和能量的光量子,且以电磁波的方式向外传播,这样便形成了热辐射。

电磁波的性质取决于其波长和频率。在热辐射中以波长来描述电磁波。众所周知,电磁波的波长有很宽的变化范围。然而在工业上所遇到的温度范围内,有实际意义的热射线的波长一般位于 $0.1 \sim 600 \ \mu m$ 之间,而且大部分能量集中在红外线区域($0.76 \sim 20 \ \mu m$)。可见光的波长位于 $0.38 \sim 0.76 \ \mu m$,如图 5.1 所示。

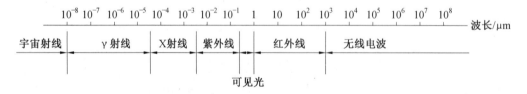

图 5.1　电磁波的波长范围

任何物体都具有热辐射能力。温度越高,其辐射能力也越大。另一方面,物体在向外发射辐射能的同时,也在不断地吸收周围其他物体发出的辐射能并将所吸收的辐射能重新转换为自身的热能。我们把物体间的相互辐射和吸收过程的总效果称为辐射换热。例如两个温度不等的物体(如太阳和墙壁)之间进行辐射换热,温度较高的物体(太阳)的辐射多于吸收,而温度较低的物体(墙壁)的辐射少于吸收,它们之间辐射与吸收的总效果则是高温物体向低温物体传递了热能(即经一段日照后,我们会感到墙壁"发烫")。如果两物体的温度相同,则其间的辐射和吸收过程仍在进行,只不过其辐射和吸收的能量恰好相等,因此辐射换热量为零,即它们间处于热动态平衡。

由此可见,辐射能传递的特点是不必借助于介质,其本质是热能—辐射能—热能间的互变。

5.2　热辐射基本定律

为了表明物体向外发射辐射能的数量,需引进一个物理量——辐射力(又称本身辐射),用符号 E 表示。

辐射力 E 是指物体在单位时间、单位表面积向半球空间所有方向发射的全部波长辐射能量的总和,它的单位为 W/m^2,它表征了物体发射辐射能本领的大小。

物体在单位时间、单位表面积向半球空间所有方向发射的某一特定波长的辐射能,则称之为单色辐射力,用符号 E_λ 表示。即若物体在波长为 λ 至 $\lambda+\Delta\lambda$ 波段内的辐射力为 ΔE,则辐射力的定义为

$$\lim_{\Delta\lambda\to 0}\frac{\Delta E}{\mathrm{d}\lambda}=\frac{\mathrm{d}E}{\mathrm{d}\lambda}=E_\lambda \tag{5.1}$$

其单位为 W/m^3。

辐射力和单色辐射力存在如下积分关系

$$E=\int_0^\infty E_\lambda \cdot \mathrm{d}\lambda \tag{5.2}$$

下面通过对几个辐射的有关定律的讨论,揭示黑体辐射的基本规律。为明确起见,以后凡属黑体的一切物理量均用脚标 b 表示,如黑体的辐射力为 E_b。

5.2.1　普朗克定律

1900 年,普朗克根据波辐射的量子理论揭示了黑体的单色辐射力 E 随波长和温度变化的函数关系,即 $E_{b\lambda}=f(\lambda,T)$ 有如下形式:

$$E_{b\lambda}=\frac{C_1\lambda^{-5}}{\mathrm{e}^{\frac{C_2}{\lambda T}}-1}\frac{W}{m^2} \tag{5.3}$$

此即为普朗克定律的数学表达式。

式中　λ——波长,m;

　　　T——黑体的热力学温度,K;

　　　C_1——常数,其值为 3.743×10^{-16} W・m^2;

　　　C_2——常数,其值为 $1.438\ 7\times10^{-2}$ W・K。

如果将式(5.3)所表示的黑体辐射能在不同温度下按波长分布的规律描绘在图 5.2 上,则由图可清楚地看出:

(1)在一定温度下,黑体辐射力在不同波长下差别很大。当 $\lambda=0$ 时,$E_{b\lambda}=0$,此后 $E_{b\lambda}$ 随着 λ 的增加而增加,直至单色辐射力 $E_{b\lambda}$ 达最大值 $(E_{b\lambda})_{max}$,此时所对应的波长用 λ_{max} 表示。而后 $E_{b\lambda}$ 值又随 λ 的增加而减少,最后趋于零。

(2)每一温度下 $E_{b\lambda}=f(\lambda,T)$ 曲线均有一最大值 $(E_{b\lambda})_{max}$,而且随黑体温度的升高,对应的 λ_{max} 值逐渐向较短波长方向移动。对应最大单色辐射力 $(E_{b\lambda})_{max}$ 的波长 λ_{max} 与黑体热力学温度 T 之间的关系,则由维恩位移定律确定,即辐射力有显著的差别。

$$\lambda_{max}T=2.9\times10^{-3} \tag{5.4}$$

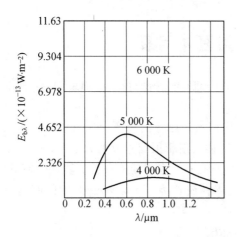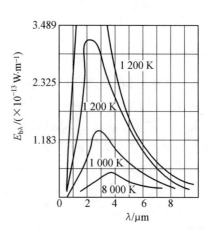

图 5.2　在不同温度下的黑体辐射能

5.2.2　斯蒂芬－玻尔兹曼定律

在计算辐射换热时,我们更关心的是黑体的辐射力 E_b 与温度 T 的关系,即 $E_b = f(T)$。

由式(5.2)和式(5.3)及图 5.2 可见,E_b 即为能量分布曲线与横坐标所包围的面积,即

$$E_b = \int_0^\infty \frac{C_1 \lambda^{-5}}{e^{\frac{C_2}{\lambda T}} - 1} \mathrm{d}\lambda = \sigma_0 T^4 \tag{5.5}$$

式中,$\sigma_0 = 5.67 \times 10^{-8}\,(\mathrm{W/m^2 \cdot K^4})$ 为黑体辐射常数。

式(5.5)为斯蒂芬－玻耳兹曼定律的数学表达式。它说明黑体辐射力与其热力学温度的四次方成正比,因此该定律又称四次方定律。

斯蒂芬－玻耳兹曼定律不仅指出了只要黑体温度大于 0 K 便有辐射力,而且也表明了物体在高温与在低温两种情况下,其辐射力有显著的差别。

5.2.3　兰贝特定律

兰贝特定律指出了物体沿各个方向辐射能的变化呈如下关系

$$E_\varphi = I_\varphi \cos_\varphi \tag{5.6}$$

式中　E_φ——单位时间内沿 φ 方向在单位立体角内物体表面单位面积所辐射的能量;

　　　　I_φ——单位时间内沿 φ 方向在单位立体角内通过垂直于该方向的单位面积所辐射的能量。

第3篇 过程流体机械原理

第6章 过程流体机械基本理论

6.1 过程流体机械基本概念

6.1.1 过程与生产过程

过程是指事物状态变化在时间上的持续和空间上的延伸,它描述的是事物发生状态变化的经历。

生产过程是人们利用生产工具改变劳动对象以适应人们需要的过程。一般是指从劳动对象进入生产领域到制成产品的全部过程,它是人类社会存在和发展的基础。

现代产品的生产过程尤其是化工生产过程往往是由多个生产环节相连接的,或由主、附生产环节相互呼应的相当复杂的过程,并以大型化、管道化、连续化、快速化、自动化为其特征,人们还在提高产品的生产率、降低成本、节约能源、提高安全可靠性、优化控制与无污染等方面不断改进和完善着产品的生产过程。

6.1.2 过程装备

在现代产品的生产过程中,人们所使用的生产工具广义所指往往是包括各种生产过程装备,如机械、设备、管道、工具和测量用的仪器仪表以及自动控制用的电脑、调节操作机构等。所以过程装备是实现产品生产的物质条件,过程装备的现代化、先进性在某种意义上讲,对生产产品的质量、优越性能和竞争能力等都会起着决定性的作用。

6.1.3 过程流体机械

流体机械是以流体或流体与固体的混合体为对象进行能量转换、处理,也包括提高其压力进行输送的机械,它是过程装备的重要组成部分。在许多产品的生产中,其原料、半成品和产品往往就是流体,因此给流体增压与输送流体,使其满足各种生产条件的工艺要求,保证连续性的管道化生产,参与生产环节的制作,以及在辅助性生产环节中作为动力气源、控制仪表的用气、环境通风等都离不开流体机械。故流体机械往往直接或间接地参与从原料到产品的各个生产环节,使物质在生产过程中发生状态、性质的变化或进行物质的输送等。所以它是产品生产的能量提供者、生产环节的制作者和物质流通的输送者。

因此,它往往是一个工厂的心脏、动力和关键设备。

流体机械是过程装备中的动设备,它的许多结构和零部件在高速地运动着,并与其中不断流动着的流体发生相互作用,因而它比过程装备中的静设备、管道、工具和仪器仪表等重要得多、复杂得多,对这些流体机械所实施的控制也复杂得多。学习与掌握有关流体机械的理论知识和科学技术是颇为必要的。

6.1.4　流体机械的分类

流体机械的分类方法很多,这里仅从三个方面分类。

1.按能量转换分类

流体机械按其能量的转换分为原动机和工作机两大类。原动机是将流体的能量转变为机械能,用来输出轴功,如汽轮机、燃气轮机、水轮机等。工作机是将动力能转变为流体的能量,用来改变流体的状态(提高流体的压力、使流体分离等)与输送流体,如压缩机、泵、分离机等。

2.按流体介质分类

通常,流体是指具有良好流动性的气体与液体的总称。在某些情况下又有不同流动介质的混合流体,如气固、液固两相流体或气液固多相流体。

在流体机械的工作机中,主要有提高气体或液体的压力、输送气体或液体的机械,有的还包括多种流动介质分离的机械,其分类如下。

压缩机:将机械能转变为气体的能量,用来给气体增压与输送气体的机械称为压缩机。按照气体压力升高的程度,又区分为压缩机、鼓风机和通风机等。

泵:将机械能转变为液体的能量,用来给液体增压与输送液体的机械称为泵。在特殊情况下流经泵的介质为液体和固体颗粒的混合物,人们将这种泵称为杂质泵,亦称为液固两相流泵。

分离机:用机械能将混合介质分离开来的机械称为分离机。这里所提到的分离机是指分离流体介质或以流体介质为主的分离机。

3.按流体机械结构特点分类

流体机械按结构可分为两大类:一类是往复式结构的流体机械;另一类是旋转式结构的流体机械。

(1)往复式结构的流体机械。

往复式结构的流体机械主要有往复式压缩机、往复式泵等。这种结构的特点在于通过能量转换使流体提高压力的主要运动部件是在工作腔中做往复运动的活塞,而活塞的往复运动是靠做旋转运动的曲轴带动连杆、进而驱动活塞来实现的。这种结构的流体机械具有输送流体的流量较小而单级压升较高的特点,一台机器就能使流体上升到很高的压力。

(2)旋转式结构的流体机械。

旋转式结构的流体机械主要有各种回转式、叶轮式(透平式)的压缩机和泵以及分离机等。这种结构的特点在于通过能量转换使流体提高压力或分离的主要运动部件是转轮、叶轮或转鼓,该旋转件可直接由原动机驱动。这种结构的流体机械具有输送流体的流量大而单级压升不太高的特点,为使流体达到很高的压力,机器需由多级组成或由几台多级的机器串联成机组。

6.2 流体机械的基本方程

流体机械的流动是很复杂的,属于三元、不稳定的流动。我们在讲述基本方程时一般采用如下的简化,即假设流动沿流道的每一个截面,参数是相同的,用平均值表示,即按照一元流动来处理,同时认为流体为稳定流动。

6.2.1 连续方程

1.连续方程的基本表达式

连续方程是质量守恒定律在流体力学中的数学表达式,在气体做定常一元流动的情况下,流经机器任意截面的质量流量相等,其连续方程表示为

$$q_m = \rho_i q_{Vi} = \rho_{in} q_{Vin} = \rho_2 q_{V2} = \rho_2 c_{2r} f_2 = \text{const} \tag{6.1}$$

式中 q_m——质量流量,kg/s;

q_V——容积流量,m³/s;

ρ——气流密度,kg/m³;

f——截面面积,m²;

c——垂直该截面的法向流速,m/s。

所谓一元流动是指气流参数(如速度、压力等)仅沿主流方向有变化,而垂直于主流方向的截面上无变化。由该式可以看出,随着气体在压缩过程中压力不断提高,其密度也在不断增大,因而容积流量随机器不断减小。

2.连续方程在叶轮出口的表达式

为了反映流量与叶轮几何尺寸及气流速度的相互关系,常应用连续方程在叶轮出口处的表达式为

$$q_m = \rho_2 q_{V2} = \rho_2 \frac{b_2}{D_2} \varphi_{2r} \frac{\tau_2}{\pi} \left(\frac{60}{n}\right)^2 u_2^3 \tag{6.2}$$

式中 D_2——叶轮外径,m。

b_2——叶轮出口处的轴向宽度,m。

$\dfrac{b_2}{D_2}$——叶轮出口的相对宽度,$\dfrac{b_2}{D_2}$ 加大,则使 ω_2 减小,这对于扩压是有利的。但是,过大扩压度会增加流动中的分离损失,从而降低级的效率。相反,如果叶轮出口的相对宽度太小,使摩擦损失显著增加,同样会使级的效率降低;通常要求 $0.025 < \dfrac{b_2}{D_2} < 0.065$。

φ_2——为叶轮出口处的流量系数,$\varphi_{2r} = \dfrac{c_{2r}}{u_2}$。$\varphi_2$ 选取要足够大以保证气流在流道内

不发生倒流,同时也要保证设计的叶轮有较小的扩压度,以提高级的效率。通常 φ_2 的选取范围,对于径向型叶轮为 0.24~0.40,后弯型叶轮为 0.18~0.32,强后弯型($\beta_{2A} \leqslant 30°$)叶轮为 0.10~0.20。

$$\tau_2 = \frac{\pi D_2 b_2 - \dfrac{z \delta_2 b_2}{\sin \beta_{2A}} - \dfrac{2z \delta_2 \Delta}{\sin \beta_{2A}}}{\pi D_2 b_2} = 1 - \frac{z \delta_2}{\pi D_2 \sin \beta_{2A}} \tag{6.3}$$

式中　τ_2——叶轮出口的通流系数(或堵塞系数);

　　　　z——叶片数;

　　　　δ_2——叶片厚度,m;

　　　　Δ——铆接叶轮中连接盘、盖的叶片折边厚度,m,如图 6.1 所示,无折边的铣制、焊接叶轮,$\Delta = 0$。

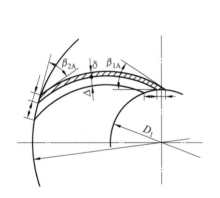

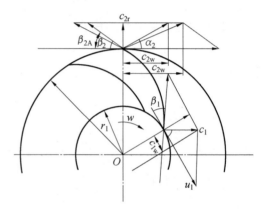

图 6.1　叶片厚度与折边　　　　　　图 6.2　叶轮叶片进出口速度三角形

式(6.2)表明,$\dfrac{b_2}{D_2}$ 与 φ_{2r} 互为反比,$\dfrac{b_2}{D_2}$ 取大,则 φ_2 取小,反之亦然。对于多级压缩机,同在一根轴上的各个叶轮中的容积流量或 $\dfrac{b_2}{D_2}$ 等都要受到相同的质量流量和同一转速 n 的制约,故该式常用来校核各级叶轮选取 $\dfrac{b_2}{D_2}$ 的合理性。

6.2.2　欧拉方程

欧拉方程是用来计算原动机通过轴和叶轮将机械能转换给流体的能量,故它是叶轮机械的基本方程。当 1 kg 流体作一元定常流动流经恒速旋转的叶轮时,由流体力学的动量矩定理可方便地导出,适用于离心叶轮的欧拉方程为

$$H_{th} = c_{2u} u_2 - c_{1u} u_1 \tag{6.4}$$

亦可表示为

$$H_{th} = \frac{u_2^2 - u_1^2}{2} + \frac{c_2^2 - c_1^2}{2} + \frac{\omega_1^2 - \omega_2^2}{2} \tag{6.5}$$

式中　H_{th}——每千克流体所接受的能量,称为理论能量头,kJ/kg。

流体在叶轮进出口截面上的速度如图 6.2 所示的速度三角形。

该方程的物理意义如下。

（1）欧拉方程指出的是叶轮与流体之间的能量转换关系，它遵循能量转换与守恒定律。

（2）只要知道叶轮进出口的流体速度，即可计算出 1 kg 流体与叶轮之间机械能转换的大小，而不管叶轮内部的流动情况。

（3）该方程适用于任何气体或液体，既适用于叶轮式的压缩机，也适用于叶轮式的泵。

（4）推而广之，只需将等式右边各项的进出口符号调换一下，亦适用于叶轮式的原动机，如汽轮机、燃气轮机等，原动机的欧拉方程为

$$H_u = c_{1u} u_1 - c_{2u} u_2 \tag{6.6}$$

$$H_u = \frac{u_1^2 - u_2^2}{2} + \frac{c_1^2 - c_2^2}{2} + \frac{\omega_2^2 - \omega_1^2}{2} \tag{6.7}$$

式中　H_u——1 kg 流体输出的能量，kJ/kg。

通常流体流入压缩机或泵的叶轮进口时并无预旋，即 $c_{1u} = 0$，这使计算公式更加简单。若叶片数无限多，则气流出口角 β_2 与叶片出口角 β_{2A} 一致，如图 6.1 所示。然而对有限叶片数的叶轮，由于其中的流体受哥氏惯性力的作用和流动复杂性的影响，出现轴向涡流等，致使流体并不沿着叶片出口角 β_{2A} 的方向流出，而是略有偏移，如图 6.2 所示，由 $\omega_{2\infty}$、$c_{2\infty}$ 偏移至 ω_2 和 c_2 的现象称为滑移，因此 c_{2u} 就难以确定了，斯陀道拉提出了一个计算 c_{2u} 的半理论半经验公式为

$$c_{2u} = u_2 - c_{2r} \cot \beta_{2A} - u_2 \frac{\pi}{z} \sin \beta_{2A} \tag{6.8}$$

$$\mu = \frac{c_{2u}}{c_{2u\infty}} = 1 - \frac{u_2 \frac{\pi}{z} \sin \beta_{2A}}{u_2 - c_{2r} \cot \beta_{2A}} \tag{6.9}$$

式中　μ——滑移系数。

对于离心压缩机闭式后弯式叶轮，通常理论能量头 H 按斯陀道拉提出的半理论半经验公式计算，即

$$H_{th} = c_{2u} u_2 = \varphi_{2u} u_2^2 = \left(1 - \varphi_{2r} \cot \beta_{2A} - \frac{\pi}{z} \sin \beta_{2A}\right) u_2^2 \tag{6.10}$$

式中　φ_{2u}——理论能量头系数或周速系数。

式（6.10）是离心压缩机计算能量与功率的基本方程式。由该式可知，H_{th} 主要与叶轮圆周速度 u_2^2 有关，还与流量系数 φ_{2u}、叶片出口角 β_{2A} 和叶片数 z 有关。

经验证实对于一般后弯型叶轮，按该式计算与实验结果较为接近，另外还有其他的经验公式，这里不再一一叙述了。应当指出，有限叶片数比无限叶片数的做功能力有所减少，这种减少并不意味着能量的损失。

6.2.3　能量方程

能量方程用来计算气流温度（或焓）的增加和速度的变化。根据能量转化与守恒定律，外界对级内气体所做的机械功和输入的能量应转化为级内气体热焓和动能的增加，对级内 1 kg 气体而言，其能量方程可表示为

$$H_{\text{th}} + q = c_p(T_{0'} - T_0) + \frac{c_{0'}^2 - c_0^2}{2} = h_{0'} - h_0 + \frac{c_{0'}^2 - c_0^2}{2} \qquad (6.11)$$

通常外界不传递热量,故 $q = 0$。

能量方程的物理意义如下。

(1)能量方程是既含有机械能又含有热能的能量转化与守恒方程,它表示由叶轮所做的机械功,转换为级内气体温度(或焓)的升高和动能的增加。

(2)该方程对有黏无黏气体都是适用的。因为对有黏气体所引起的能量损失也以热量形式传递给气体,而使气体温度(或焓)升高。

(3)离心压缩机不从外界吸收热量,而由机壳向外散出的热量与气体的热焓升高相比较是很小的,故可认为气体在机器内做绝热流动,其 $q = 0$。

(4)该方程适用一级,亦适用于多级整机或其中任一通流部件,这由所取的进出口截面而定。例如对于叶轮而言,能量方程表示为

$$H_{\text{th}} = c_p(T_2 - T_1) + \frac{c_2^2 - c_1^2}{2} = h_2 - h_1 + \frac{c_2^2 - c_1^2}{2} \qquad (6.12)$$

而对于任一静止部件如扩压器而言,当气体流经扩压器时,既没有输入或输出机械功,亦没有输入输出能量,故 $H = 0$,$q = 0$,所以在静止通道中为绝能流,其能量方程表示为

$$c_p T_3 + \frac{c_3^2}{2} = c_p T_4 + \frac{c_4^2}{2} \qquad (6.13)$$

该式表示在静止部件中,由热焓和动能所组成的气体总能量保持不变,若气体温度升高,则速度降低,反之亦然。

6.2.4 伯努利方程

应用伯努利方程可将能量转换与动能、压力能的变化联系起来。若流体做定常绝热流动,忽略重力影响,通用的伯努利方程,对级内 1 kg 流体而言:

$$H_{\text{th}} = \int_0^{0'} \frac{\mathrm{d}p}{\rho} + \frac{c_{0'}^2 - c_0^2}{2} + H_{kyd0-0'} \qquad (6.14)$$

式中 $\int_0^{0'} \dfrac{\mathrm{d}p}{\rho}$ ——级进出口静压能头的增量,kJ/kg;

$H_{kyd0-0'}$ ——级内的流动损失,kJ/kg。

如计及内漏气损失和轮阻损失,上式可表示为

$$H_{\text{tot}} = \int_0^{0'} \frac{\mathrm{d}p}{\rho} + \frac{c_{0'}^2 - c_0^2}{2} + H_{\text{loss}0-0'} \qquad (6.15)$$

式中 H_{tot} ——级内 1 kg 气体获得的总能量头,kJ/kg;

$H_{\text{loss}0-0'}$ ——级中总能量损失,kJ/kg。

伯努利方程的物理意义如下。

(1)通用伯努利方程也是能量转化与守恒的一种表达形式,它建立了机械能与气体压力 p、流速 c 和能量损失之间的相互关系。表示了流体与叶轮之间能量转换与静压能和动能转换的关系。同时由于流体具有黏性,还需克服流动损失或级中的所有损失。

(2)该方程适用一级,亦适用于多级整机或其中任一通流部件,这由所取的进出口截

面而定。如对于叶轮而言,它表示为

$$H_{th} = \int_1^2 \frac{dp}{\rho} + \frac{c_2^2 - c_1^2}{2} + H_{hydimp} \tag{6.16}$$

应用欧拉方程,可以得到

$$\frac{u_2^2 - u_1^2}{2} + \frac{w_1^2 - w_2^2}{2} = \int_1^2 \frac{dp}{\rho} + H_{hydimp} \tag{6.17}$$

上式表明,叶轮中圆周速度的增加和相对速度的减少,一部分使静压能增加,一部分克服叶轮中的流动损失。

而对某一固定部件如扩压器,它表示为

$$\frac{c_3^2 - c_4^2}{2} = \int_3^4 \frac{dp}{\rho} + H_{hydimp} \tag{6.18}$$

上式表明,扩压器中流体动能的减少用来使流体的静压能增加和克服流动损失。

(3)对于不可压流体,其密度 ρ 为常数,则

$$\int_1^2 \frac{dp}{\rho} = \frac{p_2 - p_1}{\rho}$$

可直接解出,因而对输送水或其他液体的泵来说,应用伯努利方程计算压力的升高是十分方便的。而对于可压缩流体,尚需获知 $p = f(\rho)$ 的函数关系才能求解静压能头积分,这还要联系热力学的基础知识加以解决。

6.3　分离流体机械

6.3.1　非均一系的分离及离心机的典型结构

在实际生产中,需要进行分离的物料是多种多样的:有气体的、液体的、固体的、气固的、液固的,但总的来说可以分为均一系的和非均一系的。对于均一系混合物的分离,基本属于传质的内容,其基本方法就是在均一系溶液中设置第二个相,使要分离的物质转移到该相中来,其力学过程是微观的内力(即分子力)作用过程。

对非均一系混合物的分离,一般是采用机械方法,其基本原理就是将混合物放于一定的力场之中,利用混合物的各个相在力场中受到不同的力从而得到较大的"相重差"使其分离,其力学过程是宏观的"场外力"作用过程。

液体非均一系——悬浮液和乳浊液的分离是非均一系分离的典型情况,其分离形式按照分离机理的不同分为沉降和过滤两种。

沉降:混合物在某种装置中,由于两相在力场中所受的力的大小不同而沉淀分层,轻相在上层形成澄清液,重相在下层形成沉淀物而实现分离。

过滤:混合物在多孔材料层装置中,由于受力场的作用,液体通过多孔材料层流出形成滤液,固体被留在材料层上形成滤渣而实现分离。

无论是沉降还是过滤,实现分离的效果和速度与所在的力场密切相关,力场越强,其分离效果越好,分离速度越快。最简单和方便的分离就是在自然引力场(重力场)中的分离,但由于引力场较弱,对于固体微粒很小或液相黏度很大的悬浮液,分离过程就进行得

很慢,甚至根本不能进行。

在真空或加压的人工力场中,过滤速度可以提高,但滤渣的干燥程度差,分离效果有时不能满足工艺要求,且在这种四周等强度的力场中,按巴斯加原理,对于沉降毫无作用。

因此人们不得不寻找别的人工力场,在这方面比较理想的就是离心力场,而离心机就是利用离心力场的作用来分离非均相物系的一种通用机械,与其他分离机械相比,离心机具有分离效率高、体积小、密封可靠、附属设备少等优点,因而被广泛应用于化工、石油、轻工、医药、食品、纺织、冶金、煤炭、选矿、船舶、军工及环保等各个领域。

6.3.2　离心沉降

首先必须有一个盛放物料的圆筒形装置(称为转鼓);其次转鼓必须回转而需要转轴来带动(称为回转轴);最后为了使物料能够处在对称的力场中,且使物料不要甩出去,再加上一些其他基本的结构,其装置如图 6.3 所示。

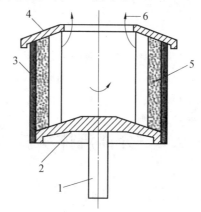

图 6.3　离心机转鼓部分结构示意图

1—转鼓回转轴;2—转鼓底;3—转鼓壁;4—拦液板;5—滤渣;6—滤液

转鼓高速旋转时,其中物料运转在一个轴对称的离心场中,物料中各相由于位置、密度不同受到不同的场外力作用而分层沉淀,质量最大、颗粒最粗的分布在转鼓最外层,质量最小、颗粒最细的聚集到转鼓内层,澄清液则从机上溢流。

离心沉降主要是用于分离含固体量较少、固体颗粒较细的悬浮液。乳浊液的分离也属于沉降式的,但习惯上常叫作离心分离,相应的机器目前常叫作分离机。分离机的模式如图 6.4 所示,主要是在无孔转鼓中放置碟片构成,在离心力作用下液体按重度不同分为里外两层,重量大的在外层,重量小的在里层,固相沉于鼓壁通过一定的装置分别引出。

6.3.3　离心过滤

在这种分离方式中,滤液要从转鼓排出去,所以这种装置的转鼓上必须开孔。其次为了不致使固体颗粒漏出来,转鼓内必须设有网状结构的材料层,称为滤网或滤布。其余转轴等则与离心沉降装置类同,如图 6.5 所示。

转鼓旋转时,液体由于离心力的作用,透过有孔鼓壁而泄出,固体则留在转鼓壁上,可见,离心过滤主要可用来分离含固体量较多、固体颗粒较大的悬浮液。

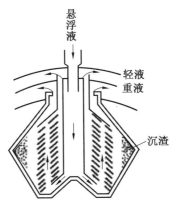

图 6.4 离心分离示意图

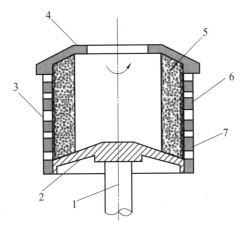

图 6.5 离心过滤示意图

1—转鼓回转轴;2—转鼓底;3—转鼓壁;4—拦液板;5—滤渣;6—滤液;7—滤网

6.4 水力旋流器基础知识

水力旋流器是一种分离非均相液体混合物的设备,它是在离心力的作用下根据两相或多相之间的密度差来实现两相或多相分离的。由于离心力场的强度较重力场大得多,因此水力旋流器比重力分离设备的分离效率要大得多。

对水力旋流器的研究是从理论研究与工程应用研究两方面展开的,主要集中在关联操作性能以及在各种分离过程中的应用,在后续的研究中比较多地考虑流体力学原理及其分析方法,水力旋流器已经成为一种标准的固—液分离设备。

水力旋流器的应用包括固—液分离、液—气分离、固—固分离(分选)、液—液分离、液—气—固三相同时分离以及其他应用。目前水力旋流器还作为一种高效的颗粒分级设备。单个水力旋流器的直径一般可以从 10 mm～2.5 m,多数固体颗粒的分离粒度可以小至 2～3 μm,单个水力旋流器处理能力的范围一般为 0.1～7 200 m³/h,其操作压力一般在 0.034～0.6 MPa 范围内,较小直径的旋流器通常以较高压力操作。

6.4.1　分离的基本常识与分类

对于流体混合物,其不同组分的分离可分为均相分离与非均相分离。均相分离是指各组分以分子的形式相混合,没有明显的相界面的多组流体之间的分离;非均相分离则是指具有明显的相界面的各流体组分之间的分离。另外,我们还可以将分离过程分为机械分离与传质分离两大类。所谓机械分离是指简单地利用机械的方法就可以将两相混合物进行分离,而相间并不发生物质传递过程,如过滤、沉降、离心分离、旋风分离、静电除尘等,这类分离过程在工业上有大量广泛的应用;传质分离是指在相间同时发生质量与能量传递的分离过程。可以在均相中发生,也可以在非均相中进行,常见的化工单元操作如蒸发、精馏、吸收、萃取、吸附、浸取、干燥、结晶等都是在非均相中进行的,而热扩散、气体扩散、超滤、反渗透、电渗析、液膜分离等均相分离过程,则是通过某种介质在压力、温度、组成、电势或其他梯度所造成的强制力的作用下,依靠气体或溶液中不同组分的微观粒子(如微团、离子、分子等)的迁移速度的差别实现的分离过程。

分离过程之所以能够进行是由于混合物中待分离的组分的各种物理化学性质之间,至少存在着某一种性质上的差异,可用于分离的性质见表 6.1。

表 6.1 可用于分离的性质

物理方面的性质	
力学性质	密度,摩擦因数,表面张力,尺寸,质量
热力学性质	熔点,沸点,临界点,转变点,蒸气压,溶解度,分配系数,吸附平衡
电、磁性质	电导率,介电常数,迁移率,电荷,磁化率
输送性质	扩散系数,分子飞行速度
化学方面的性质	
热力学性质	反应平衡常数,化学吸附平衡常数,离解常数,电离电位
反应速度性质	反应速度常数
生物学方面的性质	生物学亲和力,生物学吸附平衡,生物学反应速度常数

水力旋流器分离技术是利用密度差进行多相分离的非均相机械分离过程,因此适用于水力旋流器分离的物料必须是具有一定密度差的多相液体混合物,密度差越大,分离过程越容易进行,反之越难。利用水力旋流器进行分离的液体混合物可以是液—液、液—固、液—气以及其他的三相或多相料液,但其中必有一相为液体。

另外,必须注意的是,从热力学角度来说,分离过程是使物质达到更为有序化的过程,因此,不是一种熵增过程,也就是非自发过程,因此,分离过程的进行必然要消耗外界能量。因此,分离过程的能耗与分离能力的大小是衡量一种分离过程的有效性的两种主要性能。

6.4.2　流体旋转运动的基本知识

水力旋流器是在压力的作用下将流体的直线运动转化为旋转运动的装置,在旋流器内部,流体的运动方式是复杂的三维旋转运动,流体的旋转运动简称为涡流。水力旋流器的分离过程,就是流体旋涡的产生、发展和消失的过程。因此,在研究水力旋流器分离原理和设计计算方法之前,简要介绍流体旋涡运动的基础知识十分必要。

1. 有旋运动与无旋运动

涡流运动就是流体的旋转运动。根据流体在旋转运动时质点有无自转的现象,将其分为自由涡运动和强制涡运动两大类。凡流体质点不围绕自身瞬时轴线旋转的运动叫自由涡运动,自由涡运动亦称为无涡或无旋运动。自由涡运动的标志是角速度矢量为零,即 $\omega=0$。凡流体质点围绕自身瞬时轴线旋转的运动叫强制涡运动,强制涡运动亦称有涡或有旋运动,强制涡运动的标志是角速度矢量不为零,即 $\omega\neq0$。

强制涡是旋涡运动的主要形式,自由涡只有在理想的流体中才能实现。具有黏性的实际流体不会形成真正的自由涡,但当其黏性对其运动影响很小以致可以忽略不计时才能把实际流体的运动按自由涡运动处理。实际流体是有黏性的,而黏性对其旋涡的形成和发展有决定性的作用。

在自然界和工程技术中,还经常见到中心为强制涡而外围为自由涡的组合涡运动以及涡流与汇流组成的螺线涡运动等。

表征流体旋涡运动的量是角速度,正如速度矢量一样,角速度也是矢量,可用描述速度矢量的方法来描述角速度矢量。

涡线是涡场中的一条光滑的曲线,在任何时刻涡线上各点的切线方向与该点的角速度矢量相重合,如图 6.6 所示。很明显,涡线就是流体质点的瞬时转动钿线。由一组涡线构成的管状表面叫涡管,如图 6.7 所示。

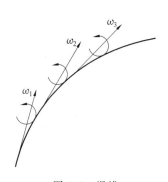
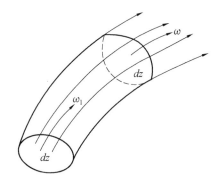

图 6.6　涡线　　　　　　　　　　　　图 6.7　涡管

涡管中涡线的总体叫涡束或元涡,单位面积上的涡束叫作旋涡强度,简称涡强,可用下式表示

$$\boldsymbol{\Omega}=2\omega=\nabla\times\boldsymbol{U} \tag{6.19}$$

式中　$\boldsymbol{\Omega}$——涡强(流体微团的旋转角速度矢量);

　　　ω——角速度;

　　　$\boldsymbol{U}$——速度矢量;

　　　∇——哈密顿算子。

在柱坐标系 (r,θ,z) 中,ω 在径向、切向及轴向的分量与相应的速度分量 u_r,u_θ,u_z 的关系可表示为

$$\omega_r=\frac{1}{r}\frac{\partial u_z}{\partial\theta}-\frac{\partial u_\theta}{\partial z} \tag{6.20a}$$

$$\omega_\theta = \frac{\partial u_r}{\partial z} - \frac{\partial u_z}{\partial r} \tag{6.20b}$$

$$\omega_z = \frac{1}{r}\frac{\partial(ru_\theta)}{\partial r} - \frac{1}{r}\frac{\partial u_r}{\partial\theta} \tag{6.20c}$$

涡管断面面积与涡强的乘积叫涡通量。如图 6.8 所示,微元涡管和有限涡管的涡通量分别为

$$\mathrm{d}J = \Omega\mathrm{d}A = 2\omega\mathrm{d}A \tag{6.21}$$

$$J = \int\mathrm{d}J = \int_A \Omega\mathrm{d}A = \int_A 2\omega\mathrm{d}A \tag{6.22}$$

应该指出,涡线与流线的区别就在于涡线是由角速度矢量构成,流线是由线速度矢量构成。对有旋(或有涡)运动,$\Omega \neq 0$,而对无旋(或无涡)运动,$\Omega = 0$。需着重指出的是流体运动的有旋或无旋,需视流体微团是否围绕着通过其自身的瞬时轴旋转,而与微团轨迹的形状无关。如下面将要介绍的,虽然强制涡与自由涡的流体质点轨迹都是圆周线,但前者为有旋流动,而后者则是无旋流动。

在有势质量力作用下的理想流体,自由涡始终是自由涡,强制涡始终是强制涡,两者不能互相转换。实际流体由于其黏性作用,可以使没有旋涡的流体发生旋涡,亦可把原有的旋涡削弱甚至消失。因此,实际流体的运动情况要比理想流体复杂得多。

2. 旋转流体的能量方程

如图 6.8 所示,当流体围绕垂直轴线做旋转运动时,度为在其半径 r 处取一宽度为 $\mathrm{d}r$、厚度为 $\mathrm{d}z$ 的长方形流管,则得同一水平面上的伯努利方程

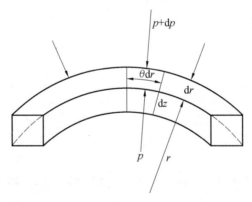

图 6.8 旋转流运动微元体

$$H = z + \frac{p}{\rho g} + \frac{u_\theta^2}{2g} \tag{6.23}$$

式中　H——总压头;

　　　z——势压头;

　　　p——半径 r 处压力;

　　　ρ——流体密度;

　　　u_θ——半径 r 处切向速度;

　　　g——重力加速度。

将式(6.23)对半径 r 微分,得

$$\frac{\mathrm{d}H}{\mathrm{d}r} = \frac{1}{\rho g} \frac{\mathrm{d}p}{\mathrm{d}r} + \frac{u_\theta}{g} \frac{\mathrm{d}u_\theta}{\mathrm{d}r} \tag{6.24}$$

从式(6.24)可以看出,在旋转运动流体中,沿径向总压头的变化率与径向的压力和速度的变化率有直接关系。

就微元体积 $\mathrm{d}r \cdot \mathrm{d}z \cdot r\mathrm{d}\theta$ 中的流体而言,当作用于该体积上的压力和离心力相平衡时,沿径向的外力之和为零

$$prd\theta\mathrm{d}z - (p+\mathrm{d}p)r\mathrm{d}\theta\mathrm{d}z + \rho r\mathrm{d}\theta\mathrm{d}r\mathrm{d}z\frac{u_\theta^2}{r} = 0$$

得

$$\frac{\mathrm{d}p}{\mathrm{d}r} = \rho \frac{u_\theta^2}{r} \tag{6.25}$$

将式(6.25)代入式(6.24),则得

$$\frac{\mathrm{d}H}{\mathrm{d}r} = \frac{u_\theta}{g} \frac{\mathrm{d}u_\theta}{\mathrm{d}r} + \frac{1}{g} \frac{u_\theta^2}{r} = \frac{u_\theta}{g}\left(\frac{\mathrm{d}u_\theta}{\mathrm{d}r} + \frac{u_\theta}{r}\right) = \frac{1}{g} \frac{u_\theta}{r} \frac{\mathrm{d}}{\mathrm{d}r}(ru_\theta) \tag{6.26}$$

式(6.26)是旋转运动流体能量的微分方程,它反映出旋转运动流体在运动过程中的能量变化规律,也是旋转运动流体的基本方程,在不同的条件下,可以导得不同旋转运动流体的基本规律,速度和压力沿径向的分布规律。

3. 强制涡与自由涡运动的速度方程

(1)自由涡。

当没有外界能量输入给流体时,流体的总压头保持恒定,此时流体的旋转运动就属于自由涡运动。例如将无限长的圆柱体在理想流体中旋转,其周围流体的运动即为自由涡。在式(6.26)中令 $\mathrm{d}H/\mathrm{d}r = 0$,即可得自由涡中的流体速度分布式如下

$$u_\theta r = \mathrm{const} \tag{6.27}$$

可见在自由涡运动中,流体微团的切向速度与其旋转半径成反比。半径越大,其切向速度越小。

(2)强制涡。

强制涡是在外力连续作用下形成和发展起来的流体的旋转运动,当理想流体做强制涡运动时,同刚体的转动非常相似,即流体质点的切向速度与其旋转半径成正比。

$$u_\theta = \omega r \tag{6.28}$$

又因为流体质点的运动为等角速度运动,因此式(6.28)可以改写成

$$\frac{u_\theta}{r} = \mathrm{const} \tag{6.29}$$

可见在强制涡运动中,流体的切向速度与旋转半径成正比,旋转半径越大,切向速度也越大。在自由涡中,流体的旋转速度与半径成反比。从理论上说,当旋转半径趋于零时,流体速度将变为无穷大,这在实际上当然是不可能的,由于流体的摩擦损失与速度的平方成正比,因此当旋转半径很小,流体速度很大时,流体的能量损失已不能忽略,从而总压头 H 沿半径保持恒定的条件不再满足。在某一半径以内,能量损失急剧增大,流体的旋转速度则几乎呈线性下降,整个流场形成中间为强制涡周围是自由涡的组合运动。

（3）组合涡。

组合涡是由强制涡和自由涡合成的复合运动,它具有两种涡型的特性:涡核部分属于强制涡运动,其中的速度和压力分布规律服从强制涡运动所遵循的规律;外围部分属于自由涡运动,速度和压力分布规律按自由涡的形式分布,如图 6.9 所示。

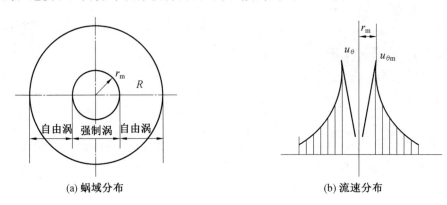

（a）蜗域分布　　　　　　　　　　　　　　　（b）流速分布

图 6.9　组合涡运动的涡线与流速分布

6.4.3　固—液两相流的基本知识

1.连续相与分散相

对于互不相溶的多相液体混合物,不管其为液—液、液—固或液—气混合物,其中的一相构成了流体混合物中的绝大部分,而且这一相中的流体相互之间都是以分子间的混合相互连接成一种连续的流动流体,这一相就成为连续相。比如少量泥沙与水组成的混合物中的水、少量油与水组成的混合物中的水等,连续相只能是液体或气体,多相流中的固体颗粒不可能成为连续相。多相流中组成比较少的、以多个颗粒状形态存在的、相互之间没有连接成一体的那种气泡、液滴或固体颗粒,称其为分散相。比如少量泥沙与水组成的混合物中的泥沙颗粒、少量油与水组成的混合物中的油滴、少量气泡与大量的原油组成的混合物中的气泡等,分散相可以是液体、气体或固体。

2.密度

两相流的密度是指单位体积内液体混合物所具有的质量,以 ρ_m 表示,其单位为 kg/m³。两相流的密度与各相密度之间的关系为

$$\rho_m = \frac{\rho_c Q_c + \rho_d Q_d}{Q} \tag{6.30}$$

式中　ρ_m——两相流密度;

　　　ρ_c、ρ_d——分别为连续相与分散相的密度;

　　　Q_c、Q_d——分别为连续相与分散相的体积流量;

　　　Q——两相流的总体积流量,$Q = Q_c + Q_d$。

3.浓度

两相流的浓度通常有四种表示方法:一是单位时间流过的分散相体积与两相流的总

体积之比,称为体积浓度;二是单位时间流过固—液混合物中的固体体积与液体的体积之比,称为体积固—液比或体积稠度;三是单位时间流过的分散相质量与两相流的总质量之比,称为质量浓度 c;四是单位时间流过固—液混合物中的固体质量与水的质量之比,称为质量固—液比或质量稠度 c'。

体积浓度

$$k = \frac{Q_d}{Q} \tag{6.31}$$

体积固—液比

$$k' = \frac{Q_d}{Q_c} \tag{6.32}$$

质量浓度

$$c = \frac{\rho_d Q_d}{\rho_m Q} \tag{6.33}$$

质量固—液比

$$c' = \frac{\rho_d Q_d}{\rho_c Q_c} \tag{6.34}$$

两相流的密度与上述四种浓度形式中的任一种浓度之间均存在着一定的换算关系,这些关系可表示如下:

(1)密度与体积浓度之间的关系。

联立式(6.30)和式(6.31)得

$$\rho_m = \rho_c + k(\rho_d - \rho_c) \tag{6.35}$$

或

$$k = \frac{\rho_m - \rho_c}{\rho_d - \rho_c} \tag{6.36}$$

(2)密度与体积固—液比之间的关系。

由式(6.30)和式(6.32)可得

$$\rho_{mb} = \frac{\rho_c Q_c + \rho_d Q_d}{Q} = \frac{\rho_c Q_c + \rho_d Q_d}{Q_c + Q_d} = \frac{\rho_c + \dfrac{\rho_d Q_d}{Q_c}}{1 + \dfrac{Q_d}{Q_c}} = \frac{\rho_c + k' \rho_d}{1 + k'} \tag{6.37}$$

或

$$k' = \frac{\rho_m - \rho_c}{\rho_d - \rho_m} \tag{6.38}$$

(3)密度与质量浓度之间的关系。

根据质量浓度的定义式(6.33)和式(6.31)可知

$$c = \frac{\rho_d Q_d}{\rho_m Q} = \frac{\rho_d}{\rho_m} k$$

将式(6.36)代入上式,得

$$c = \frac{\rho_d (\rho_m - \rho_c)}{\rho_m (\rho_d - \rho_c)} \tag{6.39}$$

或

$$\rho_m = \frac{\rho_d \rho_c}{\rho_d - c(\rho_d - \rho_c)} = \rho_d \frac{1}{\rho_d - c\left(\dfrac{\rho_d}{\rho_c} - 1\right)} \qquad (6.40)$$

(4)密度与质量固－液比之间的关系。

根据质量固－液比的定义式(6.34)和式(6.32)可知

$$c' = \frac{\rho_d Q_d}{\rho_c Q_c} = \frac{\rho_d}{\rho_c} k'$$

将式(6.38)代入上式,得

$$c' = \frac{\rho_d (\rho_m - \rho_c)}{\rho_c (\rho_d - \rho_m)} \qquad (6.41)$$

$$\rho_m = \frac{\rho_d \rho_c (1 + c')}{\rho_d + c' \rho_c} = \rho_d \frac{1}{\dfrac{\rho_d}{\rho_c} + c'} \qquad (6.42)$$

4. 黏度

在纯液相流体中加入固相细颗粒形成固－液两相流后,两相流内部便存在非常巨大的固－液相界面,在这相界面上,由于分子力的作用,固体颗粒要吸附水分子,从而在其表面构成一层水化薄膜(吸附水),水化膜中的液体分子所受力很大,致使薄膜层中液体的黏度要比普通水的大得多;另外,固－液两相流流动时的摩擦作用除发生在液体与液体之间外,还发生在固体与固体之间,所以固－液两相流的黏度要大于纯液相流体的黏度。

当固相颗粒很细,其粒径小于 1 μm 时,两相流呈纯浆体,相当于一种新的均质流体。两相流的黏度要比纯液相流体的黏度大,而且其黏度随固相浓度的增大而增大。

当固相颗粒较粗,其粒径小于 0.9 mm 时,由于固相颗粒本身是不能变形的,同时又存在着水化薄膜,这就使两相流的性质介于液体和固体之间。这种两相流的黏性与均质流体的黏性不同,它不符合牛顿黏性定律。关于两相流的摩擦定律,最常用的是宾汉(Binghan)定律。宾汉定律认为:两相流的总摩擦应力 τ 为

$$\tau = \mu \frac{\mathrm{d}u}{\mathrm{d}y} + \tau_0 \qquad (6.43)$$

式中　μ——两相流的黏度;

$\dfrac{\mathrm{d}u}{\mathrm{d}y}$——两相流与流动垂直方向上的速度梯度;

τ_0——起始切应力(静剪切应力)。

根据流体力学中黏度的定义和式(6.43),可得两相流中的黏度为

$$\mu_c = \frac{\tau}{\dfrac{\mathrm{d}u}{\mathrm{d}y}} = \mu + \frac{\tau_0}{\dfrac{\mathrm{d}u}{\mathrm{d}y}} \qquad (6.44)$$

式中　μ_c——两相流中应力与应变的比值,它相当于黏性系数,一般称为两相流的有效黏度。

从式(6.43)与式(6.44)可知,当静剪切应力 $\tau_0 = 0$ 时,这类两相流的内摩擦定律与均质流体的牛顿定律相同,两相流的有效黏度又等于它的牛顿黏性系数,而且是一个与流速无关的常数。当静剪切应力 $\tau_0 > 0$ 时,这类两相流的内摩擦定律不符合牛顿定律,其有效

黏度 μ_c 大于牛顿黏度 μ，而且对于一定的两相流，μ_c 不是一个固定的常数，它将随流速的增大而减小。因此，两相流的有效黏度不能作为说明其内摩擦力性质的指标。

求解两相流的黏度一直被视为一个难题。下面介绍两个关于均匀球形固体颗粒两相流的黏度公式，这种两相流通常具有牛顿流体的特性。这类两相流实际上很少见，但它很重要，因为其黏度代表非牛顿流体两相流黏度的最小值。

（1）稀两相流。

爱因斯坦从理论上确定出的含少量固体颗粒的稀两相流黏度的公式为

$$\frac{\mu_m}{\mu}=1+1.25k \tag{6.45}$$

式中　μ_m——两相流的黏度；

　　　μ——纯液相流体的黏度；

　　　k——固体颗粒的体积浓度。

式（6.45）适用于刚性球形颗粒两相流的层流，球形颗粒大于分子的尺寸，颗粒体积浓度 k 小于 0.01，颗粒间没有相互作用。

（2）稠两相流。

较稠两相流黏度必须考虑颗粒间可能发生的各种类型的相互作用。托马斯分析整理大量资料后，提出的稠两相流的黏度公式为

$$\frac{\mu_m}{\mu}=1+1.25k+10.05\,k^2+0.002\,73\exp(16.6k) \tag{6.46}$$

对于含油污水，两相流的黏度为

$$\frac{\mu_m}{\mu}=1+\frac{k(\mu+2.5\mu_d)}{(\mu+\mu_d)} \tag{6.47}$$

式中　μ、μ_d——分别为连续相（水）和分散相（油）的黏度；

　　　k——分散相的体积浓度。

6.4.4　两相流动过程中的分离原理

1. 颗粒在流体中运动时的流体曳力

当单独的颗粒在连续的流体中运动时，该颗粒将受到流体的两种作用力：一是形体阻力，表示颗粒运动过程中流体压力在球体表面上分布不均匀引起的流动阻力；另一种阻力叫作摩擦阻力，表示由于球体表面上流体的剪应力引起的流动。颗粒在流体中运动的总阻力是形体阻力与摩擦阻力之和，简称为曳力。求解流体的连续性方程与运动方程，可获得在层流条件下（惯性力可忽略不计），流体对单独的球形颗粒所施加的曳力为 $6\pi\mu r_0 u_0$（其中形体曳力与摩擦曳力所占的比例分别为 1/3 与 2/3），其中 μ 为连续相流体的黏度，r_0 为球形颗粒的半径，μ_0 为颗粒相对于流体的运动速度。这种关系被称为斯托克斯（Stokes）方程，也叫作斯托克斯阻力定律，它是研究分散相在连续相流体中的沉降、浮上等现象所依据的基本规律之一。

液体对颗粒的作用力还可以用曳力系数 C_d 来表示，曳力系数的定义为

$$C_d = \frac{F_d}{\frac{1}{2}\rho u_0^2 A} \tag{6.48}$$

式中　F_d——流体的曳力；

ρ——流体密度；

A——颗粒在与流动垂直方向上的投影面积。

2. 两相流中的受力分析

颗粒在流体中运动时的受力包括自身重力、流体的浮力、离心力、流动阻力等,其中颗粒自身的重力与流体的浮力表示如下：

重力

$$F_g = \frac{\pi}{6}d^3\rho_d g \tag{6.49}$$

浮力

$$F_f = \frac{\pi}{6}d^3\rho g \tag{6.50}$$

式中　d——颗粒的直径；

ρ、ρ_d——连续相流体与分散相颗粒的密度。

颗粒受到的离心力为

$$F_c = \frac{\pi}{6}d^3\rho_d\frac{u_\theta^2}{r} \tag{6.51}$$

式中　r——颗粒旋转运动的旋转半径。

颗粒在流体中的运动可表示为

$$\frac{\pi}{6}d^3\rho_d\frac{\mathrm{d}u}{\mathrm{d}t} = \sum F \tag{6.52}$$

式中　$\sum F$——在速度 u 的方向上的各种受力的代数和。

对于重力沉降或浮上过程,颗粒的受力包括自身重力、流体的浮力以及流体的阻力,因此其受力方程可表示所示：

沉降过程

$$\frac{\pi}{6}d^3\rho_d\frac{\mathrm{d}u}{\mathrm{d}t} = \frac{\pi}{6}d^3(\rho_d - \rho)g - 3\pi\mu du_0 \tag{6.53}$$

浮上过程

$$\frac{\pi}{6}d^3\rho_d\frac{\mathrm{d}u}{\mathrm{d}t} = \frac{\pi}{6}d^3(\rho - \rho_d)g - 3\pi\mu du_0 \tag{6.54}$$

当颗粒的受力达到平衡时,其运动为等速运动,此时：

沉降过程

$$u_0 = \frac{d^2(\rho_d - \rho)g}{18\mu} \tag{6.55}$$

浮上过程

$$u_0 = \frac{d^2(\rho - \rho_d)g}{18\mu} \tag{6.56}$$

式(6.55)、式(6.56)是在静止的流体中达到受力平衡时颗粒的沉降或浮升的关系式,在流动的流体中,式(6.55)、式(6.56)中的 u_0 则表示颗粒相对流体进行沉降或浮上时的相对速度。

在离心力场中,一般颗粒自身的重力颗粒忽略不计,颗粒受到的作用力包括有颗粒自身的离心力、连续相流体的离心力以及流体的流动阻力。由于当两相的密度不相等时,离心力的作用总是使连续相流体与分散相颗粒有一定的速度差 u_0,此时颗粒的受力方程为

$$\frac{\pi}{6}d^3\rho_d\frac{\mathrm{d}u}{\mathrm{d}t}=\frac{\pi}{6}d^3(\rho_d-\rho)\frac{u_\rho^2}{r}-3\pi\mu du_0 \qquad (6.57)$$

当颗粒的受力达到平衡时,式(6.57)变为

$$u_0=\frac{d^2(\rho_d-\rho)}{18\mu}\frac{u_\theta^2}{r} \qquad (6.58)$$

式(6.58)中当 u_0 向为正时,表示颗粒与连续相流体沿着相反方向运动的速度差;当 u_0 为负时,表示颗粒与连续相流体沿着相同方向运动时的速度差。

必须注意以下两种情况:

(1)式(6.55)、式(6.56)、式(6.58)表示的都是颗粒的受力达到平衡时两相速度差的关系式,在没有达到受力平衡(颗粒以一定的加速度或减速度运动)时,不能直接使用式(6.55)、式(6.56)、式(6.58),而必须使用式(6.53)、式(6.54)、式(6.57)的形式。一般情况下,工程中的很多情况都不属于受力平衡的状态,但是在某些具体情况下可以按受力平衡状态进行近似简化或粗略的估算。

(2)这一部分讨论的内容都是针对单个颗粒在连续相流体中的运动,因此适用于分散相颗粒(固体颗粒或液滴、气泡)的浓度不是太高的情况。当分散相颗粒的浓度很高时,颗粒的运动除了受到上面分析的几种作用力外,还要受到不同的颗粒在运动过程中的相互作用力,此时的沉降称为干涉沉降。

6.4.5　水力旋流器内的流体流动

1. 概述

从实际应用的角度来看,水力旋流器的流场研究或许并不那么重要,因为此时人们关注的只是旋流器的给料及产品(尤其是后者)的性质。就像"黑箱"理论一样,重要的只是结果而非过程。但是,如果我们有意于分离过程的改善,或者想通过对旋流器这一"黑箱"内部环节的深入了解进而完善其内部结构的话,则流场研究的重要性就不言而喻了。

水力旋流器内的流场变化规律并不是一种单独的现象,旋流器内所形成的流场是旋流器结构、分离能力、能量消耗等诸多因素综合作用的结果。从以下两个方面来说我们有必要对旋流器内的流场变化规律进行一定程度上的了解:首先,水力旋流器的分离能力与能量消耗是这种分离设备的两个重要性能,一般而言,分离能力的提高是需要以较高的能量消耗为代价的,对旋流器内流场的研究有助于我们更深入地洞悉分离的机理以及能量消耗的机理,从而以相对来说较低的能量消耗来获取尽可能大的分离能力;其次,对旋流器内流场的变化规律的研究可以帮助我们决定在预定的目标内如何达到旋流器结构的最优化,从而使旋流器的设计更加小型化,使旋流器分离系统更加紧凑。

另外,流速作为动能的存在形式,其本身就构成了流体能量的一部分,因此旋流器内流场的变化规律本身也就反映了流体能量转化规律。本章将对旋流器内部的流场以及相关的压力分布、停留时间等内容进行描述。

2.水力旋流器的工作原理

按照 Bradley 的定义,水力旋流器是一种利用流体压力产生旋转运动的装置。这一定义也许不够全面,但确实揭示了水力旋流器工作原理的本质特征。若流体以静压力 p_0、初速度 V_0 沿切向给入旋流器且为分析简单起见不计压头损失,则在入口处与螺旋形流线上的另一点列出的伯努利方程为

$$\frac{p_0}{\rho}+\frac{u_0^2}{2}=\frac{p}{\rho}+\frac{u^2}{2} \tag{6.59}$$

式中　　ρ——流体密度;

　　　　p、u——流体在流线上某一点的压力与速度。

按通常的研究方法,在柱坐标系内,水力旋流器内的流体速度 u 可分解为径向速度 u_r、切向速度 u_θ 及轴向速度 u_z

$$u^2=u_r^2+u_\theta^2+u_x^2 \tag{6.60}$$

沿切向输入的流体在不计损失的情况下,其旋转动量矩将保持不变,即

$$u_\theta r = 常数 \tag{6.61}$$

可见,随回转半径的减小,切向速度增大。而在进口处,$u_\theta=V_0$,$r=R$(R 为旋流器圆柱段半径)。这样,旋流器内部任一点,$r<R$ 处,切向速度 $u_\theta>V_0$,在式(6.59)中,必有 $u>V_0$,从而 $p<p_0$ 即流体的静压头转换为速度头(动压头),或者如 Bradly 所说,流体压力产生了旋转运动。图 6.10 所示即为水力旋流器内流体压力的转换关系。

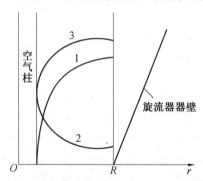

图 6.10　水力旋流器内流体压力的转换关系
1—静压头;2—动压头;3—总压头

在这样的旋转流场中,进入水力旋流器的固体颗粒或液滴、气泡等所受到的惯性离心力比在重力场中所受的重力要大得多;通常用离心力强度 S_{Rc} 来表征这种强化作用。

定义为离心加速度与重力加速度之比

$$S_{Rc}=\frac{u_\theta^2}{gr} \tag{6.62}$$

在水力旋流中,这一比值通常高达几十、几百甚至上千倍,从而大大强化了分离过

程。此外,离心力场与重力场的另一显著区别是离心加速度对回转半径的强烈依赖关系:在理想流体的情况下,S_{Rc} 应与 r^3 成反比,可见,随回转半径的减小,离心力强度急剧增大。

式(6.58)可改写成

$$d=\left[\frac{18\mu u_0 r}{(\rho_d-\rho)u_\theta^2}\right]^{\frac{1}{2}} \tag{6.63}$$

由此可见,在受力平衡的条件下,粒度越大的颗粒,达到受力平衡后的回转半径也就越大。这样,只要水力旋流器内的分离空间足够大,则在离心力场的作用下,不同粒度的颗粒(包括液滴、气泡)沿旋流器的径向就形成了一定的分布规律,这种分布规律是水力旋流器进行有效分离的必要条件。

固体颗粒在水力旋流器内达到规律性分布以后,还须借助于旋流器本身的特殊结构将之分成粗细两部分并分别排出,从而最终完成分离作业,如图 6.11 所示。

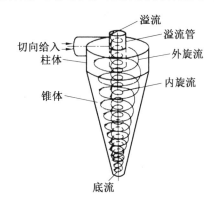

图 6.11　水力旋流器内流体的双旋流模型

水力旋流器的结构特点主要有两个方面:其一,在柱体上段接入溢流管,它的作用是排出进入溢流管的流体。当分散相颗粒的密度大于连续相流体的密度时,分散相颗粒将从旋流器的底流口排除。为了减少由于短路的作用而使进入旋流器顶部的分散相颗粒直接从溢流管排出从而降低分离效率,在这种旋流器中,溢流管还要向旋流器内部插入一定的深度。对于分散相颗粒密度小于连续相密度的情况,分散相介质是从溢流口排出的,因此这种短路不会降低分离效率,在设计溢流管时没必要将溢流管插入至旋流器内部。其二是主分离区的锥形设计,这种结构亦具有两个作用,一方面便于器壁处的颗粒从底流口排出;另一方面可弥补实际工作中流体的能量耗散而在整个主分离区保持相似的回转运动。一般可以认为,旋流器中圆柱段的主要作用就是使切向进口处的流体能够达到相对来说比较均匀的流场,在圆锥段内进行分离,而圆柱段本身的分离作用并不是非常明显。

综上所述,水力旋流器的工作原理应包括三个部分:首先,依靠切向输入流体的静压力产生旋转运动;继而,在该旋转流中完成待分离物料的空间规律性分布;最后,经特殊的结构设计实现分离。依据这样的工作原理,水力旋流器已在诸多分离领域获得应用。可以说,凡是牵涉不相溶的两相或多相液体混合物分离的场合,水力旋流器皆可发挥其作用。

3. 旋流器内流体的流动区域与流动类型

液体在水力旋流器中同时产生两种基本的同向旋转液流:顺螺旋线向下流动的外旋流和沿螺旋线向上流向溢流管的内旋流,即水力旋流器内流体的双旋流模型,如图6.11所示。外旋流接近锥顶(底流口处)分为两部分:一部分不变更流动方向,继续向下,最后经底流口排出;另一部分变更流动方向,转而向上流动,进入了内旋流。在外旋流和内旋流之间于溢流管端以下产生循环流(也称闭环涡流),此循环流中的液体在绕水力旋流器轴线旋转的同时,从外侧向底流口方向流动,而从内侧向上盖方向流动,如图 6.12 所示。

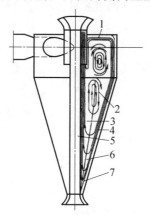

图 6.12 旋流器内流体的流动区域与流动类型

1—短路流;2—循环流;3—内旋流;4—外旋流;5—空气柱;6—零速包络面;7—部分外旋流

在水力旋流器的轴线附近,由于静压头很低而离心力又很大,以致液体涡核无法存在,如果底流口直接与大气相通(固—液旋流器一般都是这样),则空气就会沿底流口进入并在轴心处形成一个上升的旋风气流柱,称为空气柱。

在外旋流与内旋流的转折点附近,轴向流动的方向发生了自下而上的改变;在转折点处,轴向速度为零。所有这些点构成锥面形的轴向零速包络面(简记作 LZVV,如图6.12)。LZVV 是水力旋流器轴向流动的重要特征,一般认为它也就是分离界面。一般来说,LZVV 以内的流体构成溢流,以外的流体则成为底流。

归纳起来,一般认为水力旋流器内液体流动存在四种形式,即内旋流、外旋流、短路流(盖下流)和循环流(闭环涡流)。此外,空气柱和零轴速包络面(LZVV)也是两个重要的附带特征。

迄今为止已经进行的关于水力旋流器流场的大量研究,从定性的角度来看,也已比较清晰地勾勒出了流场的大致轮廓。但由于不同的研究者所使用的旋流器差别较大,因此还没有一个模型能够定量地说明所有旋流器的流动情况。随着测试技术的进步,实际测出水力旋流器内复杂的多相流动,检验或修正理论预测的模型,对于加深对旋流器的了解以及改进旋流器的工作进而提高分离效率都具有重要意义。最后,需要着重指出的是流场研究的目的,不仅是为了弄清水力旋流器的工作原理,更重要的应是借以寻找更为合理的优化旋流器结构。

4. 水力旋流器内的流速分布简介

在柱坐标系中,旋流器内流体流动的速度可分为三个方向上的速度分量:切向速度、轴向速度与径向速度。对旋流器内流速分布的充分了解对于描述分散相粒子的运动轨迹、并依此来从理论上预测分离效率是非常重要的。对水力旋流器内流场的研究可以从理论上进行,也可以从实验的角度进行。

(1)切向流速分布。

水力旋流器内的三维液流运动中,切向速度具有最重要的地位。不仅是因为切向速度在数值上要大于其余两向速度,更重要的是切向速度产生的离心力是旋流器内两相或多相分离的基本前提。

这方面的实验研究首先是由 Kelsall 开始的,他采用了显微镜光学测量法追踪固体铝颗粒在旋流器内的运动轨迹,获得了固体颗粒的轴向与切向流速分布,并认为在任一点处固体颗粒与流体的轴向速度与切向流速相等,在此基础上根据流体的连续性准则确定流体的径向流速分布,然后按平衡轨道法(该法认为:当固体颗粒在离心力场中的离心力与液体曳力相等时,固体颗粒将达到受力平衡状态,此时固体颗粒从底流口被分离出来的概率与从溢流口被带走的概率相等,满足这种条件的固体颗粒的运动轨迹成为平衡轨道)及 Stokes 沉降速度即可得到颗粒的分割尺寸 d_{50}。

图 6.13 为 Kelsall 测得的切向流速分布,其中切向流速从旋流器壁面向中心轴线方向上随着半径的减小而增大,在某一径向位置处达到最大值,而后随着径向位置的进一步减小,在靠近中心轴线处随半径的减小急剧降低。根据 Kelsall 的实验,在溢流管底部以下的任一水平截面处,切向速度都可表示成

$$u_\theta r^n = C \tag{6.64}$$

式中　n——指数;

　　　　C——常数。

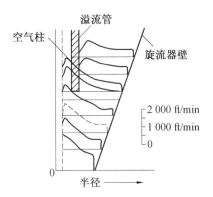

图 6.13　旋流器内的切向流速分布

对一定的旋流器来说,n 为常数,而且这种关系不随轴向截面的位置而变。但是在溢流管底部以上的轴向截面处这种关系就不成立了。

以式(6.64)表达的切向速度关系式被后来的很多研究者采用,其中的指数 n 则通过对实验数据的回归来确定,在 0.45～0.9 的范围变化,不同的研究者得到的结果略有不

同。

（2）轴向流速分布。

研究轴向速度的意义包括两个方面：一是按照传统的研究思路，找出零轴向速度包络面，根据零轴向速度包络面可以确定哪些流体是从溢流口排出或从底流口排出旋流器；另一方面就是通过轴向速度和径向速度来研究流体质点或分散相颗粒进入旋流器以后的运动轨迹，并根据这种运动轨迹的变化规律来预测旋流器的分离效率、研究流场以及分离效率的影响因素、对内流场以及分离效率等进行模型化处理等。

Kesall 通过测定水力旋流器内的切向速度和轨迹倾角而得到了各点的轴向速度，其中液体的轴向速度在溢流管末端以下各水平面上，由器壁向空气柱方向，轴向速度首先从向下方向、随半径的减小而逐渐变小、再转变为向上方向的速度，在旋流器半径的中部通过零点；在溢流管底端以上的各水平面靠近溢流管壁附近，轴向速度下降，如图 6.14 所示。

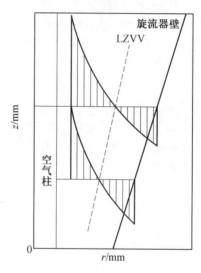

图 6.14　水力旋流器内液流轴向速度分布（LZVV 为零轴速包络面）

通过液体轴向速度为零的各点，可以描绘出一个圆锥形表面，即零轴速包络面（LZVV）。该面内部液体向上流动，形成内旋流，而在其外部的液体则向下往底流口方向流动，形成外旋流。就轴向速度绝对值而言，内旋流速度远远大于外旋流速度。

（3）径向流速分布。

在水力旋流器内液流的三维运动中，相对而言，径向流动的研究不够充分，而且存在明显争议。究其原因，一是实际测定的困难，二是长期以来 Kesall 的研究结果支配人们的思想。与其他两个方向的流动相比，径向运动的速度较小，这使得实验测定工作相当困难。即使运用现代化的激光测速技术，对水力旋流器内液流径向速度的测定也非常复杂，器壁与介质的折射以及切向速度的干扰，使测点位置的确定及流动速度的测量都容易产生误差，因而需要比较复杂的校正处理。

徐继润、孙启才、Hsien 和李琼等人曾先后分别用激光多普勒测速仪对水力旋流器内液相径向速度做了实测研究，并做了理论上的分析，认为 Kelsall 关于径向速度的结论对常规结构是不适用的。常规固－液旋流器的径向速度分布应是:随着径向位置从器壁趋向轴心,径向速度逐渐增大,在空气柱边缘附近又急剧降低;锥段径向速度方向始终是由器壁指向轴心;内旋流区的径向速度变化幅度比外旋流区的变化幅度大,如图 6.15 所示。

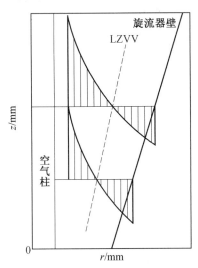

图 6.15 　激光测速仪实测出的水力旋流器内液流径向速度

5. 旋流器内的短路流与循环流

流体沿任一固体壁面流动时都存在流动边界层,流动边界层内的流体流速很低,对液体流动,边界层在壁面处的流速为零,沿壁面法线处流速逐渐增加至流体主体流速,一般取流速为主体流速的 99% 时的位置为边界层的边界。在水力旋流器内,流体的边界层主要是指旋流器顶盖处与旋流器边壁处的边界层。

在固－液旋流器的进口处,从旋流器边缘沿切向进入的流体进入旋流器后,大部分形成主体流动,流体携带的固体颗粒则大部分在主体流动中得到分离;但由于固体边界的存在,一部分流体形成边界层,这部分流体所包含的颗粒则不能得到有效的分离(因为边界层内的切向速度比主流区要小得多)而直接进入溢流或底流。短路流包括绕过溢流管外壁及下端而进入溢流的那部分流体以及沿旋流器的器壁向下进入底流的流体,其中对于固－液分离来说,短路进入溢流的这部分流体中所夹带的固体颗粒,正常情况下本来应该被分离掉而从底流口流出的那部分比较大的固体颗粒,因为短路流而没有被分离掉;沿旋流器底器壁向下从底流口短路流夹带的固体颗粒一般都是比较细小的难分离的颗粒,而且所占的比例很小。因此从溢流口短路的流体对旋流器的分离性能产生的影响比较大,而沿旋流器器壁进入底流的那部分短路流对旋流器的分离性能的影响可以忽略不计。

关于循环流,目前尚无定量模型进行描述。值得指出的是目前为止针对短路流与循环流的讨论都是针对固－液旋流器的。对于液－液旋流器,特别是分离轻质分散相的液－液旋流器,顶盖处的短路流不会影响分离效率,因此目前尚未见到专门讨论液－液旋流器的短路流的报道;就目前技术水平而言,有关循环流的研究对于液－液旋流器的操作性能的影响也处于相对次要的地位,因此也很少有这方面的研究报道。

6.停留时间分布

当流体从一个进口流进一个容器再从一个出口流出这个容器时,假想所有的流体由很多流体"质点"所组成,由于容器内存在流体流动的"死角",所以有些流体质点进入容器后被流动死角所阻塞,经过很长时间也不能从容器内流出来;另一方面,当容器的结构使得某些流体质点流过容器时可能产生短路流时,这些流体质点经过很短的时间(接近于零)就从容器内流出来了。这样,所有的流体质点通过一个容器时,有的流体质点在容器内停留的时间比较长,有的停留的时间短,这样根据流体质点在容器中某一停留时间所对应流出容器的流体量占进入容器总流体量的比例与这个停留时间的对应关系,就引出了停留时间分布的概念。

停留时间分布存在的原因是流体的摩擦而产生的流速分布不均匀、分子扩散及湍流扩散而引起的。另外,由于搅拌而产生的强制对流、沟流和容器内的死区也是停留时间分布存在的原因。所有这些都使容器内一部分流体流得快,而另一部分则流得慢,从而形成停留时间分布。

有两种不同的停留时间分布:一种是年龄分布,另一种是寿命分布。所谓年龄分布是指针对存留在设备中的流体粒子而言,从其进入设备时算起,到我们所考虑的那一瞬间为止,它在里面所停留的那段时间。寿命分布则指流体粒子从进入设备起至离开设备止的那段时间,亦即流体粒子在设备内总共停留的时间。总之,年龄是对仍然留在设备内的流体粒子而言,寿命则指已离开设备的流体粒子而言。所以,寿命分布也可以说是一个容器出口处流体的年龄分布。实际测定得到的而且应用价值较大的是寿命分布,通常我们所说的停留时间分布就是指寿命分布。

通常使用分布函数或分布密度函数来表示停留时间分布。寿命分布密度 $E(t)$ 的定义为:从设备流出的流体中,如果寿命在时间段 $t \sim t + \mathrm{d}t$ 之间的流体占总流体的分率为 $E(t)\mathrm{d}t$,$E(t)$ 为时间的函数,则 $E(t)$ 称为寿命密度函数,一般简称为(停留时间的)密度函数。图6.16为一典型的停留时间密度曲线,即 $E(t)$ 与时间 t 的关系曲线。这一曲线的特征是两头小中间大,即具有某一停留时间的流体所占的比率极大。寿命极短或极长的流体粒子则占少数。因为不同寿命的流体粒子所占分率的总和应为1,此即所谓归一化条件。所以,$E(t)$ 曲线下的面积应等于1,即

$$\int_0^\infty E(t)\mathrm{d}t = 1 \tag{6.65}$$

图6.16中的阴影面积表示设备出口处停留时间小于某一时间 t 的流体粒子占所有流体粒子的分率,以 $F(t)$ 表示,则

$$F(t) = \int_0^t E(t)\mathrm{d}t \tag{6.66}$$

式中　$F(t)$——停留时间分布函数。

通常流体的停留时间分布可以用停留时间分布函数 $F(t)$ 来表示,也可以用停留时间密度函数来表示。若已知停留时间分布函数 $F(t)$,则停留时间密度函数 $E(t)$ 为

$$E(t) = \frac{\mathrm{d}F(t)}{\mathrm{d}t} \tag{6.67}$$

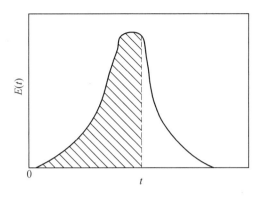

图 6.16　停留时间分布密度曲线

　　通常测定停留时间分布一般都采用示踪剂法,即在设备的进口处注入一定量的示踪剂,在出口处记录流出设备的示踪剂量占注入示踪剂总量的百分比即可得到停留时间分布,注入示踪剂的方法有阶跃法、脉冲法与周期输入法等。

7. 空气柱

(1)空气柱的产生。

　　空气柱是固－液水力旋流器中的一种现象,在各种固－液旋流器中都可以观察到这种现象,如图 6.17 所示。空气柱的形成可以从以下几个方面进行说明。

　　①在水力旋流器内,流体的流速(三维运动的总速度)随着流动半径的减少而增加,也就是说,流体的静压能除了黏性损失外还转变成了动压能,沿着半径方向,流体的速度逐渐增加至某一个极大值,如果半径再继续减少,则剩余的流体静压能已经不足以在补偿能量损失的同时继续维持流体速度的增长,因此流速开始随着半径的减小而降低,当半径继续减小至某一位置时,流体的静压能减小至零,在此半径以内,就形成了空气柱。流体的静压能除了转化为动压能以外,流体沿径向的压力能的损失主要属于黏性损失,这部分能量将转化为热量而耗散掉。在气液界面上,流体的静压力为零,这是空气柱形成的一个必要特点,也是空气柱的一个重要特点。在空气柱内,空气的静压力(表压)小于零,即空气柱内的空气处于负压状态,如图 6.17 所示。

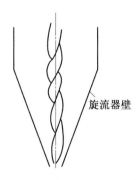

图 6.17　水力旋流器物理中心与几何中心沿轴向的偏离

　　只有当液体充满整个旋流器的空间后才会出现空气柱,这就要求旋流器的进口流体压力达到一定的值,在固－液旋流器中,进口压力也成为给入压力,也就是说,作为形成空气柱的必要条件,给入压力必须达到某一最小值才能形成空气柱,形成空气柱所需要的最小给入压力与旋流器内某一半径处的静压力为零这一条件是互为因果的,给入压力不同,空气柱的大小也不同。形成空气柱的最小给入压力与旋流器的结构尺寸有关:溢流口与底流口的直径越小,流体的流动阻力越大,消耗的能量越多,旋流器的中心区域也就越容易形成负压区而出现空气柱;锥角对空气柱的影响分为两个方面:一方面锥角的增加使分离空间减小,能量损失也减小而不容易形成空气柱,另一方面锥角的增加使得底流口与溢流口之间的距离缩短,空气柱上下贯通的阻力减小而容易形成空气柱。

②旋流器的两个出口(溢流口或底流口)中至少有一个与大气相通,这样在旋流器内部出现负压的中心区域就吸收外界的空气而形成空气柱,这是旋流器内形成空气柱的充分条件。一般固—液旋流器中底流口作为固体物料的排料口都直接与大气相通,这就为形成空气柱提供了条件。对于液—液旋流器来说,由于两个出口处流出的都是液体物料,所以两个出口可以直接与流体输送管路连接而将出口流体输送出去,这样液—液旋流器的两个出口一般情况下不与大气相通,也就不会形成空气柱,因此说空气柱的形成是固—液旋流器区别于液—液旋流器的一个非常明显的物理现象。对于固—液旋流器,如果将两个出口插入流体中,而且旋流器入口处的物料不是含有大量的气体,则已经形成的空气柱就会逐渐变小直至消失。

③如果进料液体中夹带比较多的空气,则旋流器内也会形成空气柱,比如在进料系统中,如果因为进料泵的叶轮的搅拌作用使进料液体带入了大量的空气,也会在旋流器内产生空气柱。

人们对旋流器内的空气柱的认识形成了两种相反的观点。持肯定态度的人们认为:水力旋流器中的空气柱从内部限制了上升的溢流,对固体颗粒的分选有重要意义;空气柱的存在是水力旋流器溢流排出的必要条件;还有一些研究者认为空气柱的出现标志着流场的稳定,因此对旋流器的操作是不可缺少的条件。徐继润等则认为:前面的这些观点虽然是正确的,但略显片面。首先,空气柱是固—液水力旋流器的特定结构与操作方式的必然产物,空气柱的能量大约占旋流器内部能量损失的一半左右,而这部分能量对于旋流器的工作是没有任何意义的;至少在空气柱所占据的空间减少了溢流口液体的流动面积,空气柱的大小是随时变化的,变化情况与进料压力的波动以及进料中的空气含量的变化有关,空气柱的这种波动会影响到旋流器的流场,并影响分离效率。

(2)空气柱的大小与空气柱内的流动。

①空气柱的直径大小可以表示成

$$d_a = k_1 \exp\left(-\frac{k_2}{p_i}\right) \tag{6.68}$$

式中　d_a——空气柱直径;

　　　p_i——旋流器的进口压力;

　　　k_1、k_2——结构参数的系数。

空气柱直径的大小与溢流口直径与底流口直径均为线性关系,并且随着底流口直径与溢流口直径的增大而增大。

②空气柱内的压力分布。水力旋流器内流体的运动呈现组合涡的性质,即在半径较

大时,流速随半径的减小而增加,呈现准自由涡的性质,当半径减小至某一位置时达到最大速度,而后随半径的进一步减小速度也变小,这时呈现准强制涡的性质,根据这种组合涡的性质,可推导出空气柱部分的压力分布为

$$p = p_0 + \frac{\omega^2 \rho_0}{2} r^2 \left(1 - \frac{2k_r r}{3r_B}\right) \tag{6.69}$$

式中　p_0——空气柱中心处的压力;

　　　ω——角速度;

　　　ρ_0——空气柱中心处的密度;

　　　r_B——空气柱半径;

　　　k_r——常数。

　　其中

$$k_r = \frac{\rho_0 - \rho_a}{\rho_0} \tag{6.70}$$

$$p_0 = -\frac{\omega^2 \rho_0 r_a^2}{2} \left(1 - \frac{2k_r}{3}\right) \tag{6.71}$$

式中　ρ_a——空气柱半径处的气体密度,等同于底流口外大气的密度。

　　③空气柱内的速度分布可以近似按强制涡进行处理,并且认为在空气柱内

$$u_r = 0 \tag{6.72}$$

$$u_\theta = \omega r \tag{6.73}$$

　　经过求解连续性方程与动量方程可得空气柱内的轴向速度为

$$u_z = \frac{\rho_0 g}{6\mu_0} \left[r^2 - \frac{r_s}{k_r} r + \frac{r_s^2}{k_r^2} \ln \frac{1}{1 - \frac{k_r r}{r_a}}\right] + u_{z0} \tag{6.74}$$

式中　μ_0——空气柱中心处的黏度;

　　　u_{z0}——空气柱中心处的轴向速度。

　　(3)空气柱的形状。

　　这里所谓空气柱的形状包含两方面的内容:一是在空气柱形成过程中其尺寸沿高度的变化,即空气柱的直径是否上下均匀的问题;二是空气柱轴线与旋流器轴线沿高度的偏移,即旋流器工作时的物理中心与几何中心是否重合的问题。前者反映的是空气柱形成时的动态变化,后者则反映空气柱成型后的静态特征。

　　根据测量结果表明,如果空气柱中的空气最初是从溢流管端进入的,则当给入压力较低时空气柱呈上粗下细的倒锥形,这与空气柱最初出现于溢流管下端然后逐渐向底流口延伸的观察事实相吻合;随给入压力的增加,气柱的上下尺寸都随之增大,但下部增加得更快些;最后在某一进口压力时,空气柱上下尺寸趋于均匀。不同高度处空气柱尺寸的演变反映了在水力旋流器达到稳定的工作状态之前。同一半径处的流体静压力是自上而下逐渐增加的,这与稳定状态后的流体静压力的轴向分布恰好相反。不同进口压力下空气柱直径沿高度的变化说明,水力旋流器的工作压力必须达到某一定值以上,空气柱的大小才能上下均匀。

　　反映空气柱形状的另一重要方面是空气柱的轴线与旋流器轴线的偏离程度。从理论

上来说,若旋流器的结构完全对称且流体也以完全对称的方式给入,则旋流器的物理中心与几何中心将不存在任何偏离。但实际上,上述条件或是难以满足或是就不满足,从而空气柱偏离旋流器的中心位置是不可避免的。

总之,水力旋流器中的空气柱并非如其名称所反映的标准的圆柱形,在压力较低时,其直径沿高度而变化;即使在较高的给入压力下,空气柱直径虽然均匀,但其形状仍然是扭曲的,图 6.12 所示为管状扭曲形式的空气柱,图 6.17 则为绳状扭曲形式的空气柱,而且其轴线与旋流器的轴线都是不重合的。

8. 涡流运动中的压力分布

已知自由涡运动中的流速分布为

$$p = -\frac{\rho}{2}\frac{\text{const}^2}{r^2} + C' = -\frac{\rho u_\theta^2}{2} + C' \tag{6.75}$$

当 $r = \infty$ 时,$u_\theta = 0$,此时的压力为无限远处的压力,用 p_∞ 表示,式(6.75)中的积分常数为 $C' = p_\infty$,则式(6.75)变为

$$p = p_\infty - \frac{\rho}{2}\frac{\text{const}^2}{r^2} = p_\infty - \frac{\rho u_\theta^2}{2} \tag{6.76}$$

式中　　p——任一半径 r 处的压力。

强制涡运动的流速分布如式(6.28)所示,将式(6.28)代入(6.25)积分可得

$$p = \frac{\rho}{2}\omega^2 r^2 + C'' = \frac{\rho u_\theta^2}{2} + C'' \tag{6.77}$$

当 $r = 0$(涡核)时,$\omega = 0$,此时的压力为涡核处的压力,用 p_∞ 表示,则式(6.77)中的积分常数为 $C'' = p_0$,则式(6.77)变为

$$p = \frac{\rho u_\theta^2}{2} + p_0 \tag{6.78}$$

由于组合涡是由强制涡和自由涡合成的复合运动,在涡核部分为强制涡,在外围部分为自由涡,在强制涡与自由涡衔接处其流速分布出现一最大值。而强制涡与自由涡部分的压力分布规律也不同,因此在计算组合涡的压力降时需要分别计算强制涡与自由涡部分的压降,然后再进行叠加。

在自由涡部分,由于流速随半径 r 的减小而增大,因此在自由涡与强制涡交界处($r = r_m$)流速达到最大 $u_{\theta n}$,而压力出现最小值,即

$$p_{\min} = p_\infty - \frac{\rho u_{m_n}^2}{2} \tag{6.79}$$

则自由涡域的最大压降为

$$\Delta p_\infty = p_\infty - p_{\min} = \frac{\rho u_{\theta n}^2}{2} \tag{6.80}$$

在强制涡域($r < r_m$),流速随半径的增大而增大,在自由涡与强制涡交界处($r = r_m$)流速达到最大,此处的压力为 $p = p_{\min}$,强制涡域的压降为

$$\Delta p_0 = p_{\min} - p_0 = \frac{\rho u_{\theta n}^2}{2} \tag{6.81}$$

组合涡的总压降等于自由涡域与强制涡域的压降的总和,即

$$\Delta p = \Delta p_\infty + \Delta p_0 = p_\infty - p_0 = \rho u_{\theta n}^2 \qquad (6.82)$$

一般,自由涡与强制涡交界处的压力或等于或基本上等于外部空间的大气压力,因此从式(6.82)可知强制涡域的压力一般情况下是低于外部空间的大气压的负压。

作为更一般的形式,旋流器中组合涡的流速分布可以写成下列形式

$$u_\theta r^n = u_{\theta w} R^n = C \qquad (6.83)$$

式中　n——指数;

　　　$u_{\theta w}$——旋流器器壁处($r=R$)流体的切向速度;

　　　R——壁面半径。

从式(6.83)可以看出,当 $n=1$ 时属于自由涡运动,当 $n=-1$ 时属于强制涡运动。水力旋流器中的实际工作流体是具有黏性的两相流体,其中的自由涡运动中的指数一般是 $n<1$ 的正数,称为半自由涡,半自由涡是水力旋流器中组合涡运动的主要组成部分,自由涡与组合涡运动的流速分布特征如图 6.18 所示。

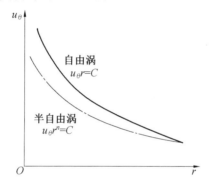

图 6.18　自由涡与半自由涡运动的速度分布($n<1$)

9. 最大切线速度轨迹面

由于旋流器入口处器壁的摩擦阻力和射流阻力的影响,流体在器壁处的切向运动速度要低于进料管中的平均流体速度,其降低程度可用速度降低系数表示为

$$\varphi = \frac{u_{\theta W}}{V_i} \qquad (6.84)$$

式中　$u_{\theta W}$——旋流器器壁处的切向速度;

　　　V_i——进料管中流体的平均速度。

速度降低系数是旋流器结构参数和操作参数的函数。Lilge 和 Yoshaoka 给出的速度降低系数的经验公式分别为

$$\varphi = \frac{5.31}{\left(\dfrac{R}{r_i} - 0.5\right)^{1.15}} \qquad (6.85)$$

以及

$$\varphi = 3.7 \frac{d_i}{D} = 3.7 \frac{r_i}{R} \qquad (6.86)$$

速度降低系数还受到物料性质的影响,一般矿浆的速度降低系数要比清水的小。在生产实践中 Yoshaoka 的经验公式使用得比较多。将式(6.86)代入式(6.83),就可得到

水力流器在分离过程中任一旋转半径处运动流体的切线速度为

$$u_\theta = \varphi V_i \left(\frac{R}{r_i}\right)^n \tag{6.87}$$

式(6.87)中的 n 和 φ 是水力旋流器的两个重要性能参数,对旋流器的内流场以及分离性能都有很大的影响。

6.4.6　水力旋流器的工艺参数

1. 概述

水力旋流器的基本工作原理是在离心力场作用下利用不同介质的密度差将两相或多相混合物进行分离的设备,对待分离的物料来说,其基本的要求是:

(1)具有不相溶的两相或多相介质,其中一相为连续相,另外的一相或多相为分散相,分散相可以是固体颗粒、液滴或气泡,分散相可以为一种,也可以为两种或多种。

(2)两相介质之间具有一定的密度差,因为离心力是依靠密度差来分离两相或多相介质的,而离心力的大小与待分离两相的密度差成正比,如果密度差太小,尽管存在一定的离心力,也不足以将两相进行分离。

从旋流器的操作性能来说,分离能力的大小是旋流器的一个最主要的性能,一般固—液旋流器可以分离大约 $2\sim3~\mu m$ 以上的固体颗粒,液—液旋流器可以分离 $7\sim8~\mu m$ 以上的液滴,具体的分离能力与很多因素有关。因为旋流器是一种耗能的分离设备,具体的能耗的大小是由被处理的物料经过旋流器时的压降的大小来表示的,因此一个旋流器的压降大小构成了旋流器的第二个性能参数。分离能力与压降为描述各种旋流器的通用性能参数,除了这些通用性能参数外,具体的旋流器还有各自的独特性能参数的表征。

虽然各种旋流器在应用时具有不同的要求,但其研究方法具有某些通用性,而且旋流器性能的表述方法也具有很多相同的地方。

2. 水力旋流器的分类

水力旋流器的分类见表 6.2。

表 6.2　水力旋流器的分类

分类方法	种类	说明
按分散相类型	固液旋流器 液—液旋流器	连续相液体;分散相固体 两相均为液体
按混合物组分密度	轻质分散相旋流器 重质分散相旋流器	分散相的密度低 分散相的密度高
按旋流器结构	单锥旋流器 双锥旋流器 圆柱形旋流器	用于固—液分离与液—液分离 主要用于液—液分离 用于重介质分选
按分散相浓度	普通旋流器 分离浓稠介质用旋流器	分散相浓度≤20% 分散相浓度约为"20%～50%"
按有无运动部件	静态 动态	旋流器壁高速旋转

续表6.2

分类方法	种类	说明
按用途分类	澄清 增稠 固体颗粒的分级、固体颗粒的分选、颗粒冲洗 油水分离 液体的,脱气	—

(1)按分散相类型分类。

分为固－液旋流器与液－液旋流器,两者之间的主要差别表现在以下几点。

①固粒尺寸在旋流器内流体剪切力的作用下保持不变,而液滴尺寸在流体剪切力的作用下很可能要破碎为更小的液滴,甚至出现乳化现象,因此,一般来说,液－液分离比固－液分离难于进行;另外,连续相液体黏度对液－液旋流器操作性能的影响也非常可观。

②在分散相出口截面较小时,固－液分离用旋流器的分离效果(以连续相液体出口处的浓度作为依据)不变,可能出现的后果是堵塞分散相出口截面,而对液－液分离用旋流器的影响则是直接影响分离效率。

③固－液旋流器的磨损比较严重。

④固－液旋流器的底流口一般作为固体颗粒的卸料口(如果固体颗粒为砂粒,则称为沉砂口),一般与大气直接相通,所以固－液旋流器内都有空气柱。而液－液旋流器的溢流口与底流口流出的都是液体,直接与液体输送管道连接,一般情况下没有空气柱。

(2)按混合物组分密度分类。

分为轻质分散相旋流器与重质分散相旋流器。当分散相的密度低于连续相的密度时所用的旋流器称为轻质分散相旋流器,此时在离心力场的作用下,分散相将集中于旋流器的中心轴线区域形成一柱形核心,沿轴向于溢流口排出,此时溢流口直径、进出口压差的变化以及进料浓度、流量、压力等操作参数的波动都将影响中心内旋流液柱的稳定性,进而影响分离效率。当分散相的密度高于连续相的密度时,这时的旋流器称为重质分散相旋流器,此时分散相将向器壁方向移动,并沿器壁向下于底流口排出,此时如果分散相为固体颗粒,则固体颗粒与器壁之间的相对运动将会磨损旋流器的器壁,因此旋流器内壁的选材是设计与制造中需要考虑的一个重要方面。

另外,从结构上说,当分散相的密度高于连续相的密度时,为了使分散相颗粒在进口截面附近不至于因短路流向溢流口而使分离效率降低,通常使溢流管穿过旋流器顶盖伸进旋流器内至一定的长度。当分散相的密度低于连续相的密度时,进口截面附近处的短路流有利于分散相与连续相之间的分离,因此溢流管不需要伸入旋流器内。

(3)按水力旋流器的结构分类。

分为单锥旋流器、双锥旋流器与圆柱形旋流器,双锥、单锥旋流器分别如图6.19、图6.20所示。在固－液分离用水力旋流器中,由于固体颗粒与液体的密度差一般较大,在离心力场中两相之间的分离比较容易,所以一般的旋流器都是采用单锥结构。双锥结构的旋流器主要是为了适应液－液分离的特点发展起来的,由于液－液系统中两相之间的密度差一般较小,所以在离心力场中两相之间的速度差也就比较小。无论分散相是向器壁方向运动还是向中心轴线方向运动,从进口截面进入旋流器内到达器壁或中心轴线所需的停留时间要远大于固体颗粒所需的停留时间。这时采用双锥结构不仅可以满足较长停留时间的要求,而且可使较大尺寸的液滴在大锥角段分离、较小尺寸的液滴在小锥角段分离。这样在一个旋流器内就达到了双级分离效果,除此之外,大锥段还可以起到降低压降的效果。在最初研究油水分离用水力旋流器时曾经采用了圆柱形旋流器,后来发现这种结构形式的分离性能不是太理想而放弃,这种形式的旋流器在重介质选煤用旋流器中仍然被采用。

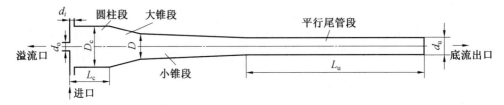

图 6.19　双锥液—液旋流器结构示意图

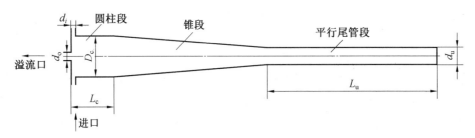

图 6.20　单锥液—液旋流器结构示意图

(4)按分散相浓度分类。

分为普通旋流器与浓稠介质旋流器。当分散相的浓度很低时,可按单相流体的运动求解旋流器的内流场,然后根据分散相颗粒的受力状况判定其从溢流口或底流口离开旋流器的可能性大小,这样就有可能从理论上研究旋流器的分离效率,这种情况一般适用于分散相浓度小于 20%~30% 的物料。浓稠介质旋流器是指当分散相的浓度很高时的情况,此时旋流器内分散相的浓度沿空间坐标的分布比较明显,不同空间位置处流体的密度、黏度等物性参数的变化比较大。在旋流器内流场中分散相颗粒之间的相互作用比较明显,这时就必须考虑分散相粒子之间的相互作用对分离效率的影响。要想从理论上研究旋流器的分离效率,就必须同时求解两相流体的流速分布及浓度分布,所以浓稠介质的分离比稀含量介质的分离更难于从理论上认识,目前对这种旋流器的研究主要以实验为主。

(5)按有无运动部件分类。

分为静态旋流器与动态旋流器,其中动态旋流器也叫作旋转式旋流器。静态水力旋流器所有的旋流器部件均为静止部件,流体在旋流器内的旋转流场完全靠流体通过切向进口时的线性动量转化成旋流器内的旋转动量。与之相比,动态旋流器内的旋转流场则通过旋流器器壁的高速旋转产生,因此通过改变旋流器器壁的转速可方便地调节旋流器内的离心力场强度,这种情况对于提高固—液混合物的分离效率具有明显的优势。然而对于液—液分离而言,通过旋流器器壁的高速旋转强制产生的高速流场中的流体剪切力很大,会使较大粒度的液滴破碎为较小粒度,甚至出现乳化现象,因此反而使分离效率降低。一般而言,通过调节流量的大小完全可以满足液—液旋流器内高效率操作所需要的离心力场强度,所以动态水力旋流器在液—液分离中并没有特殊的优势。即使对固—液分离来说,由于运动部件的出现增加了相应的维护费用,比静态旋流器额外地附加了旋转部件的耗能,因此从综合经济角度来说,动态旋流器除了用于诸如分离非常小粒度的颗粒等非常特殊的场合,一般情况下比静态旋流器并没有太多的优势。

(6)按用途分类。

分为澄清旋流器、增稠旋流器、固体颗粒分级旋流器、固体颗粒的分选旋流器、颗粒冲洗旋流器、液—液分离旋流器、液体脱气旋流器等。

水力旋流器的基本原理就是在离心力场作用下分离密度不相同的两相或多相混合物,根据分离作业的目的不同形成了各种用途的旋流器。如果分离的目的是使其中的连续相流体得到净化,则这种旋流器成为澄清旋流器,澄清旋流器中有相当多的情况是为了适应环保的需求。如果分离的目的是回收分散相,先通过旋流器来除去大量的连续相流体(很多情况下为水),以便获得浓缩的分散相物质或再继续进行后面的工序来得到纯净的分散相物质,则这种用途的旋流器成为增稠旋流器。由于旋流器内的离心力与两相的密度差成正比,与颗粒的粒径成正比,如果旋流器分离的目的是使具有相同密度的分散相颗粒达到分离,从而获得不同粒度的颗粒,这种旋流器称为颗粒分级旋流器。如果目的是分离不同密度的颗粒,或者去除某些细小的颗粒,则这种旋流器称为分选旋流器,也称为选矿旋流器。选矿旋流器分为水介质旋流器与重介质旋流器。重介质旋流器是指利用密度大于水的悬浮液代替水来作为液体混合物中的连续相。冲洗旋流器的目的是洗掉吸附在固体颗粒中的、且在连续相液体中具有一定溶解度的杂质。液—液分离旋流器是最近20年来发展起来的,开始主要是为了分离石油采出液中的油和水,后来这种旋流器已经用于很多其他液—液分离的场合。液体脱气旋流器则主要是为了脱除液体中溶解的气体。

3. 分离效率

分离效率是所有旋流器的最关键性能,因此有关旋流器分离效率的问题是人们研究得最多的内容,包括理论与实验研究等。这里先介绍有关旋流器分离效率的表示方法。

(1)分离效率。

总分离效率 ε 简称为分离效率,它是指进入旋流器的物料中,被分离的分散相物料占进口料液中该分散相物料的比例。对于液—液旋流器和固—液旋流器,分离效率的定义稍有不同。

分离效率是衡量水力旋流器分离过程进行完善程度的技术指标。它具有明确的物理意义、处理过程简便、取值范围在 0～100% 之间(可用小数或百分数表示),同时能从质与量两方面反映出设备性能的好坏、操作参数的优劣等,是改进设备结构、优化操作参数的主要技术依据。

对于固—液分离来说,人们习惯上用被分离物料的质量来表示分离效率

$$\varepsilon = \frac{m_u}{m} \tag{6.88}$$

式中　m_u——底流口处分散相固体颗粒的质量流率,kg/s;

　　　m——进口处分散相颗粒的质量流率,kg/s。

式(6.88)适用的条件为:分散相颗粒为固体颗粒,被分离的固体颗粒从底流口排出旋流器。

根据质量衡算,进口处的分散相质量流率应该等于底流口与溢流口的分散相质量流率之和,即

$$m = m_v + m_0 \tag{6.89}$$

假设进口处、底流口处与溢流口处分散相颗粒的粒度分布函数分别为 $F(d)$,$F_u(d)$,$F_o(d)$,其中 d 表示颗粒的粒径,对应的粒度分布的概率密度分别为

$$f(d) = \frac{\mathrm{d}F(d)}{\mathrm{d}d} \tag{6.90a}$$

$$f_v(d) = \frac{\mathrm{d}F_u(d)}{\mathrm{d}d} \tag{6.90b}$$

$$f_o(d) = \frac{\mathrm{d}F_o(d)}{\mathrm{d}d} \tag{6.90c}$$

则有

$$m f(d) = m_u f_u(d) + m_o f_o(d) \tag{6.91}$$

$$m F(d) = m_u F_u(d) + m_o F_o(d) \tag{6.92}$$

联立求解式(6.88)、式(6.89)、式(6.92)可得

$$\varepsilon = \frac{F(d) - F_o(d)}{F_u(d) - F_o(d)} \tag{6.93}$$

如果已知进口、底流口、溢流口处分散相的质量浓度 c,c_u,c_o,则分离效率可以表示成

$$\varepsilon = \frac{c_u G_u}{cG} \tag{6.94}$$

式中　G、G_u——进口、底流口处流体的总质量流率。

根据物料衡算得

$$G = G_u + G_o \tag{6.95}$$

$$cG = c_u G_u + c_o G_o \tag{6.96}$$

式中　G_o——溢流口流股的质量流量。

将式(6.95)、式(6.96)代入式(6.94)可得

$$\varepsilon = \frac{c_u(c - c_o)}{c(c_u - c_o)} \tag{6.97}$$

以上的定义都是针对固—液分离过程所定义的分离效率,而且是基于固体颗粒的回收所定义的分离效率。目前大部分分离效率都是采用这种定义式,但是在有些场合,还可以采用其他的定义来描述分离效率,由于比较复杂且用得不多,所以这里不再列出,有兴趣的读者可参看相关文献。

对于液—液旋流器,分离效率的定义与固—液旋流器稍有不同,它的定义为被分离的分散相的液滴的体积流量占进口分散相的体积流量的分率。液—液旋流器分为轻质分散相旋流器与重质分散相旋流器,轻质分散相旋流器中,分散相液滴是从溢流口被分离掉的;重质分散相的液滴则是从底流口被分离掉的。所以分离效率的定义分别为:

轻质分散相

$$\varepsilon = \frac{Q_{do}}{Q_d} \tag{6.98}$$

重质分散相

$$\varepsilon = \frac{Q_{du}}{Q_d} \tag{6.99}$$

式中　Q_d、Q_{do}、Q_{du}——进口、溢流口与底流口处的分散相体积流量。

假设进口、溢流口与底流口处的分散相体积浓度分别为 k_i、k_o 和 k_u,总体积流量分别为 Q、Q_o 和 Q_u,则根据分散相液滴的物料衡算得

$$Qk_i = Q_o k_o + Q_u k_t \tag{6.100}$$

将式(6.100)代入式(6.98)、式(6.99)得:

轻质分散相

$$\varepsilon = \frac{Q_o k_o}{Q k_i} = 1 - \frac{Q_u k_u}{Q k_i} = 1 - (1 - F)\frac{k_u}{k_i} \tag{6.101}$$

重质分散相

$$\varepsilon = \frac{Q_u k_u}{Q k_i} = 1 - \frac{Q_o k_o}{Q k_i} = 1 - (1 - F)\frac{k_o}{k_i} \tag{6.102}$$

式(6.101)、式(6.102)中 F 在旋流器中称为分流比,它表示的是旋流器操作中排出被分离分散相的流股的总体积流量占进口总流量的比值,即:

轻质分散相

$$F = \frac{Q_o}{Q} = 1 - \frac{Q_u}{Q} \tag{6.103}$$

重质分散相

$$F = \frac{Q_u}{Q} = 1 - \frac{Q_o}{Q} \tag{6.104}$$

分流比这个定义在固—液分离与液—液分离中的定义都是一样的,在固—液分离中分流比也称为流量比、流量分布。

(2)折算分离效率。

总的分离效率表示一个旋流器在分散相出口(底流口或溢流口)被分离掉的分散相物质的量占进口料液中总的分散相物质量的比率,它是旋流器实际操作过程中获得的真实分离效率,尽管这样,如此定义的分离效率还不足以反映旋流器的分离能力的大小。一个旋流器的分离能力应该是指在离心力场作用下的净分离能力。假如一个旋流器内没有离心力场,流体只是简单地从进口进去,然后从底流口与溢流口两个出口处出来而没有任何分离作用,则这个旋流器的分离能力应该为零,而按前面分离效率的定义式所得到的分离效率仍然不为零,应该等于分流比。因此说,前面的总分离效率定义式不能表示旋流器的

净分离能力,如果要表示旋流器的净分离能力,还必须将分流比对分离效率的影响去除,为此引入折算分离效率的定义,折算分离效率(Reduced separation efficiency)在有的地方也称为修正分离效率。

记折算分离效率为ε',则折算分离效率ε'的定义是假定扣除分流比的影响后的分离效率,即假定从进口流股以及分散相排出流股中都去掉相当于分流比的流量中所夹带的分散相物质量以后获得的分离效率。对液－液旋流器来说,在分散相出口处扣除分流比的影响后,因分离作用排出的净分散相流量应该是

$$Q_{do} = \varepsilon Q k_i - F Q k_i \tag{6.105}$$

因为在扣除相当于分流比的流量后,进口的"净流量"还剩下$(1-F)Q$,根据这种"净流量"以及折算分离效率计算的分散相排出口的分散相体积流量应该为

$$Q_{do} = (1-F)Q k_i \varepsilon' \tag{6.106}$$

式(6.105)与式(6.106)两者的结果应该相等,因此有

$$\varepsilon' = \frac{\varepsilon - F}{1 - F} \tag{6.107}$$

式(6.107)为折算分离效率的定义式,这种定义对固－液分离与液－液分离过程都是等同地适用(对于固－液分离过程,可采用相同的思路推导出这种关系)。在液－液分离情况下,根据式(6.107)、式(6.101)与式(6.102)即可得到折算分离效率的表达式为:

轻质分散相

$$\varepsilon' = 1 - \frac{k_u}{k_i} \tag{6.108}$$

重质分散相

$$\varepsilon' = 1 - \frac{k_o}{k_i} \tag{6.109}$$

4. 级效率与迁移率

水力旋流器是利用离心力进行两相或多相分离的设备,由式((6.33)可知,离心力场中被分离颗粒的粒径越大,离心力也就越大,因此同一个水力旋流器,对于不同分散相粒度的物料其分离效率是不一样的。也就是说,分离效率或折算分离效率只能说是针对具体的物料的分离结果,当物料的性质不同(主要指粒径),同一个旋流器分离效率是不一样的,这样,如果只用分离效率或折算分离效率来表示旋流器的分离能力,就会给旋流器的设计与优化造成障碍。因为在设计时必须给出不同粒径下的分离效率以供设计者选用,另外,不同研究者采用的旋流器尺寸、物料性质都可能不一样,这样人们在对比不同的旋流器的性能时就缺乏统一的对比基准。为此引出分级效率与迁移率的概念,分级效率有时也简称为级效率(Grade efficiency)。

假设进口料液中,分散相颗粒具有一定的分布粒度$f(d)$,对于一定的旋流器,当粒径大于某一个临界粒度时,这些粒径的颗粒将100%地被分离掉。当粒径$d < d_c$时,对某一粒径的颗粒只能被部分分离掉。在这个粒径范围内,假定进口料液中颗粒为单一的粒径,则针对这种粒径的颗粒可以得到一定的分离效率,然后改变进口料液中颗粒的粒径,再获得分离效率数据,则可得到分离效率与分散相颗粒粒径的曲线。这种曲线在固－液分离

中就成为分级效率曲线,简称为级效率曲线,记为 $G(d)$,分级效率曲线为颗粒粒径 d 的函数。

如果进口料液中的分散相颗粒不是单一粒径的颗粒,而是由各种不同粒径的颗粒组成,且进口处、底流口处与溢流口处分散相颗粒粒度分布的概率密度函数分别为 $f(d)$,$f_u(d)$,$f_o(d)$,则根据分级效率的定义以及式(6.89)、式(6.91)可得

$$G(d) = \frac{m_u f_u(d)}{m f(d)} = \frac{f(d) - f_o(d)}{f_u(d) - f_o(d)} \tag{6.110}$$

与折算分离效率相对应,扣除分流比影响后的级效率称为折算级效率或修正级效率(Reduced grade efficiency),折算级效率 $G'(d)$ 与级效率 $G(d)$ 之间的关系为

$$G'(d) = \frac{G(d) - F}{1 - F} \tag{6.111}$$

分离效率与级效率、折算分离效率与折算级效率之间的关系分别为:

轻质分散相

$$\varepsilon = \int_{d=0}^{\infty} G(d) f(d) \mathrm{d}d \tag{6.112}$$

重质分散相

$$\varepsilon' = \int_{d=0}^{\infty} G'(d) f(d) \mathrm{d}d \tag{6.113}$$

对于液－液分离来说,人们采用迁移率的概念,迁移率定义为进口分散相液滴直径为单一数值时旋流器的分离效率与分散相粒径之间的关系,用 MP 表示迁移率。如果进口料液中的分散相液滴不是单一粒径的液滴,而是由各种不同粒径的液滴组成,且进口处、底流口处与溢流口处分散相颗粒粒度分别为 $f(d)$、$f_u(d)$ 与 $f_o(d)$,则针对某一粒径的液滴,根据迁移率的定义可列出进出口之间该粒径的分散相物料的衡算式

$$Q k_i f(d) = Q_u k_u f_u(d) + Q_o k_o f_o(d) \tag{6.114}$$

结合式(6.72)与式(6.86),可得迁移率为:

轻质分散相

$$MP(d) = \frac{Q_o k_o f_o(d)}{Q k_i f(d)} = 1 - (1 - F) \frac{k_u f_u(d)}{k_i f(d)} \tag{6.115}$$

重质分散相

$$MP(d) = \frac{Q_u k_u f_u(d)}{Q k_i f(d)} = 1 - (1 - F) \frac{k_o f_o(d)}{k_i f(d)} \tag{6.116}$$

同样,扣除分流比影响后的迁移率称为折算迁移率,折算迁移率 MP' 与 MP 之间的关系为:

轻质分散相

$$MP'(d) = \frac{MP(d) - F}{1 - F} = 1 - \frac{k_u f_u(d)}{k_i f(d)} \tag{6.117}$$

重质分散相

$$MP'(d) = \frac{MP(d) - F}{1 - F} = 1 - \frac{k_o f_o(d)}{k_i f(d)} \tag{6.118}$$

分离效率与迁移率、折算分离效率与折算迁移率之间的关系分别为

$$\varepsilon = \int_{d=0}^{\infty} MP(d)f(d)\mathrm{d}d \tag{6.119}$$

$$\varepsilon' = \int_{d=0}^{\infty} MP'(d)f(d)\mathrm{d}d \tag{6.120}$$

5. 分割效率与分级精度

前面的分级效率与迁移率可以反映一个水力旋流器的分离能力,但是在使用时还是有不方便之处。由于分级效率与迁移率是一种函数关系,当对比不同旋流器的分离能力的大小时,直接应用分级效率与迁移率来对比就不是那么简单明了。特别是在工业应用的场合,人们希望针对具体的物料性质有一个简单明了的对比不同旋流器分离能力的方法。

分割尺寸表示的是级效率曲线或迁移率曲线上某一特定的分离效率所对应的分散相粒度。由于分级效率与迁移率依赖于分散相粒度尺寸,所以分割尺寸都是根据定义从分级效率或迁移率曲线上得到的。一些旋流器制造厂商使用级效率曲线上效率为 95% 时所对应的颗粒尺寸作为分割尺寸(此时回收的是级效率曲线上分离效率<95%的部分所对应的细颗粒)。但是通常被人们普遍接受的合理的分割尺寸的定义应该是级效率曲线上对应于分离效率为 50% 时的颗粒尺寸,记为 d_{50}。这个尺寸也称为等概率粒度,表示这种粒度的颗粒从底流口与溢流口排出旋流器的概率各占 50%。对于固-液分离来说,小于 d_{50} 的颗粒从溢流口流出,而大于 d_{50} 的颗粒则从底流口被分离掉。需要注意的是,分割尺寸 d_{50} 是从级效率曲线 $d \sim G(z)$ 上得到的;如果是从折算级效率曲线 $d \sim G'(x)$ 上得到的分离效率为 50% 的颗粒粒度,则将其称为折算分割尺寸,记为 d'_{50}。

对液-液分离来说,由于其研究工作起步较晚,相应的产业化产品种类也不是很多,因此需要使用分割尺寸来进行对比的场合不多,使用分割尺寸的地方也很少见,英国的MTThew 在回归他们的实验数据时曾经使用了 d_{75} 这个参数,它表示迁移率曲线上分离效率为 75% 时所对应的液滴尺寸。另外,赵庆国近年来进行了一系列的液-液旋流器理论模型方面的研究,其中使用了 d_{50} 这个参数。

分割尺寸的意义可从两方面来进行说明:首先,在将不同的旋流器产品进行对比时,利用分割尺寸这个参数可以简单明了地直接比较出不同旋流器的适用范围,可以帮助设计者选用;其次,定义了分割尺寸以后,我们可以将级效率或迁移率曲线中的横坐标轴用无因次粒度(比如说 d/d_{50})代替颗粒粒度 d,这样,级效率或迁移率曲线中的两个坐标轴表示的都是无因次参数。对不同的旋流器,分割尺寸可以不一样,但无因次形式的级效率或迁移率曲线是否一致?以及无因次的级效率或迁移率曲线的陡度如何?这时候就可以进行对比。分割尺寸只是表示了级效率或迁移率曲线中的特定位置,分割尺寸越小,表示这种旋流器越能分离较小粒度的颗粒,因此其分离能力越强,用这种旋流器进行分离,所能回收的固体颗粒或分散相液滴的回收率就越高。除此之外,在颗粒分级旋流器中,级效率曲线的陡度是一个非常重要的性能,级效率曲线越陡,用这种旋流器分离出来的分级颗粒粒度尺寸就越集中,反之获得的分级颗粒的粒度尺寸的分散性就比较大,因此级效率曲线的陡度表示了分级旋流器分级性能的精度的高低。

根据颗粒分级的要求,最理想的情况是级效率为一个阶跃函数,也就是像筛分用的筛子一样,大于某一种粒度的颗粒被全部截留,小于这种粒度的颗粒全部通过。应用旋流器进行颗粒分级时就不会出现这种理想情况,总是有某些或大或小的颗粒按一定的百分比进入到粗颗粒或进入到细颗粒中,因此影响分级后颗粒尺寸的精度。级效率曲线越平缓,分级颗粒的这种分布性质也就越明显。

以 d/d_{50} 横坐标做级效率曲线 $G(d/d_{50})$ 或 $G'(d/d'_{50})$,这种无因次级效率曲线的陡度可以用一个参数来定量地表示,这种参数可以有不同的定义。其中最简单的就是用无因次级效率曲线中横坐标为 d_{50}。或 d'_{50} 所在点的切线斜率来表示。另一种表示方法就是取级效率曲线上对应于两个分离效率时的粒径的比值来表示,一般最常用的方法就是取

$$H_{\frac{25}{75}} = \frac{d_{25}}{d_{75}} \tag{6.121}$$

式中　$H_{25/75}$——陡度指数(sharpnessindex)。

陡度指数越大,表示级效率曲线越陡,分级精度也就越高。

除了上面的表示方法外,也可以采用其他两个分离效率下粒度的比值,比如

$$H_{\frac{10}{90}} = \frac{d_{10}}{d_{90}} \tag{6.122a}$$

$$H_{\frac{35}{65}} = \frac{d_{35}}{d_{65}} \tag{6.122b}$$

6. 压力降

水力旋流器是一种将流体的压力能转变为动能,进而在离心力场中实现对多相液体的分级、浓缩或选择性分离的设备。显然,在水力旋流器的工作过程中,各种各样的能量损失是不可避免的。研究这些损失的表现形式、它们在旋流器内部区域的分配,对于充分利用旋流器的输入能量,降低不必要的消耗具有重要意义。

理论上,以流体压头形式表示的水力旋流器的能量损失 ΔH 可写成如下

$$\Delta H = \Delta H_i + \Delta H_o \tag{6.123}$$

式中　ΔH_i——旋流器的内部能量损失;

ΔH_o——出口损失。

所谓出口损失就是出口处流体的速度头。由于通常只考虑静压损失,假定溢流的动能等于进料的动能,且前者可回收,则可用压力降来表示液体通过旋流器的能量损失。对于水力旋流器的内部损失 ΔH_i,一般认为是由于旋流器的壁面粗糙度、几何形状、流体黏性等所致。对于特定的旋流器来说,这些因素当然是难以改变的,从而内部损失也是无法降低的。

这种观点对于传统的水力旋流器而言自然是合理的,但是对于内部结构有所改变的旋流器(例如无空气柱旋流器),以及不同材质、不同制造工艺生产的旋流器来说,研究水力旋流器的压力降及其分配规律可以有助于旋流器的结构优化设计。

水力旋流器的压力降指进口处压力与两个出口处的压力之差。如果忽略重力的影响,可得通过水力旋流器的能量损失为

$$\Delta E = E_i - E_o - E_u = \left(\frac{1}{2}\rho u_i^2 + p_i\right)Q - \left(\frac{1}{2}\rho u_o^2 + p_o\right)Q_o - \left(\frac{1}{2}\rho u_u^2 + p_u\right)Q_u \tag{6.124}$$

式中　E_i, E_o, E_u——进口、溢流口、底流口处的能量;

　　　　Q——生产能力,即进口流量,$Q = Q_o + Q_u$,m³/s;

　　　　Q_o、Q_u——溢流口、底流口的流体流量,m³/s;

　　　　p_i、p_c、p_u——进口、溢流口、底流口处的流体静压力,Pa;

　　　　u_i、u_o、u_u——进口、溢流口、底流口处的流体总速度,m/s;

　　　　ρ——液体密度,kg/m³。

如前所述,只考虑静压的影响。对于固一液分离来说,由于底流流量与溢流口流量相比小得多,加之底流的动能无法回收,式(6.106)可简化为

$$\Delta E \approx p_i Q - p_o Q_o \approx (p_i - p_o) Q \tag{6.125}$$

压力降是反映水力旋流器能耗的重要指标。从式(6.107)可知:一方面,在进口压力一定时,减小压力降可提高出口压力,回收更多的能量;另一方面,在出口压力不需很高时,可降低进口压力,达到节能的目的。因此,压力降作为影响生产能力的重要因素受到了普遍的关注。

对于液一液分离来说,溢流口、底流口的流体流量都不可忽略,因此能量损失包含进口与底流口、进口与溢流口两部分压降表示的能量损失,因此研究压降时,通常包含有两个压降,即 Δp_{iu} 和 Δp_{io},分别表示进口与底流口、进口与溢流口之间的压降,并且用流量加权平均来表示总的能量损失,即

$$\Delta p = \Delta p_u \frac{Q_u}{Q} - \Delta p_o \frac{Q_o}{Q} \tag{6.126}$$

式中　Q、Q_o、Q_u——分别表示液一液旋流器中进口、溢流口与底流口处的流体总体积流量。

7. 水力旋流器技术中的主要参数

(1)基本结构参数。

水力旋流器包括固一液旋流器与液一液旋流器,已在矿山选矿、颗粒分级、油田生产以及很多其他场合获得广泛使用。其具体结构形式多种多样,根据构成特点和工作特点可概括为四种基本型式:四段式、三段式、两段式和旋转式。所谓四段式组成即圆柱段、大锥段、小锥段和平行尾管段,习惯上称为双锥旋流器。三段式组成即圆柱段、锥段和平行尾管段,常称为单锥旋流器。两段式是指圆柱段与圆锥段的组合结构,即是一般的单锥固一液旋流器。动态旋流器的结构是比较复杂的,它由外圆筒、内圆筒、锥形转轮、电机和机械密封等组成,内圆筒与锥形转轮连接,由电机驱动旋转。由于这种形式的旋流器耗能大,维修不方便、制造复杂,所以目前不属于水力旋流器技术中的主流。因此这里所说的旋流器主要是针对前三种而言的。

液一液旋流器的进口也有几种结构形式,有单切向进口和双切向进口,其横截面积有圆形和矩形两种形式。

水力旋流器的结构参数是旋流器设计与制造过程中要确定的,其中结构参数如何也就决定了它的分离性能,因此,结构参数的选择是设计人员与制造商们最关心的内容。

有关旋流器的结构参数可分为几部分来进行说明。

①进口部分,包括进口截面的形状、进口流动通道的形状、进口管的个数、进口截面的尺寸等。

②圆柱段部分,包括圆柱段直径、圆柱段长度、与圆柱段相连接的溢流管的直径和插入旋流器的长度、溢流管旋流器部分的壁厚等。近年来,褚良银等曾经对不同的溢流管结构进行过对比研究,在旋流器处理能力、分离效率、分割尺寸与分级指数、分流比等方面获得了不同的结果。Ryynanen 的专利中则提出了一个新奇的旋流器组合结构:使两个相邻并排的旋流器轴线之间的距离小于旋流器的直径并使两个旋流器圆柱腔内的两个旋转流场相互接触,这样有助于降低压降并提高分离效率。研究表明,这种结构在一定的条件下确实能改进分离效率。

③锥段,锥段的个数、锥段的锥角、底流口直径,如果是双锥段,还要确定两锥段之间的直径。

④尾管段,主要是尾管段的长度。尾管段的直径一般与底流口直径相等。

这些参数决定了内流场的形式以及对旋流器的操作性能的影响,所以确定旋流器的优化组合尺寸是旋流器技术中非常重要的一项内容。

(2)物性参数。

物性参数主要包括分散相的颗粒尺寸,两相的密度、黏度及表面张力。由于旋流器的分离效率随分散相颗粒尺寸的增加而提高,所以颗粒(包含液滴)尺寸是影响旋流器操作性能的重要参数;两相之间的密度差的大小决定一定操作条件下离心力场的强度大小,黏度及表面张力则影响流体的剪切力大小及液滴破碎的难易程度。

(3)操作参数。

操作参数包括很多,说明如下。

①温度 t。温度的高低影响物性参数,特别是流体的黏度、表面张力等。这些物性参数的变化将直接改变流场中流体的黏性力与离心力。尽管如此,一般旋流器的操作都是在进料的温度下进行,而很少在进入旋流器之前对料液进行任何形式的换热。

②进出口料液的流量 Q。进口料液的流量也就是一台旋流器处理料液的能力,在固—液旋流器中也称为生产能力。进口料液的流量直接决定了内流场的强度,将直接影响旋流器的性能。当流量较小时,旋流器内的流速也较小,离心力也比较小,不足以对两相混合物进行有效的分离;当流量增大时,不仅通过旋流器的压降增大,而且有可能使液—液混合物中的分散相液滴破碎为较小尺寸的液滴,甚至出现乳化现象,使分离效率反而降低。

③进出口处的压力 p_i。进口料液的压力在固—液旋流器中也叫作给矿压力。进口料液的压力的大小对很多性能参数以及其他的操作参数都会发生影响。

④进口分散相浓度 k_i 或 c_i。k_i 表示进口分散相的体积浓度,c_i 表示进口分散相的质量浓度。进口分散相浓度的大小决定被分离的分散相的流量的大小,为了适应这种需求,在设计底流口与溢流口尺寸时必须要考虑进口料液的浓度以及因此分配在两个出口处的分散相的流通面积。

⑤分流比(流量比)F。分流比表示分散相料液排出口处的体积流量占进口体积流量的比值。在固—液分离中,分流比也叫作流量比,定义为

$$F = \frac{Q_u}{Q}$$

(6.127)

对于液－液分离来说,重质分散相旋流器的分流比的定义与式(6.109)相同,轻质分散相液－液旋流器的分流比为

$$F = \frac{Q_o}{Q} \tag{6.128}$$

分流比这个参数对于液－液旋流器与固－液旋流器的意义稍有不同。对于液－液旋流器,由于底流口、溢流口的流体都是液体,因此不管溢流口与底流口的尺寸以及分流比的大小是否与进料中分散相的浓度相匹配,都不会影响旋流器的正常运转,有可能受到影响的则是旋流器的分离性能以及压降,而且由于两个出口处的流体都是液体,因此完全可以通过阀门方便地进行调节来获得不同的分流比。对于固－液旋流器来说则不然,在固－液分离中,一般底流口为固体颗粒的卸料口,而且直接与大气相接,这种工作方式决定了固－液分离中分流比的大小不是可以随便调节的,即使可以通过改变进出口管径等方式调节分流比,这种调节范围也相当有限;而且,如果底流口与溢流口尺寸的大小与进口料液中固体颗粒的浓度不相匹配,很可能造成底流口处固体颗粒的堵塞而影响正常的操作。

以上的操作参数是固－液分离与液－液分离中共同使用的,下面分别介绍固－液分离与液－液分离中单独使用的一些概念。

对固－液分离来说,经常使用下列几个参数。

①分股比 S,也叫作流量分配。是指正常生产旋流器的底流口的总体积流量与溢流口的总体积流量之比,即

$$S = \frac{Q_u}{Q_o} \tag{6.129}$$

对于固－液分离来说,分流比 F 的定义式即为式(6.109),因此分股比 S 与分流比 F 之间的关系为

$$F = \frac{S}{1+S} \tag{6.130}$$

或

$$S = \frac{F}{1-F} \tag{6.131}$$

②水量比 F_w。水量比是指正常生产旋流器底流口中的水量与进料口中的水量之比,即

$$F_w = \frac{Q_{uw}}{Q_w} \tag{6.132}$$

式中　Q_w, Q_{uw}——分别为进口、底流口处的水的体积流量。

③水量分配 S_w。水量分配是指正常生产旋流器底流口中水的流量与溢流口中水的流量之比,即

$$S_w = \frac{Q_{uw}}{Q_{ow}} \tag{6.133}$$

式中　Q_{ow}——溢流口处水的体积流量。

④产量比 F_u。是指正常生产旋流器底流口中的固体物料与进口料液中固体物料量

的比值,即

$$F_u = \frac{m_u}{m} \tag{6.134}$$

式中　m_u,m——分别为底流口、进口处分散相固体颗粒的质量流量。

⑤产量分配 S。产量分配是指正常生产旋流器底流口中固体物料与溢流口中固体物料的质量流量之比,即

$$S_u = \frac{m_u}{m_o} \tag{6.135}$$

式中　m_o——溢流口中固体物料的质量流量。

综合上述产物分配表达式不难看出,正常生产旋流器的水量比与水量分配和产量比与产量分配之间存在着如下关系。

$$F_w = \frac{S_w}{1+S_w} \tag{6.136}$$

$$S_w = \frac{F_w}{1-F_w} \tag{6.137}$$

$$F_v = \frac{S_u}{1+S_u} \tag{6.138}$$

$$S_u = \frac{F_u}{1-F_u} \tag{6.139}$$

通常在生产过程中,只需测定出旋流器的流量比、水量比和产量比指标,流量分配、水量分配和产量分配指标可以通过上述关系式算出。

从式(6.130)、式(6.131)以及式(6.136)~(6.139)还可看出,当正常生产旋流器的进料浓度和底流口浓度很小时,例如,环保工程的污水澄清作业和金银浸出厂的洗涤作业等,流量比和水量比相当接近,$F \approx F_w$。

对于液—液分离来说,除了前面通用的操作参数外,还有两种只有在液—液分离中才使用的操作参数。

流量调节比 RQ 对于一定结构尺寸的旋流器以及一定的处理物料条件,可以通过改变进口流量的大小来改变操作性能。进口流量越大,旋流器内的流速越大,离心力场强度也就越大,因此分离效率也就越高,也就是说,正常情况下,旋流器的分离效率是随着流量的增加而提高的。但是当流量大到一定程度时,会出现分离效率反而下降的现象,造成这种现象的主要原因是流体剪切力也随着流量的增加而增加,当流量大到一定程度时,这种剪切力足以将原进口料液中具有一定粒度的液滴破碎为更细小的粒度的液滴。这样对液—液分离来说,就存在着一个最佳操作区的问题,这个最佳操作区也称为高效率操作区,它是指维持高效率操作的最小流量与最大流量所构成的弹性操作区间,这种高效率操作区就用流量调节比 RQ 来表示,RQ 的定义为

$$RQ = \frac{Q_{max}}{Q_{min}} \tag{6.140}$$

式中　Q_{max}、Q_{min}——分别表示维持高效率操作的最大、最小的进口流体的体积流量 c。

出口压力孔 p_u, p_i 对于固—液分离,底流口与大气相接,因此底流口压力就是大气压

力,而溢流口压力可根据旋流器在不同的流程的情况有所区别。对于液—液分离来说,由于底流口和溢流口都直接与流体输送管路相连接,而且两个出口的压力都可以根据工艺要求来进行调整,因此两个出口压力 p_u、p_i 属于可调节的操作压力。已有的实验表明,在保持旋流器的压降不变的条件下,同时提高两个出口的压力有可能提高分离效率。

（4）性能参数。

所谓性能参数,是指反映一个旋流器各方面操作性能的量化指标,也就是我们设计旋流器的主要依据。这些性能指标归纳起来主要有以下参数。

①分离效率 ε 与折算分离效率 ε',是旋流器分离性能的最主要指标,这种指标主要用来表示一个具体的旋流器、针对具体的物料性质与分散相粒度、在具体的操作条件下所能达到的实际分离效果。根据习惯,在固—液分离中,分离效率表示的是被分离掉的分散相物料占进口分散相物料的质量百分数;在液—液分离中,分离效率用被分离掉的分散相的物料占进口分散相物料的体积百分数表示。折算分离效率表示的是去除未被分离而随底流口和溢流口的液体排出旋流器的分散相的那部分影响后的实际的分离效率。

②级效率 G 与折算级效率 G'、迁移率 MP 与折算迁移率 MP'。这些性能指标反映的是旋流器针对一定的物料性质的条件下,分离不同粒度的分散相颗粒的能力的大小。不同的旋流器之间的分离能力的大小可以用这些指标来进行对比。这些性能指标表示的是当进口分散相的颗粒尺寸为均一的一种粒度时,相应的分离效率与分散相粒度之间的变化关系。

③分割尺寸 d_{50} 与折算分割尺寸 d'_{50}。表示具有分离效率或折算分离效率为 50% 时在级效率或折算级效率曲线与迁移率或折算迁移率曲线上所对应的分散相粒度的大小,可以简捷地表示旋流器的分离能力,也可以用作对比不同旋流器分离能力的简化的量化指标。

④陡度指数 $H_{25/75}$,表示旋流器级效率曲线或折算级效率曲线变化的快慢,主要用于表示颗粒分级时的分级精度。

⑤压降 Δp,反映流体经过旋流器的能耗的大小。

⑥底流口的体积浓度 R_u 或溢流口的体积浓度 k_o。对于轻质分散相液—液水力旋流器来说,底流口体积浓度 k_u 表示澄清液流中的分散相（一般具有污染物性质）的体积浓度,从环保角度来说具有一定的意义:如果这种浓度降低到一定的程度,达到了环保排放的标准,则底流口的流体可以直接排放,否则还必须进行深度的净化处理。对于固—液分离以及重质分散相液—液旋流器,溢流口的浓度是否降低到一定的程度,标志着这部分流体能否直接排放或回收再利用。

8. 旋流器的能耗与节能

水力旋流器的能量损失包括内部损失与出口损失,后者指的是流体离开旋流器时（溢流与底流）所具有的动能。由于在溢流管与底流口内,流体几乎不存在径向流动,因此出流的动能（或出口损失）ΔH_o 可表示为其轴向速度头 H_z 与切向速度头 H_θ 之和,即

$$\Delta H_o = H_z + H_\theta \tag{6.141}$$

其中

$$H_z = \frac{u_z^2}{2g} \tag{6.142}$$

$$H_\theta = \frac{u_\theta^2}{2g} \tag{6.143}$$

虽然人们通常把出流的整个速度头都看作出口损失,但严格来说,由于溢流与底流的轴向速度与旋流器的处理量直接相关,因此出流的轴向速度头似乎不应看作"损失",这样只有式(6.143)表示的切向速度头才是真正需要设法降低的。

溢流与底流所具有的切向速度不但构成旋流器工作时的部分压力损失,而且在旋流器串联作业(即前一旋流器的溢流或底流作为下一旋流器的给料)时对后一设备的工作有不利影响。研究表明,若流体进入旋流器之前受到涡流扰动的话,旋流器的分离效率将会下降。可见,做轴向流动同时又做切向旋转的溢流借轴向速度与剩余的流体静压力进入下一台旋流器,此时的轴向速度对下一台旋流器来说即为切向速度。而原来的切向运动则成为一种扰动,势必干扰下一台旋流器的工作。因此设法降低溢流或底流的切向速度,亦即将其尽可能地转变为流体的压头,对于减少旋流器能量损失以及必要时的串联工作都有重要意义。

通过将溢流与(或)底流的速度头转变为静压头而降低水力旋流器的出口损失可在相同的处理量下减少能量的消耗,或者在相同的能耗下增大处理量并获得更好的分离效果。但这方面的研究仍有待于进一步系统与深入地开展。

第7章 CFD技术与过程流体机械的发展趋势

7.1 流体机械的模拟分析方法

7.1.1 计算流体动力学基础

1.什么是计算流体动力学

计算流体动力学(Computational Fluid Dynamics,CFD)是以电子计算机为工具,应用各种离散化的数学方法,对流体力学的各类问题进行数值实验、计算机模拟和分析研究的统称。具体来讲,CFD就是通过求解流场控制方程组,以及计算机数值计算和图像显示的方法,在时间和空间上定量描述流场的数值解,从而达到对物理问题研究的目的。CFD的基本思想可归结为:把原来在时间域及空间域上连续的物理量场,如速度场和压力场,用一系列有限个离散点上变量值的集合来代替,并通过一定原则和方式建立起关于这些离散点上物理场变量之间关系的代数方程组,然后求解代数方程组获取变量的近似解。理想的CFD数值模拟结果可以形象地再现流动现象,从而达到仿真的目的。

CFD是近代流体力学、数值数学和计算机科学结合的具有强大生命力的一门全新交叉学科,如图7.1所示为CFD与其他学科之间的关系。随着近年来电子计算机的迅猛发展以及CFD技术软件的商业化,CFD已由最初的航空、航天等高技术工程领域研究,迅速成为现代工程应用中用于解决复杂问题的一种常用方法,其广泛应用于航天设计、汽车设计、生物医学工业、化工处理工业、涡轮机设计、半导体设计及换热器设计等诸多工程。CFD技术已成为传热、传质、动量传递及燃烧、多相流和化学反应研究的核心和重要技术。以解决各种实际问题为目的,CFD已经进入了工业应用和科学研究的时代。

CFD作为一个全新交叉学科,其研究与应用也必然基于与之相关的流体力学、数值数学和计算机科学学科。如流体力学研究主要包括流体的流动(流体动力学)与静止问题(流体静力学),而CFD侧重"流体动力学"部分,研究流体流动对包含热量传递及燃烧流动中可能的化学反应等过程的影响。流体流动的物理特性通常以偏微分方程的形式加以描述,这些数学方程控制着流体流动过程,因此常将其称为CFD控制方程。宏观尺度的流体控制方程通常为Navier-Stotkes方程,对于该方程的解析求解至今仍是世界难题,因此工程上常采用数值求解的方式,为求解这些方程,计算机科学家应用高级计算机程序语言,将其转化为计算机程序或软件包。CFD技术中"计算"部分代表通过数值模拟对流体流动的研究,包括应用计算机程序或软件包,在计算机上获取数值计算结果。在开发CFD程序或进行CFD数字模拟过程中,是否需要流体工程、数值数学和计算机科学的专业人员一起进行?答案显然是否定的。CFD更需要的是对上述每一学科知识都有一定了解的人。

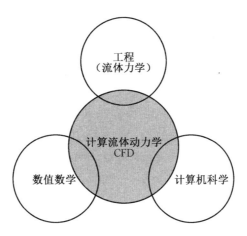

图 7.1　CFD 与其他学科之间的关系

　　对于流体流动和热量传递的研究,传统方法是纯理论地分析流体力学和实验流体力学方法,CFD 已经成为继以上两种方法后的又一种研究方法。如图 7.2 所示,三种方法之间并非完全独立的,而是存在着互相验证和互相补充的密切的内在联系。在以前,理论分析和实验测试研究方法曾被用于流体动力学的各个方面,并协助工程师进行设备设计以及含有流体流动和热量传递的工业流程设计。随着 CFD 技术的发展,在工业设计或工程应用研究过程中,尽管理论分析方法仍在大量使用,实验研究方法继续发挥着重要作用,但发展趋势明显趋于数值计算方法,特别是在解决无法作分析解的复杂流动问题时或者因费用昂贵而无力进行实验确定时更是如此。

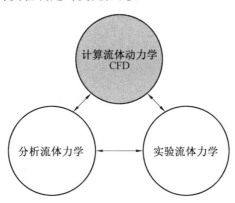

图 7.2　三种流体力学研究方法之间的关系

　　在 CFD 发展初期,初学者采用 CFD 方法解决问题时需要投入大量时间用于编写计算程序。而现在,随着工业界甚至科学领域中希望在短时间内获得 CFD 知识的需求在不断增长,流体流动物理学模型的更趋成熟以及多工程 CFD 程序正在逐步得到认可,研究者也就更乐于使用商业软件包。随着软件公司的不断开发,开发者们把先进的算法嵌入商业软件包中,经测试的 CFD 软件程序可直接应用求解大量流体流动问题,避免了使用者编程、前后处理和测试的麻烦,从而可将主要精力用于流体流动等物理问题本身的探索上。如此也极大地促进了 CFD 技术的广泛应用以及可研究领域的迅速扩展。

　　如今,世界上不同软件公司已经开发出了多种诸如 CFX 、Fluent 等被广泛认可的商业软件包,但诸多 CFD 软件或程序往往针对一定的研究领域或特点的某类物理问题,还没有出现一种软件或程序可解决所有的流体流动问题。因此使用者要想将 CFD 准确应用于工程领域,不仅仅要熟练运用软件,还要对所求解的物理问题有深入的了解、清楚描述求解问题的每一个步骤以及能准确解读软件计算结果并将计算结果应用于工程设计。

2. 计算流体动力学工作过程

采用 CFD 方法对流体流动进行数值仿真模拟,通常包括如下基本过程:

(1)建立反映工程问题或物理问题本质的数学模型。该过程为采用 CFD 方法开展具体问题数值模拟的出发点,具体就是建立反映问题各个量之间关系的微分方程及相应的定解条件。只有正确完善的数学模型,数值模拟才有意义。流体的基本控制方程通常包括质量守恒方程、动量守恒方程和能量守恒方程,以及这些方程对应的定解条件。

(2)寻求高效率、高准确度的计算方法。该过程为 CFD 的核心,即建立针对控制方程的数值算法,如有限差分法、有限元法、有限体积法等,计算方法既包括微分方程的离散化和求解方法,还包括建立贴体坐标和确定边界条件等。

(3)编辑计算程序并开展计算。这部分过程为整个工作相对花费时间较多的部分,主要包括计算网格的划分、初始条件和边界条件的输入、控制参数的设定等。

(4)计算结果显示。计算结果一般可通过视频或图表等方式显示,由此可开展计算结果质量的检查和具体分析。

以上为 CFD 一般数值模拟的全过程。其中建立数学模型的理论研究部分,一般由理论工作者完成。对于研究者在使用 CFD 商业软件时,主要完成算法选择、编辑程序与计算和计算结果的检查与分析的部分过程。无论是直接编写计算程序还是利用商业 CFD 软件来求解问题,基于以上基本工作过程的 CFD 计算思路可由图 7.3 表示。

3. 计算流体动力学的特点

随着计算机技术的飞速发展,CFD 已经位于流体力学和热传递科学研究的前沿,已成为现代工程实践中的一种实用工具。CFD 具有适应性强、应用面广的优点。首先,流动问题的控制方程一般是非线性的,自变量多,计算域的几何性质和边界条件复杂,很难求得解析解,而用 CFD 方法则有可能找出满足工程需要的数值解;其次可利用计算机进行各种数值试验,例如,选择不同流动参数进行物理方程中各项有效性和敏感性试验,从而进行方案对比;第三,它不受物理模型和实验模型的限制,对于某些如雷诺数、马赫数等无量纲参数允许其在一定范围内变化来开展设计,相对于实验方法不断上升的运行成本,CFD 方法省钱省时,更加灵活,且对于流体流动细节十分重要的场合,能给出详细和完整的信息。另外,CFD 很容易模拟特殊尺寸、高温、有毒、易燃等真实条件和实验中只能接近而无法达到的理想条件。

尽管如此,并不意味着 CFD 可取代实验测试,CFD 也存在一定的局限性。首先,数值解法是一种离散近似的计算方法,依赖于物理上合理、数学上适用、适合于在计算机上进行计算的离散的有限数学模型,且最终结果不能提供任何形式的解析表达式,只是有限个离散点上的数值解,并有一定的计算误差;其次,它不像物理模型实验一开始就能给出流动现象并定性地描述,往往需要由原体观测或物理模型试验提供某些流动参数,并需要对

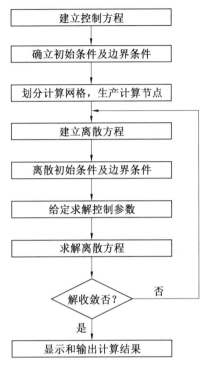

图 7.3　CFD 求解思路

建立的数学模型进行验证;再者,程序的编制及资料的收集、整理与正确利用,在很大程度上依赖于经验与技巧。另外,因数值处理方法等原因有可能导致计算结果的不真实,例如产生数值黏性和频散等伪物理效应。CFD 还因涉及大量的数值计算,因此常需要较高的计算机软硬件配置。

总之 CFD 有自己的原理、方法和特点,其与理论分析和试验观测手段相互联系、相互促进,但不能完全替代,三者各有适用场合。在实际研究过程中,需要多注重三种方法的有机结合,互相补充,必然会取得相得益彰的效果。

4. CFD 应用领域及使用条件

CFD 方法已成为基础研究、应用研究和工业应用中强大的计算工具,在广大的工业及非工业流体工程领域有越来越多的应用,典型的应用领域及相关的工程问题包括:

(1)飞行器的设计等航空工程。

(2)船舶水动力学。

(3)动力装置(如内燃机或气体透平机械的燃烧过程等)。

(4)旋转机械(旋转通道及扩散器内的流动等)。

(5)电器及电子工程(如微电路的装置散热等)。

(6)化学过程工程(混合及分离、聚合物模塑过程等)。

(7)建筑物内外部环境(风载荷及供暖通风等)。

(8)海洋工程(海洋环境下结构载荷)。

(9)水利学及海洋学(河流及洋流等)。

（10）环境工程（污染物及废水的处理和排放等）。

将 CFD 用于工程设计，对于通过流体计算软件来研究流动时，通常在以下情况下最适合采用 CFD 方法进行分析：物理过程有成熟的数学模型描述，计算边界明确且边界条件易于精确获取的；或现场实验不可能完成或成本过高的。

5. CFD 未来发展

近年来，我们目睹了计算机模拟技术在很多工业应用中的兴起，这种不断发展变化的现象，部分得益于 CFD 技术和模型的快速发展。当前，最先进的、用来模拟复杂流体动力学问题的模型，诸如多相和多元流动模型、喷射火焰、浮升燃烧等，通过多功能商用 CFD 软件，正在被越来越多的应用。这些程序在工业中的不断使用清楚地说明了 CFD 正用于分析解决那些非常迫切需要解决的实际问题。另外，随着计算机硬件价格的下降和计算时间的缩短，工程师会更加依赖可靠、易于使用的 CFD 工具来获取正确的分析结果。

此外 CFD 虚拟技术和数值报告使得工程师能够对于给定的工程设计进行实时观察和模拟计算结果查询，并进行必要的评估和判断。在工业中，CFD 将在设计过程中逐渐占据主体，新产品开发将逐渐趋于零原型工程。在研究领域中，随着计算机资源的发展，大涡模拟逐渐成为研究流体动力学诸多基础湍流问题的首选。由于所有的真实流动都是非定常流，在基础研究中，大涡模拟提供的求解方法将逐渐取代传统的两方程湍流模型。对于大涡模拟建模的需求正在稳步增长，特别是在单相流动中，大涡模拟已有了巨大进展。尽管人们致力于开发更具鲁棒性的 CFD 模型，用于预测气液、气固、液固或者气液固等流动的复杂多相流物理特性，而大涡模拟对求解这类流动问题的应用才刚刚开始。当然，在处理包括上述流动在内的湍流问题计算时，就目前而言，两方程模拟还是非常流行的，也更需要进一步发展更为成熟的两方湍流模型来求解。

基于目前的计算能力，大涡模拟涉及大量网格节点的数值计算，而这将是非常费时的，然而随着计算机计算速度的不断提高，在不久的将来大涡模拟将被普遍采用。并且，随着大涡模拟逐渐从学术研究转移到工业应用，毫无疑问大涡模拟逐渐成为解决很多实际工业流动机理问题的一般方法。探索 CFD 在工业和科研中的应用将面临许多挑战，后续我们能预期有一天不需要任何湍流模型就能直接求解所有的湍流问题。将直接数值模拟应用于学术研究以及工业领域中的湍流流动分析将成为可能。

6. 常用的商业 CFD 软件

随着商业软件以及自编计算程序越来越容易得到、使用越来越多，目前的 CFD 使用者与以往的使用者相比，他们更需要具有必要的 CFD 知识和技能。很多科学领域、工业部门和大型研究机构中，CFD 软件的使用已经非常普遍，因此毫不奇怪，现在的初学者更愿意通过现有的软件来学习 CFD。商业软件的发展也反映了这种需求，其用户界面也越来越友好。

下面介绍近 30 年来，出现的较为著名的商业 CFD 软件，包括 Phoenics、STAR－CCM＋、ANSYS CFX、ANSYS FLUENT 和 OPENFOAM 等。

（1）Phoenics 软件。Phoenics 是英国 CHAM 公司开发的模拟传热、流动、反应、燃烧过程的通用 CFD 软件,有 30 多年的历史。网格系统包括直角、圆柱、曲面(包括非正交和运动网格,但在其 VR 环境不可以)、多重网格、精密网络。

它可以对三维稳态或非稳态的可压缩流或不可压缩流进行模拟,包括非牛顿流、多孔介质中的流动,并且可以考虑黏度、密度、温度变化的影响。

Phoenics 的 VR(虚拟现实)彩色图形界面菜单系统是 CDF 软件中前处理最方便的一个,可以直接读入 Pro/Engineer 建立的模型(需转换成 STL 格式),使复杂几何体的生成更为方便,在边界条件的定义方面也极为简单,并且网格自动生成。但其缺点则是网格比较单一粗糙,不能细分复杂曲面或曲率小的地方的网格,即不能在 VR 环境里采用贴体网格。

(2)STAR-CCM+ 软件。STAR-CCM+ 软件的前身是 STAR-CD,在内燃机模拟方面仍然无可替代。STAR-CCM+ 是 CD adapco 集团推出的新一代 CFD 软件。采用最先进的连续介质力学数值技术,并和卓越的现代软件工程技术结合在一起,拥有出色的性能和高可靠性,是热流体分析工程师强有力的工具。

STAR-CCM+ 界面非常友好,对表面准备,如包面、表面重构及体网格生成(多面体、四面体、六面体核心网格)等功能进行了拓展;且在并行计算上取得巨大改进,不仅求解器可以并行计算,对前后处理也能通过并行来实现,大大提高了分析效率。在计算过程中可以实时监控分析结果(如矢量、标量和结果统计图表等),同时实现了工程问题后处理数据方面的高度实用性、流体分析的高性能化、分析对象的复杂化、用户水平范围的扩大化。由于采用了连续介质力学数值技术,STAR-CCM+ 不仅可以进行流体分析,还可进行结构等其他物理场的分析。目前 STAR-CCM+ 正在应用于多达 2 亿网格的超大型计算问题上,如方程式赛车外流场空气动力分析等项目。

(3)ANSYS CFX 软件。ANSYS CFX 系列软件是拥有世界级先进算法的成熟商业流体计算软件。功能强大的前处理器、求解器和后处理模块使得 ANSYS CFX 系列软件的应用范围遍及航空、航天、船舶、能源、石油化工、机械制造、汽车、生物技术、水处理、火灾安全、冶金、环保等众多领域。

ANSYS CFX 软件系列包括 CFX Solver、BladeModeler、TurboPre、TurboPost、TurboGrid 等软件。DeSignModeler 基于 ANSYS 的公共 CAE 平台——Workbench,提供了完全参数化的几何生成、几何修正、几何简化,以及概念模型的创建能力,它与 Workbench 支持的所有 CAD 软件能够直接双向关联。CFX 软件提供了从网格到流体计算以及后处理的整体解决方案。核心模块包括 CFXMesh、CFXPre 、CFXSolver 和 CFXPost 4 个部分。其中 CFXSolver 是 CFX 软件的求解器,是 CFX 软件的内核,它的先进性和精确性主要体现在以下方面。

不同于大多数 CFD 软件,CFXSolver 采用基于有限元的有限体积法,在保证有限体积法守恒特性的基础上,吸收了有限元法的数值精确性。

CFXSolver 采用先进的全隐式耦合多网格线性求解,再加上自适应多网格技术,同等条件下比其他流体软件快 1~2 个数量级。CFXSolver 支持真实流体、燃烧、化学反应和多相流等复杂的物理模型,这使得 CFX 软件在航空工业、化学及过程工业领域有着非常广泛的应用。

（4）ANSYS FLUENT 软件。FLUENT 自 1983 年问世以来，就一直是 CFD 软件技术的领先者，被广泛应用于航空航天、旋转机械、航海、石油化工、汽车、能源、计算机/电子、材料、冶金、生物、医药等领域，这使 FLUENT 公司成为占有最大市场份额的 CFD 软件供应商。作为通用的 CFD 软件，FLUENT 可用于模拟从不可压缩到高度可压缩范围内的复杂流动。

7.1.2　FLUENT 软件基本用法

1. FLUENT 软件特点

2006 年 5 月，FLUENT 成为全球最大的 CAE 软件供应商——ANSYS 大家庭中的重要成员。所有的 FLUENT 软件都集成在 ANSYS Workbench 环境下，共享先进的 ANSYS 公共 CAE 技术。

FLUENT 是 ANSYS CFD 的旗舰产品，ANSYS 加大了对 FLUENT 核心 CFD 技术的投资，确保 FLUENT 在 CFD 领域的绝对领先地位。ANSYS 公司收购 FLUENT 以后做了大量高技术含量的开发工作，具体如下。

（1）内置六自由度刚体运动模块配合强大的动网格技术。

（2）领先的转捩模型精确计算层流到湍流的转捩以及飞行器阻力精确模拟。

（3）非平衡壁面函数和增强型壁面函数加压力梯度修正大大提高了边界层回流计算精度。

（4）多面体网格技术大大减小了网格量并提高计算精度。

（5）密度基算法解决高超音速流动。

（6）高阶格式可以精确捕捉激波。

（7）噪声模块解决航空领域的气动噪声问题。

（8）非平衡火焰模型用于航空发动机燃烧模拟。

（9）旋转机械模型加虚拟叶片模型广泛用于螺旋桨旋翼 CFD 模拟。

（10）先进的多相流模型。

（11）HPC 大规模计算高效并行技术。

2. 网格技术

计算网格是任何计算流体动力学（Computational Fluid Dynamics，CFD）的核心，它通常把计算域划分为几千甚至几百万个单元，在单元上计算并存储求解变量。FLUENT 使用非结构化网格技术，这就意味着可以有各种各样的网格单元，具体如：二维的四边形和三角形单元；三维的四面体核心单元；六面体核心单元；棱柱和多面体单元。

这些网格可以使用 FLUENT 的前处理软件 Gambit 自动生成，也可以选择在 ICEM CFD 工具中生成。

在目前的 CFD 市场上，FLUENT 以其在非结构网格的基础上提供丰富的物理模型而著称，主要有以下特点：

（1）完全非结构化网格。

FLUENT 软件采用基于完全非结构化网格的有限体积法，而且具有基于网格节点和网格单元的梯度算法。

(2)先进的动/变形网格技术。

FLUENT 软件中的动/变形网格技术主要解决边界运动的问题,用户只需指定初始网格和运动壁面的边界条件,余下的网格变化完全由解算器自动生成。FLUENT 解算器包括 NEKTON、FIDAP、POLYFLOW、ICEPAK 以及 MIXSIM。

网格变形方式有 3 种:弹簧压缩式、动态铺层式以及局部网格重生式。其中,局部网格重生式是 FLUENT 所独有的,而且用途广泛,可用于非结构网格、变形较大问题以及物体运动规律事先不知道而完全由流动所产生的力所决定的问题。

(3)多网格支持功能。

FLUENT 软件具有强大的网格支持能力,支持界面不连续的网格、混合网格、动/变形网格以及滑动网格等。值得强调的是,FLUENT 软件还拥有多种基于解的网格的自适应、动态自适应技术以及动网格与网格动态自适应相结合的技术。

3. 数值技术

在 FLUENT 软件当中,有两种数值方法可以选择:基于压力的求解器和基于密度的求解器。

从传统上讲,基于压力的求解器是针对低速、不可压缩流开发的,基于密度的求解器是针对高速、可压缩流开发的。但近年来这两种方法被不断地扩展和重构,这使得它们突破了传统上的限制,可以求解更为广泛的流体流动问题。

FLUENT 软件基于压力的求解器和基于密度的求解器完全在同一界面下,确保FLUENT 对于不同的问题都可以得到很好的收敛性、稳定性和精度。

(1)基于压力的求解器。

基于压力的求解器采用的计算法则属于常规意义上的投影方法。在投影方法中,首先通过动量方程求解速度场,继而通过压力方程的修正使得速度场满足连续性条件。

由于压力方程来源于连续性方程和动量方程,从而保证整个流场的模拟结果同时满足质量守恒和动量守恒。

由于控制方程(动量方程和压力方程)的非线性和相互耦合作用,所以需要一个迭代过程,使得控制方程重复求解直至结果收敛,用这种方法求解压力方程和动量方程。

(2)基于密度的求解器。

基于密度的求解器直接求解瞬态 N－S 方程(瞬态 N－S 方程在理论上是绝对稳定的),将稳态问题转化为时间推进的瞬态问题,由给定的初场时间推进到收敛的稳态解,这就是通常说的时间推进法(密度基求解方法)。这种方法适用于求解亚音速、高超音速等流场的强可压缩流问题,且易于改为瞬态求解器。

FLUENT 软件中基于密度的求解器源于 FLUENT 和 NASA 合作开发的 RAM-PANT 软件,因此被广泛应用于航空航天工业。

FLUENT 增加了 AUSM 和 Roe－FDS 通量格式,AUSM 对不连续激波提供了更高精度的分辨率,Roe－FDS 通量格式减小了在大涡模拟计算中的耗散,从而进一步提高了FLUENT 在高超声速模拟方面的精度。

4. 物理模型

FLUENT 软件包含丰富而先进的物理模型，具体有以下几种。

(1)传热、相变、辐射模型。

许多流体流动伴随传热现象，FLUENT 提供一系列应用广泛的对流、热传导及辐射模型。对于热辐射，P1 和 Rossland 模型适用于介质光学厚度较大的环境；基于角系数的 Surface to Surface 模型适用于介质不参与辐射的情况；DO(Discrete Ordinates)模型适用于包括玻璃在内的任何介质。DRTM 模型(Discrete Ray Tracing Module)也同样适用。

太阳辐射模型使用光线追踪算法，包含了一个光照计算器，它允许光照和阴影面积的可视化，这使得气候控制的模拟更加有意义。

其他与传热紧密相关的模型还有汽蚀模型、可压缩流体模型、热交换器模型、壳导热模型、真实气体模型和湿蒸汽模型。

相变模型可以追踪分析固体的融化和流体的凝固。离散相模型(DPM)可用于液滴和湿粒子的蒸发及煤的液化。易懂的附加源相和完备的热边界条件使得 FLUENT 的传热模型成为满足各种模拟需要的成熟可靠的工具。

(2)湍流和噪声模型。

FLUENT 的湍流模型一直处于商业 CFD 软件的前沿，它提供的丰富的湍流模型中有经常使用到的湍流模型，包括 Spalart—Allmaras 模型、k—Ω 模型组、k—ε 模型组。

随着计算机能力的显著提高，FLUENT 已经将大涡模拟(LES)纳入其标准模块，并且开发了更加高效的分离涡(DES)模型，FLUENT 提供的壁面函数和加强壁面处理的方法可以很好地处理壁面附近的流动问题。

气动声学在很多工业领域中备受关注，模拟起来却相当困难，如今，使用 FLUENT 可以有多种方法计算由非稳态压力脉动引起的噪声，瞬态大涡模拟(LES)预测的表面压力可以使用 FLUENT 内嵌的快速傅里叶(FFT)工具转换成频谱。

Ffowcs—Williams 和 Hawkings 声学模型可以用于模拟从非流线型实体到旋转风机叶片等各式各样的噪声源的传播，宽带噪声源模拟允许在稳态结果的基础上进行模拟，这是一个快速评估设计是否需要改进的非常实用的工具。

(3)化学反应模型。

化学反应模型，尤其是湍流状态下的化学反应模型在 FLUENT 软件中一直占有很重要的地位，多年来，FLUENT 强大的化学反应模拟能力帮助工程师完成了对各种复杂燃烧过程的模拟。

涡耗散概念、PDF 转换以及有限速率化学模型已经加入 FLUENT 的主要模型中：涡耗散模型、均衡混合颗粒模型、小火焰模型以及模拟大量气体燃烧、煤燃烧、液体燃料燃烧的预混合模型。预测 Nox 生成的模型也被广泛地应用与制定。

许多工业应用中涉及发生在固体表面的化学反应，FLUENT 表面反应模型可以用来分析气体和表面组分之间的化学反应及不同表面组分之间的化学反应，以确保准确预测表面沉积和蚀刻现象。

对催化转化、气体重整、污染物控制装置及半导体制造等的模拟都受益于这一技术。

FLUENT 的化学反应模型可以和大涡模拟(LES)及分离涡(DES)湍流模型联合使用,只有将这些非稳态湍流模型耦合到化学反应模型中,才有可能预测火焰稳定性及燃尽特性。

(4)多相流模型。

多相流混合物广泛应用于工业中,FLUENT 软件是多相流建模方面的领导者,其丰富的模拟能力可以帮助工程师洞察设备内那些难以探测的现象,Eulerian 多相流模型通过分别求解各相的流动方程的方法分析相互渗透的各种流体或各相流体,对于颗粒相流体,采用特殊的物理模型进行模拟。

很多情况下,占用资源较少的混合模型也用来模拟颗粒相与非颗粒相的混合。FLU-ENT 可用来模拟三相混合流(液、颗粒、气),如泥浆气泡柱和喷淋床的模。可以模拟相间传热和相间传质的流动,这使得模拟均相及非均相成为可能。

FLUENT 标准模块中还包括许多其他的多相流模型,对于其他的一些多相流流动,如喷雾干燥器、煤粉高炉、液体燃料喷雾,可以使用离散相模型(DPM)。射入的粒子、泡沫及液滴与背景流之间进行发生热、质量及动量的交换。

VOF (Volume of Fluid)模型可以用于对界面预测比较感兴趣的自由表面流动,如海浪。汽蚀模型已被证实可以很好地应用到水翼艇、泵及燃料喷雾器的模拟。沸腾现象可以很容易地通过用户自定义函数实现。

7.1.3　FLUENT 功能模块

一套传统的 FLUENT 软件包含两个部分,即 Gambit 和 FLUENT。Gambit 的主要功能是几何建模和划分网格,FLUENT 的功能是流场的解算及后处理。此外还有专门针对旋转机械的几何建模和网格划分模块 Gambit/Turbo 以及其他具有专门用途的功能模块。

说明:ANSYS 收购 FLUENT 以后,FLUENT 被集成到 ANSYS Workbench 中,越来越多的用户选择使用 ANSYS Workbench 中集成的网格划分工具进行前处理。

ANSYS Workbench 中集成的网格划分工具以 ICEM CFD 为主,还包括 TGrid 和 TurboGrid。在后面的章节中将介绍 ICEM CFD 应用。

1. Gambit 创建网格

Gambit 拥有完整的建模手段,可以生成复杂的几何模型。此外,Gambit 含有 CAD/CAE 接口,可以方便地从其他 CAD/CAE 软件中导入建好的几何模型或网格。

2. FLUENT 求解及后处理

如前文提到的,FLUENT 求解功能的不断完善确保了 FLUENT 对于不同的问题都可以得到很好的收敛性、稳定性和精度。

FLUENT 具有强大的后置处理功能,能够完成 CFD 计算所要求的功能,包括速度矢量图、等值线图、等值面图、流动轨迹图,并具有积分功能,可以求得力、力矩及其对应的力和力矩系数、流量等。

对于用户关心的参数和计算中的误差可以随时进行动态跟踪显示。对于非定常计算,FLUENT 提供非常强大的动画制作功能,在迭代过程中将所模拟非定常现象的整个过程记录成动画文件,供后续进行分析演示。

3. Gambit/Turbo 模块

该模块主要用于旋转机械的叶片造型及网格划分,该模块是根据 Gambit 的内核定制出来的,因此它与 Gambit 直接耦合在一起。采用 Turbo 模块生成的叶型或网格,可以直接用 Gambit 的功能进行其他方面的操作,从而可以生成更加复杂的叶型结构。

例如,对于涡轮叶片,可以先采用 Turbo 生成光叶片,然后通过 Gambit 的操作直接在叶片上开孔或槽,也可以通过布尔运算或切割生成复杂的内冷通道等。因此 Turbo 模块可以极大地提高叶轮机械的建模效率。

4. Pro/E Interface 模块

该模块用于同 Pro/Engineer 软件直接传递几何数据、实体信息,提高建模效率。

5. Deforming Mesh 模块

该模块主要用于计算域随时间发生变化情况下的流场模拟,如飞行器姿态变化过程的流场特性的模拟、飞行器分离过程的模拟、飞行器轨道的计算等。

6. Flow－Induced Noise Prediction 模块

该模块主要用于预测所模拟流动的气动噪声,对于工程应用可用于降噪,如用于车辆领域或风机等领域,降低气流噪声。

7. Magnetohydro dynamics 模块

该模块主要用于模拟磁场、电场作用时对流体流动的影响,主要用于冶金及磁流体发电领域。

8. Continuous Fiber Modeling 模块

该模块主要应用于纺织工业中纤维拉制成型过程的模拟。

7.1.4　FLUENT 与 ANSYS Workbench

FLUENT 18.0 被集成到 ANSYS Workbench 平台后,其使用方法有了一些新特点。为了让读者更好地在 ANSYS Workbench 平台中使用 FLUENT,本节将简要介绍 ANSYS Workbench 及其与 FLUENT 之间的关系。

1. ANSYS Workbench 简介

ANSYS Workbench 提供了多种先进工程仿真技术的基础框架。全新的项目视图概念将整个仿真过程紧密地组合在一起,引导用户通过简单的鼠标拖曳操作完成复杂的多物理场分析流程。Workbench 所提供的 CAD 双向参数互动、强大的全自动网格划分、项目更新机制、全面的参数管理和无缝集成的优化工具等,使 ANSYS Workbench 平台在仿真驱动产品设计方面达到了前所未有的高度。

ANSYS Workbench 大大推动了仿真驱动产品的设计。各种仿真流程的紧密集成使得设置变得前所未有的简单,并且为一些复杂的多物理场仿真提供了解决方案。

ANSYS Workbench 环境中的应用程序都是支持参数变量的,包括 CAD 几何尺寸参数、材料属性参数、边界条件参数以及计算结果参数等。在仿真流程各环节中定义的参数可以直接在项目窗口中进行管理,因而很容易研究多个参数变量的变化。

在项目窗口中,可以很方便地形成一系列表格形式的"设计点",然后一次性地自动进行多个设计点的分析来完成"What－If"研究。

ANSYS Workbench 全新的项目视图功能改变了工程师的仿真方式。仿真项目中的各项任务以互相连接的图形化方式清晰地表达出来,使用户对项目的工程意图、数据关系和分析过程一目了然。

只要通过鼠标的拖曳操作,就可以非常容易地创建复杂的、含多个物理场的耦合分析流程,在各物理场之间的数据传输也会自动定义好。

项目视图系统使用起来非常简单,直接从左边的工具栏中将所需的分析系统拖到项目视图窗口即可。完整的分析系统包含了所选分析类型的所有任务节点及相关应用程序,自上而下执行各个分析步骤即可完成整个分析。

2. ANSYS Workbench 的操作界面

ANSYS Workbench 的操作界面主要由菜单栏、工具栏、工具箱和项目概图区组成,如图 7.4 所示。

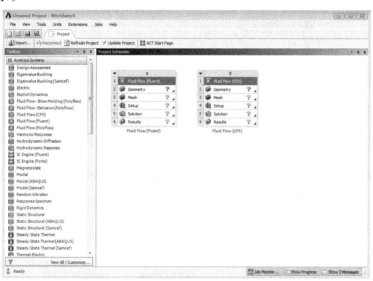

图 7.4　ANSYS Workbench 的操作界面

(1)Analysis Systems:可用的预定义的模板。

(2)Component Systems:可存取多种程序来建立和扩展分析系统。

(3)Custom　Systems:耦合应用预定义分析系统(FSI、thermal－stress 等)。用户也可以建立自己的预定义系统。

(4)Design Exploration:参数管理和优化工具。

(5)External Connection Systems :用于建立与其他外部程序之间的数据连接。

需要进行某种项目分析时,可以通过两种方法在项目概图区生成相关分析项目的概图。一种是在工具箱中双击相关项目,另一种是用鼠标将相关项目拖至项目概图区内。

生成项目概图后,只需按照概图的顺序,从顶向下逐步完成,就可以实现一个完整的仿真分析流程。

3. 在 ANSYS Workbench 中打开 FLUENT

在 ANSYS Workbench 中可以按如下步骤创建 FLUENT 分析项目并打开 FLU-
ENT。

(1)在 Windows 系统下执行"开始"→"所有程序"→" ANSYS 18.0"→ Workbench
命令,启动 ANSYS Workbench 18.0,进入主界面。

(2)双击主界面 Toolbox (工具箱)中的 Component Systems→Geometry (几何体)
选项,即可在项目管理区创建分析项目 A,如图 7.5 所示。

图 7.5　创建 Geometry(几何体)分析项目

(3)将工具箱中的 Component Systems →Mesh (网格)选项拖到项目管理区中,悬
挂在项目 A 中的 A2 栏"Geometry"上,当项目 A2 的 Geometry 栏红色高亮显示时,即可
放开鼠标创建项目 B,项目 A 和项目 B 中的 Geometry 栏(A2 和 B2)之间出现了一条线
相连,表示它们之间可共享几何体数据,如图 7.6 所示。

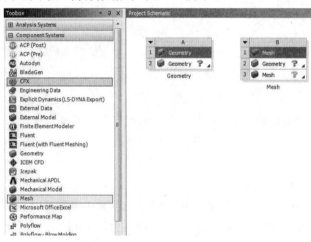

图 7.6　创建 Mesh(网格)分析项目

（4）将工具箱中的 Analysis Systems→Fluid Flow（FLUENT）选项拖到项目管理区中，悬挂在项目 B 中的 B3 栏"Mesh"上，当项目 B3 的 Mesh 栏红色高亮显示时，即可放开鼠标创建项目 C。

项目 B 和项目 C 中的 Geometry 栏（B2 和 C2）和 Mesh 栏（B3 和 C3）之间各出现了一条线相连，表示它们之间可共享数据，如图 7.7 所示。

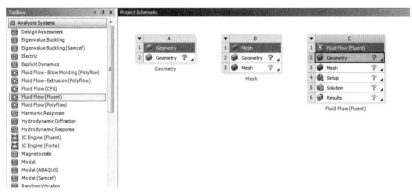

图 7.7　创建 FLUENT 分析项目

7.1.5　FLUENT18.0 基本操作

本节将介绍 FLUENT18.0 的用户界面和一些基本操作。

1. 启动 FLUENT 主程序

在开始程序菜单中选择单独运行 FLUENT 主程序或者在 ANSYS Workbench 中运行 FLUENT 项目，弹出 FLUENT Launcher 对话框，如图 7.8 所示。在对话框中可做如下选择。

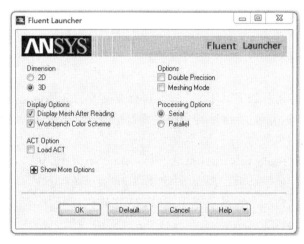

图 7.8　FLUENT Launcher 对话框

（1）二维或三维版本，在 Dimension 选项区中选择 2D 或 3D。

（2）单精度或双精度版本，默认为单精度，当选中 Double Precision 时为双精度版本。

（3）Meshing Mode 为 Meshing 模式，若不选择此项则采用 Solution 模式。

(4)并行运算选项,可选择单核运算或并行运算版本。选择 Serial 时运行单核运算版本,选择 Parallel 时可利用多核处理器进行并行运算,并可设置使用处理器的数量。

(5)界面显示设置(Display Options)。Display Mesh After Reading 激活此项则导入网格后显示网格,否则不直接显示;Workbench Color Scheme 激活此项采用蓝色渐变背景图像窗口,否则采用黑色背景的 FLUENT 经典图形窗口。

(6)用户定制工具(Ansys Customization Tools,ACT) 选项,此扩展工具包含了丰富的模块。

2. FLUENT 主界面

设置完毕后,单击 FLUENT Launcher 对话框中的 OK 按钮,打开如图 7.9 所示的 FLUENT 主界面。FLUENT 主界面由标题栏、Ribbon 菜单栏、树形菜单、控制面板、图形窗口和文本窗口组成。

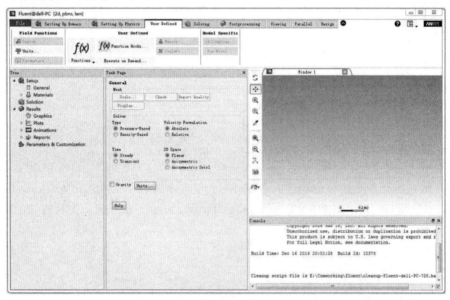

图 7.9　FLUENT 主界面

(1)标题栏中显示运行的 FLUENT 版本和物理模型的简要信息,以及文件名,例如,FLUENT[3d,dp,pbns,lam]是指运行的 FLUENT 版本为 3D 双精度版本,运算基于压力求解,而且采用层流模型。

(2)Ribbon 菜单栏包括 File、Setting Up Domain、Setting Up Physics、User Defined、Solving、Postprocessing、Viewing、Parallel 和 Design 菜单选项。

(3)树形菜单中的树形节点从上至下以 CFD 工作流程设计,可以打开参数设置、求解器设置、后处理的面板。

(4)控制面板中显示树形节点对应的参数设置面板。

(5)图形窗口用来显示网格、残差曲线、动画及各种后处理显示的图像。

(6)文本窗口中显示各种信息提示,包括版本信息、网格信息、错误提示等信息。

3. FLUENT 读入网格

通过执行 File→Read→Mesh 命令,读入准备好的网格文件,如图 7.10 所示。

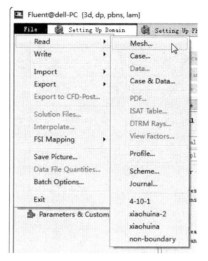

图 7.10　读入网格文件

在 FLUENT 中,Case 和 Data 文件(默认读入可识别的 FLUENT 网格格式)的扩展名分别为.cas 和.dat。一般来说,一个 case 文件包括网格、边界条件和解的控制参数。

如果网格文件是其他格式,相应地执行 File →Import 命令。

FLUENT 中常见的几种主要的文件形式如下。

(1)jou 文件:日志文档,可以编辑运行。

(2)dbs 文件:Gambit 工作文件。

(3)msh 文件:从 Gambit 输出的网格文件。

(4)cas 文件:经 FLUENT 定义的文件。

(5)dat 文件:经 FLUENT 计算的数据结果文件。

4. 检查网格

读入网格之后要检查网格,相应的操作方法为在 General 面板中单击 Check 按钮,或者执行 Setting Up Physics→Check 命令,如图 7.11 所示。

在检查网格的过程中,用户可在文本窗口中看到区域范围、体积统计以及连通性信息。网格检查最容易出现的问题是网格体积为负数。如果最小体积是负数,就需要修复网格以减少解域的非物理离散。

5. 选择基本物理模型

单击树形菜单中的 Models 项,打开 Models 面板,可以选择采用的基本物理模型,如图 7.12 所示,包括多相流模型、能量方程、湍流模型、辐射模型、换热器模型、组分传输模型、离散型模型、融化和凝固模型、噪声模型等。

单击相应的物理模型后,会弹出相应的对话框对模型参数进行设置。

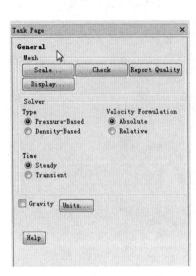

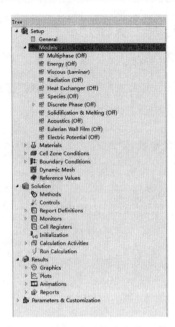

图 7.11　检查网格的操作　　　　　图 7.12　选择采用的基本物理模型

6.设置材料属性

双击树形菜单中的 Materials 项,打开 Materials 面板,可以看到材料列表,如图 7.13 所示。

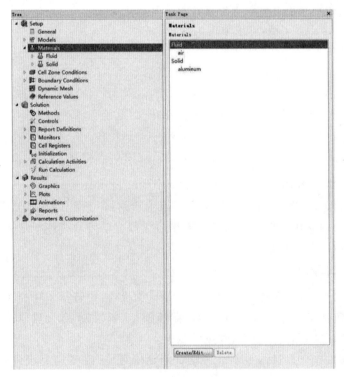

图 7.13　Materials 面板中的材料列表

单击 Materials 面板中的 Create/Edite 按钮,可以打开材料编辑对话框,如图 7.14 所示。

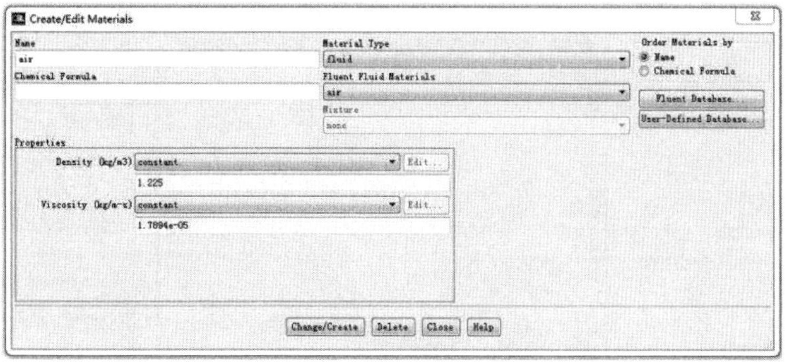

图 7.14　材料编辑对话框

在材料编辑对话框中单击 FLUENT Database 按钮,可以打开 FLUENT 的材料库选择材料,如图 7.15 所示。也可以单击 User－Defined Datebase 按钮,自定义材料属性。

图 7.15　FLUENT 的材料库

7. 相的定义

在进行多相流计算时,可以单击 Ribbon 菜单栏中的 Setting Up Physics 选项卡,进行 Phases 的设置,如图 7.16 和图 7.17 所示,单击 List/show All Phases 按钮,弹出 Phases选项卡,单击 Edit 按钮,可以进行相的定义。相的定义主要是指定不同相的材料,相可以是主相和次相或连续相和离散相。

图 7.16　Phases 选项卡

8. 设置计算区域条件

双击树形菜单中的 Cell Zone Conditions 项,可以打开 Cell Zone Condition 面板设置区域类型,如图 7.18 所示。

图 7.17　Phases 的定义

图 7.18　设置区域类型

单击 Cell Zone Conditions 面板中的 Edit 按钮,可以打开流体或固体区域的参数设置对话框,对区域的运动、源项、反应、多孔介质参数进行设置,如图 7.19 所示。

9. 设置边界条件

双击树形菜单栏中的 Boundary Conditions 项,打开 Boundary Conditions 面板,可以选择边界条件类型,如图 7.20 所示。

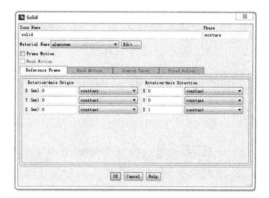

图 7.19　流体和固体区域的参数设置对话框

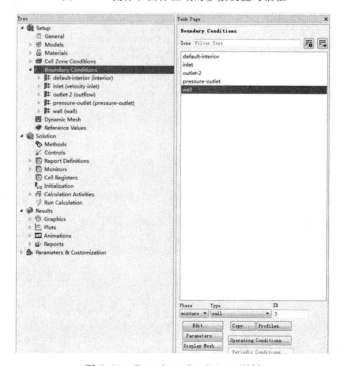

图 7.20　Boundary Conditions 面板

单击 Boundary Conditions4 面板中的 Edit 按钮,可以打开边界条件参数设置对话框。图 7.21 所示为壁面边界条件的设置对话框。

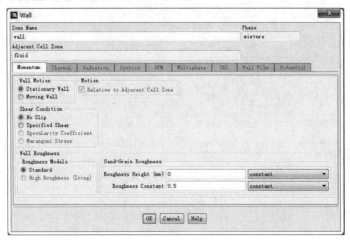

图 7.21　壁面边界条件

10. 设置动网格

双击树形菜单中的 Dynamic Mesh 项,打开 Dynamic Mesh 面板,可以设置动网格的相关参数,如图 7.22 所示。在面板中可以设置局部网格更新方法:Smoothing(网格光滑更新)、Layering(网格层变)和 Remeshing(局部网格重新划分)。

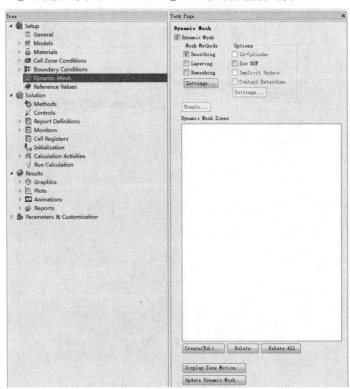

图 7.22　动网格设置面板

当选择 Smoothing 时,需要网格光滑更新的参数,包括弹性常数因子(Sping Constant Factor)、边界节点松弛(Laplace Node Relaxation)、收敛公差(Convergence Tolerance)和迭代数(Number of Iterations)。

当选择 Layering 网格更新方法时,选项包括基于高度(Height Based)和基于变化率(Ratio Based)。设置参数包括分裂因子(Split Factor)和合并因子(Collapse Factor)。

当选择 Remeshing 时,需要设置的参数有尺寸函数(Sizing Function)和更新方法(Remeshing Methods)。

在 Dynamic Mesh 面板中 Options 选项组中有 In－Cylinder(活塞内腔)、Six DOF(六自由度)、Implicit Update(隐式更新)、Contact Detection(接触检测)。对于活塞内腔的往复运动,需要选中 In－Cylinder 选项。对于自由度的运动,需要选中 Six DOF 选项。

11. 设置算法及离散格式

单击树形菜单中的 Solution,然后双击 Methods 项,打开 Solution Methods 面板,如图 7.23 所示。可以设置算法 SIMPLE、SIMPLEC、PISO、Coupled 等,同时还可以设置各物理量或方程的离散格式。各种算法及离散格式的物理意义、操作方法请参考帮助文档。

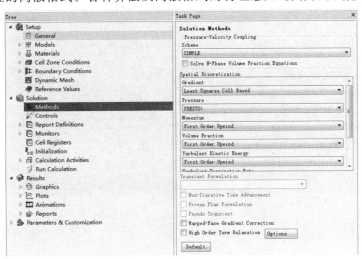

图 7.23　算法及离散格式设置面板

12. 设置求解参数

双击树形菜单中的 Controls 项,打开 Solution Controls 面板,可以设置亚松弛因子,以控制求解的收敛性和收敛速度,如图 7.24 所示。具体操作方法请参考帮助文档。

13. 设置监视窗口

双击树形菜单中的 Report Definitions 项,进入 Report Definitions 面板,如图 7.25 所示。单击 New 或 Edit 按钮,可以设置监视点、线、面、体上的压力、速度、流量、力等物理量随迭代次数或时间的变化,并可将数据绘制成曲线或输出报告文件。

单击树形菜单中的 Monitor 项,展开的菜单中可分别对残差(Residual)、报告文件(Report Files)、报告曲线(Report Plots)、收敛条件(Convergence Conditions)进行设置。双击 Residual 项,对残差曲线的监视设置,如图 7.26 所示。通过设置希望的残差值控制

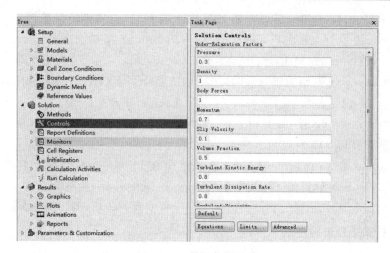

图 7.24　求解参数设置

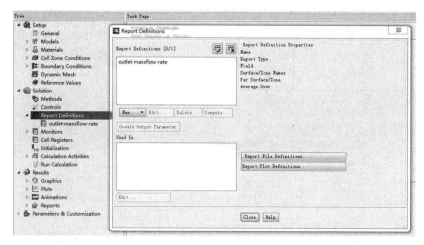

图 7.25　报告定义设置面板

求解器达到残差精度时停止迭代计算。

14. 初始化流场

迭代计算之前要初始化流场,即提供一个初始解。用户可以从一个或多个边界条件算出初始解,也可以根据需要设置流场的数值。双击树形菜单中的 Initialization 项,打开 Solution Initialization 面板,如图 7.27 所示。初始化时,设置流场初始化的源面或者具体物理量的值,单击 Initialize 按钮开始初始化。当涉及需要对求解区域分区初始化时,点击 Patch 按钮。

15. 与运行计算相关的设置

双击树形菜单中的 Calculation Activities 项,打开 Calculation Activities 面板,可以设置自动保存间隔步数、自动输出文件、求解动画、自动初始化等,如图 7.28 所示。

双击树形菜单中的 Run Calculation 项,打开 Run Calculation 设置面板,可以设置迭代步数、迭代步长等参数,点击 Calculate 按钮则开始运行计算,如图 7.29 所示。

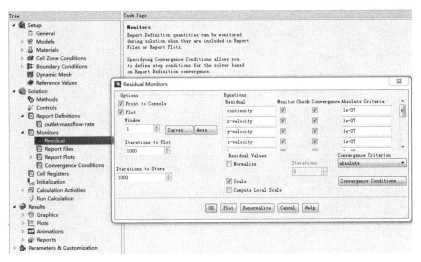

图 7.26　残差监视设置面板

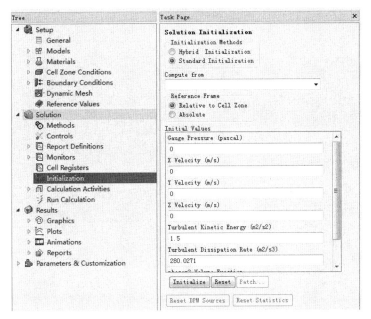

图 7.27　流场初始化面板

16. 保存结果

问题的定义和 FLUENT 计算结果分别保存在 Case 文件和 Data 文件中。必须保存这两个文件以便以后重新启动分析。保存 Case 文件和 Data 文件的方法为执行 File→Write →Case&Data 命令。

一般来说,仿真分析是一个反复改进的过程,如果首次仿真结果精度不高或不能反映实际情况,可以提高网格质量,调整参数设置和物理模型,使结果不断接近真实,提高仿真精度。

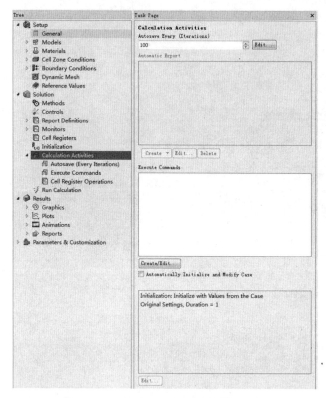

图 7.28　Calculation Activities 设置面板

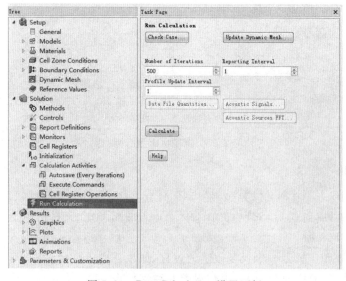

图 7.29　Run Calculation 设置面板

7.2　流体机械的发展趋势

随着国民经济的加速发展和科学技术的突飞猛进,流体机械也随之得到不断的发展与完善。针对我国社会与经济领域的重大需求,依据能源与动力工程学科的技术发展趋势,梳理了流体机械及工程相关的主要研究方向,为未来流体机械关键技术研发提供参考。

7.2.1　新机型的创新与优化方法

尽管流体机械设计是个有较长历史的话题,但进入 21 世纪后研究加速,取得了系列重要成就。在流动设计方面,突破了传统方法的局限性,反问题设计成为主流技术,使流体机械设计的质量与效率得到快速提高,促进了流体机械在现代社会不同行业和领域中的广泛应用。

高压力、高单级增压比的压缩机和泵,例如活塞压缩机的出口压力达 700 MPa,离心压缩机出口压力达 70 MPa。

适用于大流量或小流量的压缩机和泵,例如轴流式压缩机进口流量达 10 000 m^3/min,活塞压缩机进口流量约 0.01 m^3/min。

高转速压缩机和高转速离心机,例如带有气体轴承的小型汽轮机和压缩机的转速高达 150 000 r/min。

超声速压缩机,例如 $M \geqslant 2$ 的超声速轴流压缩机等。

以超高水头抽水蓄能机组流动设计研究为例。目前世界上在运的抽水蓄能电站水头最高纪录是日本葛野川电站最高扬程 782 m(2014 年投运),抽水蓄能机组最大单机容量则为日本神流川电站 482 MW(2005 年投运)。而我国的抽水蓄能电站发展迅速,最高扬程 712 m、单机容量 350 MW 的敦化抽水蓄能电站于 2021 年 6 月开始投运,标志着我国抽水蓄能技术跨上新高度,今后不断朝着更高水头、更大容量、更高转速的方向发展。

与常规水头抽水蓄能相比,超高水头抽水蓄能电站的引水流道过长,机组的比转速偏小,水轮机流道相对狭窄,在部分负荷及过渡工况下运行时无叶区压力脉动成为影响抽水蓄能电站运行稳定性的重要原因。

借鉴长短叶片转轮在混流式水轮机设计中的实践经验,抽水蓄能机组采用长短叶片转轮可使部分负荷工况下转轮内部二次流得到有效抑制,可提高部分负荷工况下机组的效率,降低水压脉动。图 7.30 所示为神流川抽水蓄能电站机组在水轮机额定水头工况运行时尾水管内测量的水压脉动(图中,ΔH 指绝对压力脉动,$\Delta H/H$ 指相对压力脉动),结果表明机组由于采用长短叶片转轮(5 个长叶片,5 个短叶片),在 20%~60% 负荷下压力脉动远低于采用 7 个长叶片叶轮的葛野川电站机组内的压力脉动。

长短叶片转轮同样有助于改善泵工况下抽水蓄能机组无叶区的压力脉动,而且从图 7.31 所示的结果看,增大长短叶片转轮的叶片数(如长短叶片分别从 5 片增加至 6 片)还可进一步降低无叶区压力脉动。由理论分析可知,一方面在泵工况运行时采用长短叶片的转轮可减小叶片出口速度滑移,在保证一定扬程的前提下减小圆盘摩擦损失,从而弥补长短叶片转轮因叶片数过多引起的额外摩擦损失;另一方面,由于短叶片都位于转轮外

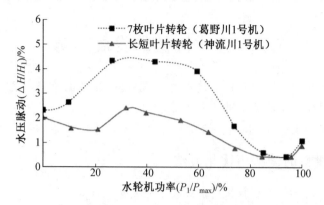

图 7.30　水轮机工况下尾水管内水压脉动

缘,采用长短叶片可以减轻叶片进口对流动的堵塞,从而提升泵工况下机组的空化性能。实践证明,抽水蓄能机组采用长短叶片转轮可提高机组在部分负荷工况下的运行效率与稳定性。

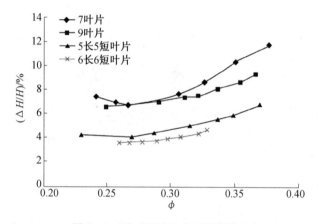

图 7.31　泵工况下无叶区压力脉动

　　我国在建或规划的抽水蓄能电站单级水头接近 800 m,单机容量达到 400 MW,机组转速达到 600 r/min 的高参数项目很多,不断刷新国内抽水蓄能的纪录并逼近世界纪录。为了更好地发挥抽水蓄能在实现中国能源战略转型中的巨大作用,必须结合流体机械的流动模拟、流场诊断、精准测试、智能优化等方面的先进技术,不断提升抽水蓄能机组流动设计中参数匹配的精度与效率,研究适合于高效率、高稳定性、高安全性超高水头抽水蓄能机组的流动设计方法。

　　流体机械优化也取得了显著进展。一方面,精细化流动模拟与流场诊断技术为流体机械设计优化提供了科学依据,从而提高了改型优化的准确性。另一方面,优化方法本身得到极大发展,常用方法包括遗传算法、蚁群算法、粒子群算法、模拟退火算法、神经网络算法和专家系统算法,而各种算法也有不同的改进形式,对设计问题的适应性与优化效果均有所改善。基于一定的优化算法,可有针对性地创建自动高效、适用性强的多目标优化设计系统,为流体机械产品设计优化提供定制化工具。图 7.32 列举了一种通用的流体机械多目标优化流程,集成了实验设计(design of experiment,DOE)、三维反问题设计、数值计算、近似模型、改进的二代遗传算法（NSGA－II）等，并通过多属性目标决策方法（TOPSIS）来确定最终的优化方案。

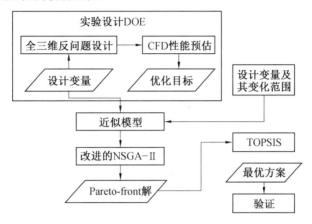

图 7.32　流体机械多目标优化框架

近年来智能优化方法已逐渐应用于流体机械设计优化。图 7.33 所示为基于机器学习的优化问题求解基本框架，与其他随机搜索类优化算法相比，基于机器学习的优化算法最大的特点是采用确定性规则来指导搜索方向。即在每一步的迭代计算中，算法能够在更有可能存在最优值的区间内选取密集采样点进行计算，而对于一些不值得关注的区域进行稀疏采样，通过动态地选取采样点进行计算，从而减少计算量，加速收敛。

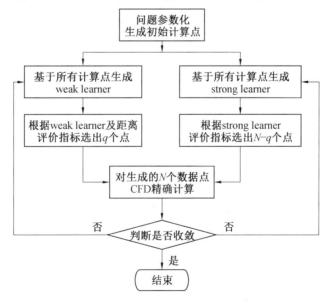

图 7.33　基于机器学习的优化问题求解基本框架

基于上述机器学习优化框架，以不降低升力系数为前提、最大化升阻比为优化目标针对轴流式叶片 NACA0012 翼型进行优化。与多岛遗传算法的优化结果比较，机器学习优化后翼型升力系数增大 13%、阻力系数降低约 8%、升阻比增大 25.5%。因此，智能优化方法不仅可以大幅度加快优化效率，而且能够有效提升优化质量，在流体机械设计优化中将发挥越来越重要的作用。

7.2.2　流体流动规律的研究与应用

以高端风机关键技术研究为例。风机不仅广泛应用在工农业生产,人们日常生活中频繁接触的吸尘器、抽油烟机、风扇与空调等家用电器中风机也是必不可少的。随着现代社会生活水平不断提高,要求风机产品不断朝高效率、低噪声、微振动等高端化方向发展。

现代计算技术促进了流体机械技术快速发展,基于CFD的内部流动模拟与流场诊断分析为风机高效气动设计提供了极其重要的参考依据:一方面使风机产品气动性能优化有据可循;另一方面使得针对应用场景的风机个性化设计成为可能。基于常规风机设计,改变叶片子午面型线、采用变厚度翼型叶片、调整叶片基叠规律等都可以达到更好气动性能;基于内部流动特性,控制风机流场中的分离流动与大尺度旋涡不仅可使风机性能达到最佳状态,同时使得振动、噪声等运行特性得以大幅改善。目前控制风机叶道内三维分离流动的方法包括长短叶片、弯扭掠叶片、端弯叶片、缝隙叶片、旋涡发生器等被动控制方法,以及前缘分离控制、附面层抽吸、缝隙射流、零质量射流等主动控制方法。实践证明,根据风机流动特征采取合理的流动控制可明显改善风机效率。此外,蜗壳与叶轮的匹配设计、集流器形状优化等均有益于进一步提升风机的气动性能。

低噪声是现代风机的必要特性。除了内部流场诊断分析,气动声学设计是风机噪声控制的重要技术途径。通过非定常流动模拟与计算气动噪声分析有机结合,可以较准确预测风机运行噪声,为降噪设计指明改进方向。常用的降噪措施如仿生叶片、仿生锯齿尾缘、叶片非均匀调制、弧形蜗舌结构等都可能在一定程度上降低风机噪声。在船舶等特殊应用环境下,采用磁悬浮轴承或空气动压轴承可有效降低风机噪声与振动。

7.2.3　流体机械控制技术的发展

为使流体机械安全运行、调控到最佳运行工况或按产品生产过程需要改变运行工况等,均需要不断完善控制系统。

为了进一步说明流体机械与管理系统匹配的必要性,图7.34(a)(b)分别表示流体机械与管路系统不匹配、加大安全系数设计流体机械引起的不匹配导致的危害性。图7.34(a)中,由于系统的实际阻力曲线计算不准确,即使在系统设计时将工作流量确定在Q_d,但流体机械的实际运行点为系统实际阻力曲线与设备性能曲线的交点Q_o,导致流体机械在偏大流量工况运行,不仅运行效率低,而且可能由于发生空化而引起系统的不稳定甚至断流、共振等严重事故。

图7.34(b)中,如果按照系统需要的扬程设计的泵,其应工作在Q_d,此时流体机械运行在最高效率,设备的运行状态良好,系统最节能。而采用加大扬程ΔH设计泵时,使得泵的比转速下降、最高效率有所降低;而采用加大扬程泵时实际运行点向大流量侧偏移,泵性能曲线与系统阻力曲线的交点所对应的流量为Q_o,实际扬程为H_o。

因此,准确计算流体机械性能与管路系统的阻力特性,实现流体机械与系统的良好匹配非常重要。而且当系统中有多台机械时,通过变频调节及系统优化使得每一台设备均运行在最优工况附近,不仅可以节约大量能源,而且可使流体机械设备及系统始终运行在

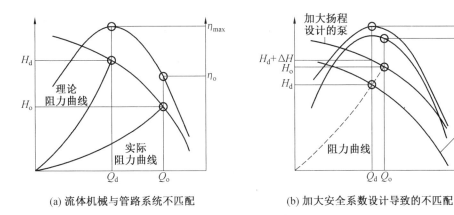

(a) 流体机械与管路系统不匹配　　　　(b) 加大安全系数设计导致的不匹配

图 7.34　流体机械与管路系统不匹配及原因

良好状态,在保证高效生产的前提下延长设备寿命。在生产实践中,采用先进的流体测量仪器,以压力、流量、轴功率等参数为调节对象基于主动控制能实现流体机械失稳抑制,适应多工况、变工况、长周期运行条件下的复杂流体机械管路系统匹配优化与智能化调控,全面提升流体机械系统的运行水平。此外,采用工业互联网与大数据分析实施流体机械及其管路系统全生命周期管理和智能化调控已经实用化并正在逐步推广,也是未来流体机械技术的研究热点。

7.2.4　流体机械的故障诊断

为使流体机械安全运行,变定期停机大修为预防性维修,采用在线监测实时故障诊断系统,遇到紧急情况及时报警、监控或联锁停机。目前故障诊断系统正向人工智能专家诊断系统和神经网络诊断系统方向发展。

以水轮机状态监测及故障诊断技术为例。水轮机状态监测及故障诊断技术已经在我国大中型水电站得到普遍应用,通过测试或在线监测机组性能、水压脉动与典型部位振动等状态数据,对水电机组可能发生或已发生的各类故障进行预测或判断,预防、避免重大设备事故。随着我国早期水电站的水轮机及其辅机逐渐老化,现有运行状态差别较大,也需要借助相关技术对水电机组关键部件及周边设施进行细致的状态监测,基于数据挖掘与检修期间必要的测试数据建立水电机组与辅助设备的寿命预测与延寿运行的智能化管理系统,为水电企业安全生产与节支增收提供技术保障。总之,状态监测及故障诊断技术在过去 20 年推广迅速,目前已经在化工行业的泵与风机系统、大型排灌泵站、长距离输水泵站等场合应用,并取得重大社会与经济效益。

基于状态监测及故障诊断技术,结合第五代通信技术与物联网技术,开发适合于水电站与泵站安全、高效生产的智慧系统已经迫在眉睫。图 7.35 所示为一种智能化流域系统方案。在充分考虑防洪、气象、电力系统等约束条件的基础上,兼顾其他非约束性条件,通过状态监测体系即时获取流体机械设备、电力系统状态、上下游水文等参数,采用智能决策系统生成实时优化方案,经由自动控制系统实现流域电站群与机组的最优化运行。智慧化流域系统涵盖了空天地一体化监测的雨情、水情信息,电站枢纽、水电机组等各类参数的海量数据,涉及电网、水利、气象等多部门,需要进行流域梯级电站群的联合调度以及电站多机组的调节与控制,通过智能模型进行优化来确定流域电站群的安全运行。

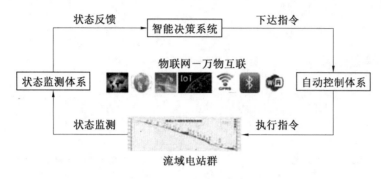

图 7.35　智慧化流域系统

7.3　适应未来能源系统特征的先进流体机械

为大力发展风电、光伏、海洋能等可再生能源,并保证高比例可再生能源发电格局下电力系统的安全可靠性、环境友好性、适用经济性和可持续发展能力,进而实现我国能源结构转型,以及 2030 年“碳达峰”和 2060 年“碳中和”的战略目标,必须持续发展具备快速与大容量调节能力的水电与抽水蓄能。由于流体机械兼具电力生产与能源使用的双重作用,亟须研究适应未来能源系统特征的先进流体机械技术。

在我国,水轮机作为能量转换设备每年生产的绿色洁净水电超过全社会电力总量的 16%,2020 年底水电装机总量已达 370.2 GW,水电在国家能源供给中的占比将越来越大;而泵与风机作为量大面广的通用设备,每年消耗约三成全社会电力总量,还需通过技术创新来实现节能降耗。

流体机械种类繁多,且应用极其广泛,在实际工程中存在设备效率低、运行不稳定、与系统不匹配等问题。近年来,随着电网中风电、光伏等新能源发电量急剧增加,作为电网调节器的水轮机与抽水蓄能机组需要频繁进行工况转换,尤其在偏工况下易出现不稳定现象,导致机组与厂房异常振动,威胁电站安全生产。同时由于我国水资源分布非常不均衡,长距离大流量调水工程和大型城市短时间高强度排水都需要研发效率高、运行稳定性好的大型水泵。这些都是流体机械研究必须面临的严峻挑战。此外,流体机械技术在国民经济关键行业还有许多应用,如航天涡轮泵与航空柱塞泵、作为高速舰船动力的喷水推进泵、超大容量数据存储设备或质子交换膜燃料电池堆的液体冷却泵、临床医疗中使用的人工心脏等。因此,在今后社会发展中,先进流体机械技术将发挥越来越重要的作用。

7.3.1　生态友好的高效安全水力发电技术

我国水轮机技术起步较晚,但最近 20 多年来通过引进与吸收国外技术,以及自主创新而发展迅速,不仅水电装机总量与年发电量跃居世界首位,而且在超大容量、超大尺寸水轮机机组研制方面屡创世界第一,如 2020 年 4 月投产的大藤峡水利枢纽工程首台

200 MW轴流转桨式水轮机、2021 年 6 月投产运行的白鹤滩水电站 1 000 MW 混流式水轮机分别为世界现有最大单机容量的轴流式与混流式水轮机,标志着中国水轮机技术步入国际领先行列。

目前我国水电资源开发率接近 40%,未来水电建设将面临开发难度大、制约因素多、经济性劣化、电站与电力系统须高度协调等难题。这就对未来水轮机技术提出了更苛刻的要求:为提高水电站建设和运行的经济性,水轮机和水泵水轮机朝着巨型化方向发展,如单机容量 500 MW 以上的高水头混流式水轮机、500～700 MW 超高水头冲击式水轮机等;为满足电网调节能力,水轮机设计须保证在超宽工况或全工况下的稳定性;为提升运行效率与可靠性,须使水轮机在设计工况与超宽工况下运行时均达到效率保证值,且空化与泥沙磨损得到精细、有效控制。

针对上述挑战,主要需开展两方面工作:

一是应用基础研究。发展良好普适性的多相流模拟模型,解决水轮机内部空化流动与含沙水流动分析能力不足的问题,并为工程中泥沙磨损防治提供技术依据;发展适应大 Reynolds 数范围的动态湍流模型,改善巨型水轮机(含间隙)全流道流动计算的精度;开发大规模并行计算方法,提升巨型水轮机(流－固－电－磁－热)多物理场耦合分析的效率;基于开源软件积极研发具有自主知识产权的流动分析软件,防范因国际环境变化带来的潜在技术风险等。上述研究可为巨型水轮机技术及大型抽水蓄能技术的工程研发奠定基础。

二是工程技术研发。亟须开发能快速响应多目标设计需求的水轮机设计工具软件,大幅提高工程设计的效率;研究水轮机模型试验与真机现场测试的高可靠性检验技术,以及模型与真机流动参数高精度换算方法,为实现水轮机安全稳定调节与运行提供科学依据;构建宽工况稳定运行的水轮机模型与模型库,提升巨型水轮机流动设计水平;研发超高水头混流式水轮机与多喷嘴冲击式水轮机的优秀水力模型,为我国水能资源高效利用及水电项目建设提供有力支撑。

1. 水轮机尾水管涡带与低频压力脉动的抑制

混流式水轮机运行在偏负荷工况时,尾水管中常发生螺旋形涡带,以及由涡带诱导的低频压力脉动。实践表明,涡带是水轮机主要的不稳定源之一,不仅关系到运行稳定性,而且直接影响机组的水力性能。尤其当水轮机出现空化时,涡带尺度增大,压力脉动更强烈,由此危害水轮机及水电站的安全性。因而,研究有效抑制水轮机尾水管涡带与压力脉动的设计与控制方法具有重要意义。

目前针对尾水管涡带主要有三类抑制方法:

(1)转轮优化设计。

由流场分析可知,形成涡带的旋涡运动类似于绕流体的脱体涡,是从转轮上冠附近进入到尾水管的。所以,通过优化转轮设计可以改变偏工况下转轮内的流动,从而改善进入尾水管流动的均匀性。

抑制涡带强度的工程措施包括采用长短叶片转轮或负倾角翼型转轮,优化转轮叶片出口处的环量分布,修改转轮上冠与泄水锥的几何形状,以及在泄水锥上布置抑涡槽等。

（2）尾水管抑涡设计。

为了减弱螺旋形涡带的旋涡运动对压力脉动的影响，可在尾水管壁面增设多种形式的抑涡结构。图 7.36 所示为一种设置在尾水管直锥段上的凹槽结构，与通常的光滑壁面相比可减小涡带尺寸并将空化涡带限制在转轮泄水锥下游，均衡尾水管横截面上的压力分布，进而抑制低频压力脉动。

J-Groove

　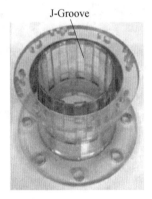

图 7.36　尾水管直锥段的结构

（3）主动控制方法。

采用凹槽壁面、在壁面加鳍等抑涡结构抑制螺旋形涡带的方法均属于被动控制方法，而针对涡带的主动控制方法主要是补气与补水，即向尾水管内补充具有一定压力的流体来抑制涡带运动的控制方法。因为偏工况下尾水管内流场特征在于泄水锥下方存在较大范围的逆流区，而螺旋形涡带总是环绕该逆流区运动，所以无论补气还是补水，其控制机理都是减小甚至消除尾水管中的逆流范围，改变流场中的压力分布进而抑制涡带诱发的压力脉动。

此外，还可以结合主动与被动控制方法来抑制尾水管涡带。如经由鳍结构向尾水管补气，可以在一定程度上改善加鳍抑制压力脉动的效果。

2. 生态友好水轮机的相关研究

水电资源的开发利用应当与环境、生态协调，与社会发展同步。2015 年拟建的"小南海电站"项目被叫停事件是水电建设史上的一个重要里程碑，标志着我国能源开发必须严格符合国家上层规划与自然资源保护的要求。所以，作为电站核心的水电机组具有生态友好特性就成为未来水电技术发展的必然要求。

目前国际上主要通过水电站的鱼类存活率作为评价水电项目生态友好性的重要指标，并以此为目标开展了一些工作，重点研究方向包括鱼类过机伤害的机理与评价模型、鱼类友好的水轮机设计等方面。而作为相对基础的研究，鱼在水轮机内的运动轨迹，以及鱼过机过程中的流场不仅关系到致鱼伤害的机理研究，而且可以为鱼类友好水轮机的设计与运行提供科学依据。美国太平洋西北国家实验室曾采取"传感器鱼"的方式通过模型实验模拟、测试鱼的过机运动轨迹与相应的压力和运动学参数（线速度、线加速度、旋转速度等），实验结果表明鱼在通过水轮机流道时易与转轮、固定导叶和活动导叶碰撞，且最高效率工况时传感器鱼与转轮发生碰撞的概率约为最大与最小导叶开度时的一半。但传感器鱼为一个简化的刚性圆柱体,与真实鱼的流线型、具有一定柔性的鱼体非常不同;另一方面传感器鱼只能定性分析鱼类在通过水力机械流道时受到损伤的大致区域。因而,通过数值计算方法模拟鱼体过机行为就非常有助于分析鱼类在通过水力机械流道时受到伤害的机理,以及基于鱼体运动过程的水轮机流道设计优化等研究。

水轮机中鱼体的运动是典型的流固耦合求解问题,所以鱼体的运动模拟主要应考虑鱼体与流场之间的强耦合关系。已有研究均基于一定假设开展鱼体运动求解,如忽略鱼体质量和体积对流场的影响,认为流线即为鱼体运动轨迹的流体示踪粒子法,忽略鱼体体积对流场的影响,假设颗粒的迹线即为鱼体运动轨迹的 Lagrange 颗粒法,考虑鱼体质量和体积的影响,用系列离散元复合颗粒描述鱼体的离散元复合颗粒法等。这些常规方法中,离散元复合颗粒法可较好地反映鱼体在流场中的运动,但忽略了鱼体与流场之间的真实耦合效应,存在明显的技术缺陷。最近出现了将沉浸边界法与流固耦合技术相结合开展鱼体过机运动行为模拟的尝试,不仅考虑了鱼体积与质量的影响,而且真实反映了鱼体与流场之间的相互作用,可以更好地体现鱼体在流体机械内的复杂运动,捕捉鱼体与叶片发生碰撞时的运动突变,以及鱼体周围流场参数变化。图 7.37 表示 3 个瞬时鱼在轴流式叶轮叶片进口附近的运动。图中,主流方向自左向右。由图可见在 $t=0.148T$ 时刻鱼体尾部与叶片进口相撞,而受到撞击后鱼的运动方向急剧改变研究结果还揭示了当鱼体与转轮(或叶轮)叶片、导叶碰撞时,易引起撞击、压力与剪切 3 种损伤的联合作用,强化鱼过机时所受的伤害,从而导致鱼类存活率下降。

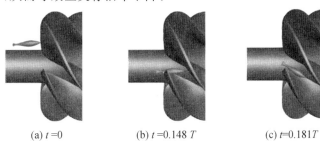

　　　(a) $t=0$　　　　　　　(b) $t=0.148T$　　　　　　　(c) $t=0.181T$

图 7.37　鱼在轴流式叶轮进口的运动

根据鱼体在流体机械流道中的真实运动轨迹,不仅可以准确评估鱼的过机存活率,而且可提出针对性很强的水力设计优化措施。此外,由于流体机械运行工况影响鱼在流道中的运动,进而影响鱼过机的损伤程度,因此通过数值计算精细模拟鱼体运动,可以提出更加合理的水轮机运行措施,进一步提升水轮机的鱼类友好性。

7.3.2　安全稳定的抽水蓄能技术

为了满足未来电力系统的迫切需求,进一步增强我国电网的柔性,新一代抽水蓄能技术将主要针对能源系统大范围负荷波动带来的挑战,研究抽水蓄能机组在频繁转换运行工况以及不同工作模式下的精准适应能力。

1. 抽水蓄能机组泵工况不稳定流动机理研究

现代抽水蓄能技术可以在发电与抽水双工况下均达到 90% 以上的能量转换效率,具备良好的经济性指标。然而随着抽水蓄能技术朝着大容量、超高水头方向发展,流动不稳定性造成的机组安全问题成为阻碍国际上抽水蓄能技术发展的巨大障碍。抽水蓄能机组的"S"特性、泵工况偏低负荷运行时的驼峰特性都属于不稳定现象,可造成高幅值的水压脉动与强烈的结构振动,严重危害抽水蓄能机组与电站的运行安全。因此,发展新一代抽水蓄能技术的关键就在于突破现有抽水蓄能技术的局限性,揭示抽水蓄能机组泵工况下的不稳定流动机理,并提出相应的控制策略。

抽水蓄能机组泵工况下流动不稳定性与流动部件的动静干涉现象紧密相关,无论是发生在导叶中旋转失速单元的传播频率,还是在无叶区、导叶中监测的压力脉动频率均与转轮的转动频率有关。由于泵工况下机组内部流动大多受到逆压梯度影响,一般在转轮出口处存在非均匀发展的流动。

从目前获得的认知看,在转轮中出现的不均匀流动都会在无叶区发展,进而在导叶作用下成为影响抽水蓄能机组运行安全性的不稳定流动。如图 7.38 所示,转轮中轻微的分离流动经无叶区后在活动导叶进口形成周期性的冲角变化。随着运行流量从该开度下最优效率点至偏负荷工况点逐渐减小,最大冲角从约 6°增大到 22°,使得导叶内流动分离严重,在导叶中沿周向形成 3 个明显的旋转失速单元,这种不稳定流动在机组内部演化而导致大变幅的压力脉动。

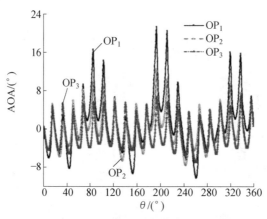

图 7.38　活动导叶进口前的流动冲角

因此,控制转轮中的分离流动,使之在叶片出口保持较好的均匀性必定有利于抑制抽水蓄能机组中的不稳定流动。为了指导工程实践,有必要确定一个临界值来表征转轮内的流动状态。当实际流动的表征值超过临界值时,机组内部不稳定流动充分发展,造成影响安全运行的强烈压力脉动;而当实际流动的表征值低于临界值时,机组内部不稳定流动发展缓慢,对安全运行影响较小。然而,采取哪种物理量来表征转轮中的实际流动状态,临界值的取值等问题都有待进一步探究。

此外,基于缓解转轮与导叶之间动静干涉效应、打破由于动静干涉效应造成无叶区流动在时间和空间上的分布关系,已经提出了一系列工程措施,如倾斜转轮叶片、采用非同步或异形导叶,以及加大导叶分布圆直径与转轮高压侧直径之比等。从实际效果分析,通过转轮设计优化来保证流动均匀性是控制抽水蓄能机组不稳定流动的最有效途径。

2. 变速抽水蓄能技术研究

由于额定转速下流体机械稳定运行区域有限,为了使抽水蓄能电站的响应更快,运行更灵活,调节范围更宽,机组从单一额定转速运行向无级变速运行势在必行。与常规的定速抽水蓄能机组相比,变速抽水蓄能发电系统可在更大的出力范围内按水轮机模式发电运行,也能在一定程度上调节泵模式运行时的轴功率。此外,当电力系统发生较大波动时,变速抽水蓄能发电系统可通过即刻改变转速,释放或吸收转子的旋转能量而有效调节电网的有功功率,克服了定速抽水蓄能机组只能增减无功来抑制电压变动的缺陷。图 7.39 所示为变速抽水蓄能机组运行流量与扬程的调节范围。在局部不稳定的驼峰限制线与系统不稳定的空化限制线之间,定速机组的稳定运行工况仅局限在沿额定转速 n_d 所对应曲线上流量自 Q_dmin 至 Q_dmax、扬程自 H_dmin 至 H_dmax 的一段,功率调节范围很窄;而变速机组则可在最大转速 n_max 与最小转速 n_mim 之间的宽广区域稳定运行,扬程可在 H_mim 至 H_max 之间变化,流量变幅亦相应扩大,机组运行输入功率的范围大幅拓宽。因此,变速抽水蓄能技术在平抑电力系统不稳定性方面具有巨大的优越性。尤其在我国开展变速抽水蓄能关键技术研究意义重大。

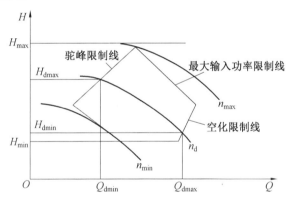

图 7.39　变速机组运行参数的调节范围

3. 抽水蓄能技术的创新应用研究

鉴于未来电网中大量间歇性电源输入带来的巨大影响,我国须大力发展安全、可靠的超大容量储能技术。与目前的机械储能(如飞轮、压缩空气)、电化学储能(如锂电池、液流电池)、电磁储能(如超级电容器、超导电感)、氢能储能等方式相比,抽水蓄能无论在容量还是安全性方面均具有不可比拟的巨大优势,也是世界上最成熟的储能技术。2021 年 9 月国家能源局发布了“抽水蓄能中长期发展规划(2021—2035 年)”,提出“因地制宜开展中小蓄能建设”和“探索推进水电梯级融合改造”,提倡依托常规水电站增建混合式抽水蓄能。这充分反映了我国能源领域的迫切需求,也为未来能源系统发展指明了方向。

基于常规水电站的抽水蓄能除了要求电力系统、流域梯级电站群具备快速、精准的联合调控能力之外,对水电机组本身也提出了新的要求。针对水电站蓄能要求,一般可采取两种方式进行改造:

(1)对于改造条件较好的常规水电站,可通过研制先进的抽水蓄能机组来替换原有的常规水轮机组。这种方式尤其适用于已运行较长时期的水电站,不仅可将电站原有的纯发电功能转变为抽水蓄能电站功能,而且还能提升发电效率。

(2)对于改造比较困难的常规水电站,可以在电站坝址附近建设新的蓄能泵站,来实现电站的抽水蓄能功能。这种方式相当于抽水蓄能中的两机式技术,只是电站增加了新的厂房。由于近期我国大型蓄能泵技术渐趋成熟,因此改造后电站的技术水平与运行经济性均应有所提升。

我国大型水电站通常都有库容很大的水库,电站调节能力很强。对于这类大型电站进行改造,可以迅速扩充我国抽水蓄能能力,对实现国家“双碳”目标具有重大意义。

7.3.3　绿色环保的泵、风机与风力机技术

随着计算机技术与通信技术的不断进步,流体机械技术将迎来快速发展,使得流体机械在设计、制造及应用各个层面发生巨大变化。

泵在社会发展中发挥着极其重要的作用,其中超大型泵及微小型泵是未来技术发展的主要方向。

超大型泵是我国大型调水工程中的关键设备,这些泵的单机功率通常超过 1 MW,如南水北调东线一期工程淮阴三站贯流泵设计流量达 33.33 m³/s、扬程 4.28 m、电机功率 2.2 MW,中线一期工程惠南庄泵站离心泵设计流量 10 m³/s、扬程 58.2 m、电机功率 7.3 MW。牛栏江—滇池补水工程离心泵设计流量 7.67 m³/s、最大扬程达 233.3 m、电机功率 22.5 MW,被称为“亚洲第一泵”。此外,核电站海水循环泵、大型灌溉与城市排涝泵、天然气净化系统用大流量高扬程泵等均属于超大型泵,是社会生产与人民生活中不可或缺的重要装备。近年来,为保障大型城市群的生活用水、应对极端天气的洪水排涝,超大型泵的需求量稳健增长。为了保证超大型泵运行的安全性与稳定性,亟须研究宽工况高效水力设计、轴向力自动平衡与匹配、基于转子动力学的轴承设计等方面先进技术。

另一方面,输入功率 100 W 及以下的微小型泵在临床医疗、制药与精细化工、数据存储系统热管理等工程场合具有重要应用,尤其在航天领域中承担着推进剂精确输送、空间站热控制等作用。这些特殊应用不仅要求微小型泵应质量轻、体积小、结构紧凑,而且具有高效、无泄漏、低噪声、高稳定性等特点。

截至 2020 年,世界风电装机已达 743 GW。全世界在 2020 年新增风电装机容量 93 GW,其中陆上风电 86.9 GW,海上风电 6.1 GW,而且海上风电的年投资首次超过了海洋油气开发的投资,这标志着风电将迎来高速发展期。我国要实现电力系统中风电容量的快速增长,风电机组大型化是必由之路。目前已投产的大型风力机包括金风科技的 8 MW 风力机、西门子的 8 MW 海上风力机、维斯塔斯的 9.5 MW 海上风力机等。丹麦技术大学已研发 10 MW 风电样机,欧盟 Upwind 项目对 20 MW 风力机进行了可行性分析,因而 10 MW 级风电机组投入商业运行指日可待。由于陆上风电资源所限,未来风电建设的主战场将逐步转移至海上,具有更好商业价值的 10 MW 级大型风力发电技术必定成为主流发展方向。

10 MW 级大型风力机叶片直径大、柔性也大,额定风速运行时叶尖速度高,在高强度的气动载荷、离心载荷和重力载荷作用下产生较大的变形与扭转,叶片的模态与振型也会发生变化。研究表明,5 MW 风力机叶片最大变形量约 1 m,且 3 个叶片的最大变形相差

约 0.15 m。叶片的变形和扭转降低了风力机的输出功率,且显著影响叶片的振动与载荷分布。因此,10 MW 级大型风电技术的第一道难关在于如何克服叶片大变形对风力机气动设计带来的影响。此外,为了提高风力机的运行可靠性、延长叶片的使用寿命,可以根据叶片所受的载荷设计自适应叶片,通过弯扭耦合效应自动调整叶片形态,控制大型风力机叶片气动载荷及摆振幅值。所以充分考虑大变形效应,是实现大型风力机叶片精细化设计优化,进而研发我国 10 MW 级大型风电设备的前提。对海上风电而言,还必须研究适应海上恶劣运行环境的新技术以应对飓风、巨浪等因素施加于风力机的强冲击作用。这些新技术包括运行稳定的高效发电机、机械传动与变速装置,以及鲁棒性良好的控制系统等。

为了改善 10 MW 级风电机组的运行可靠性,并减轻风电对电网的冲击,储能型风电机组成为一种新的技术方案,具体储能方式包括电池、液压、热储能,以及风光水联合储能等。液压型风力发电机组就是采用液压装置连接风力机与同步发电机,一方面系统中省去了变速箱、逆变器等机构,也通过液压储能解决了风电机组传动系频率与转矩振荡等问题。但采用海水工质与紧凑布置也带来了设备腐蚀、高效冷却等问题。未来尚需进一步研发经济性优良、技术成熟度高的储能型 10 MW 级大型风电机组。

第4篇 机械分析方法与应用

第8章 旋流器节能降阻方法与应用

8.1 旋流器节能降阻方法

在旋流分离器技术的开发和应用中,如何降低其运行成本,自始至终是人们普遍关注且在全球能源日趋紧张的今天显得日益重要的一个课题。在旋流分离器的运行费用中,给旋流分离器泵送物料所需能耗占其主要部分,而用泵给旋流分离器输送单位体积物料的单位能耗主要决定于旋流分离器的进口压力。因此,人们希望在保证满足分离分级要求的前提下,使旋流分离器在尽量小的进口压力条件下获得尽量大的处理能力,这就要求尽量减小旋流分离器单元操作的能量损耗。然而遗憾的是,单元操作能耗较高迄今仍是旋流分离器在实际应用中所面临的主要问题之一。这是由于人们以往把研究精力更多地集中于旋流分离器的分离性能方面的后果。为解决这一课题,本节对旋流分离器的能耗机制和节能原理进行了系统的研究。

旋流分离器是一种将流体从一维管流转变为三维旋转流动,从而在离心力场中实现对物料的分离、分级或分选的设备。旋流分离器内流体的流动结构非常复杂,既存在内旋流和外旋流,又存在盖下短路流和闭环涡流,还存在空气柱。因此,旋流分离器内能量耗损不同于一般的流体流动能量损失,有其复杂性和特殊性。

旋流分离器内的总能量损失在理论上可表示为进口损失(Δh_e)、内部损失(Δh_i)和出口损失(Δh_o)之和,即

$$\Delta H = \Delta h_e + \Delta h_i + \Delta h_o \tag{8.1}$$

所谓进口损失,是流体从进料管进入旋流分离器时,因流道的转向及其截面积的突然扩张所引起的转向损失和涡流损失等局部阻力以及因流体的摩擦、扰动及湍流脉动等造成的能量耗损;内部损失是在旋流分离器内因流体的黏性摩擦、流体转向、湍流脉动及离心压头消耗等产生的能量损失;出口损失是流体排出旋流分离器时因流体动能(速度能)及压力能的流失所引起的无谓的能量损失。这三部分能量损失均可以依靠某些措施使其得到降减。

为了深入认识旋流分离器内的能耗机理,本章将从旋流分离器内压力分布与损失、局部损失、黏滞损失、湍动能耗以及空气柱内和出口能量损失等几方面入手,对旋流分离器内的能量耗损进行深入的理论探讨,并建立旋流分离器单元操作过程中能量耗损的理论

体系。

8.1.1　旋流器内压力损失

旋流分离器的内部能量损失从某种意义上可以用内部压力损失的形式表示,因为旋流分离器的内部能量损失可以表示为进口能量减去出口能量,即

$$\Delta E = E_e - (E_o + E_u) \tag{8.2}$$

式中　ΔE——旋流分离器内部能量损失;

　　　E_e——进口处流体能量,表示为

$$E_e = \frac{p_e}{\rho} + \frac{v_e^2}{2} \tag{8.3}$$

p_e 和 v_e 分别为进口处流体压力和速度;

　　　E_o——溢流出口处流体能量,表示为

$$E_o = \frac{p_o}{\rho} + \frac{v_o^2}{2} \tag{8.4}$$

p_o 和 v_o 分别为进口处流体压力和速度;

　　　E_u——底流出口处流体能量,表示为

$$E_u = \frac{p_u}{\rho} + \frac{v_u^2}{2} \tag{8.5}$$

p_u 和 v_u 分别为底流出口处流体压力与速度。

由于旋流分离器的底流体积流量与溢流体积流量之比通常很小,故式(8.5)中的底流出口能量 E_u 可以近似地忽略不计,这样,将式(8.3)和式(8.4)代入式(8.2),则有 p_u 和 v_u 分别为底流出口处流体压力与速度。

由于旋流分离器的底流体积流量与溢流体积流量之比通常很小,故式(8.2)中的底流出口能量 E_u 可以近似地忽略不计,这样,将式(8.3)和式(8.4)代入式(8.5),则有

$$\Delta E \approx \frac{1}{\rho}(p_e - p_0) + \frac{1}{2}(v_e^2 - v_o^2) \tag{8.6}$$

又由于进口流动面积和溢流口流动面积可近似相等,而底流流量已被忽略不计,则有 $v_e \approx v_o$,于是式(8.6)有

$$\Delta E \approx \frac{1}{\rho}(p_e - p_o) = \frac{1}{\rho}\Delta p \tag{8.7}$$

式中,Δp 被视为旋流分离器的内部压力损失,通常称为压力降。

显然,Δp 可以近似地被视为旋流分离器内部能量损失的直观衡量指标。

如果把旋流器进口处筒体边壁处的压力近似认为等于进口压力 p_e,且忽略筒体边壁处的压力在高度等于溢流管插入深度的轴向位置范围内的轴向变化,那么,在溢流管下端面所在的轴向位置上从边壁($r=R$,R 为旋流器半径)到溢流管处($r=r_0$,r_0 为溢流管内半径)的径向压力差便可近似等于旋流分离器的内部压力损失,即

$$\Delta p = p_e - p_o \approx \frac{\rho}{2}\left[\frac{C^2}{n}\left(\frac{1}{r_o^{2n}} - \frac{1}{R^{2n}}\right) + K^2\left(\frac{1}{r_o^{2m}} - \frac{1}{R^{2m}}\right)\right] \tag{8.8}$$

显然,在流场特征参数 n、C、m 和 K 这四个常数已知的情况下,旋流分离器内部压力

损失则可以很容易地根据 R 和 r_e 的值计算而得。然而遗憾的是 n、C、m 和 K 这四个流场特征参数迄今尚属于经验常数,需经流场测试才能得出。虽然作者曾经做过使这些参数模型化的努力,但这些流场特征参数的模型化尚需做更进一步的系统工作,关键是迄今尚无有关的理论模型。因此,在这四个特征参数高度模型化之前,还很难从理论上准确地给出任意旋流分离器的内部压力分布与损失,目前还只能是对特定的旋流器,借助于其特定的流场特征参数,对其内压力损失进行计算。

8.1.2　旋流器内局部损失

众所周知,局部损失是因为流体的速度分布或运动方向在局部区域急剧变化而导致的比较集中的能量损失,它包括涡流损失、加速损失、转向损失和撞击损失四种类型。

在旋流分离器进口处,流体从一维直线型运动转变为三维旋转运动,流动方向发生改变;在旋流器内,盖下短路流先沿顶盖径向向中心运动,然后又沿溢流管外壁向下运动;旋转流体先是呈向下运动的外旋流,运动过程中有相当大一部分流体又会转化为向上运动的内旋流;另外,还存在两个闭环涡流的循环流动。流体在这大量的流向改变过程中,需要消耗掉一部分能量,这就是旋流分离器内的流体转向损失。

流体从进料管进入旋流分离器时,由于流道面积的突然扩张,流体速度将有一个降低的过程;而且流体在旋流分离器内的径向向内流动是经历了一个速度升高、压力降低的过程,即升速降压的流动过程。实验证明,实际流体的减速升压或升速减压流动均不可能有 100% 的效率,一定会发生能量的损失。这个由流体的加速、减速过程引起的损失称为加速损失。显然,旋流分离器内的能量损失包含着流体加速损失。

流体在从进口管进入旋流器内时,其过流截面突然扩张,由于惯性和附面层分离的作用,在进口部位将产生很多旋涡,由于主流的黏性作用,将带动旋涡区内的流体旋转并进行动量交换,从而引起能量损失;而且旋流分离器内特有的两个闭环涡流的循环流动之所以能维持其运动,亦是由于通过动量交换从主流得到了能量供应。这部分能量消耗在涡流与壁面之间和涡流内部的摩擦上,最后变成热损失掉。这就是旋流分离器内的涡流损失。

由于旋流分离器内部结构的特殊性,流体从进口管进入旋流分离器后,总有一部分流体会与旋流器的顶盖、边壁和溢流管外壁发生碰撞。由动量定理可知,这部分流体与固体壁面必然产生力的作用。由于实际的流体并非理想的弹性体,碰撞的结果,就要产生能量损失。因此,旋流分离器内存在流体的碰撞损失。

由上所述,可知旋流分离器内的局部损失相当可观,几乎在旋流分离器内流体的整个流动过程中均存在局部损失。按流体力学的观点,虽然在局部损失产生的地方也存在沿程黏性摩阻损失,但比起局部损失要小得多,可以忽略不计。因此,旋流分离器内的能量损失便可以用其局部损失予以表征。

虽然旋流分离器进口处呈过流截面突然扩张状态,但比管径突然扩大的情况复杂得多,所以很难从理论上计算旋流分离器内的局部损失。目前只能用局部损失的通用计算公式来描述旋流分离器内的局部损失,即

$$h_1 = \xi \frac{v_e^2}{2g} \qquad (8.9)$$

式中　v_e——进口管内流体在旋流器进口处的速度；

　　　ξ——局部损失系数；

　　　g——重力加速度。

如果将 $\Delta p = \rho g h_1$ 代入式(8.9)，则整理得

$$\xi = \frac{\Delta p}{\rho \frac{v_e^2}{2}} = Eu \qquad (8.10)$$

式中　Eu——Euler 准数，它表征流体压力与惯性力之比。

显然，旋流分离器内的局部损失系数等于其进口 Euler 准数。

将式(8.8)代入式(8.10)，则可以得出旋流分离器内局部损失系数的近似计算式

$$\xi \approx \frac{1}{v_e^2} \left[\frac{C^2}{n} \left(\frac{1}{r_o^{2n}} - \frac{1}{R^{2n}} \right) + K^2 \left(\frac{1}{r_o^{2m}} - \frac{1}{R^{2m}} \right) \right] \qquad (8.11)$$

根据旋流器内流体流动的特性可知，旋流器内的涡流损失、加速损失、转向损失和碰撞损失这四种类型的内部损失都必然存在，不可能消除其中任何一种，但采取某些适当措施可使其中一种或几种得到降减。例如，使进料管与旋流器壁之间的相贯过渡避免突变以及使其具有流线型等，均可以减小进口处涡流损失以及"二次流"损失；使流体在进料管内预先定向，可减小流体在旋流器进口处向轴向方向的转向损失；在旋流器进口部位器壁上加设导流筋，亦可以减小进口处的涡流和二次流损失；另外，改变旋流器内流动结构时，可使加速损失得到降减。

8.1.3　旋流器内黏滞损失

1. 黏性摩擦损失

由于实际流体具有黏性，故流体在流动中一定伴随着机械能的损失，它等于流体运动时克服摩擦力所做的功。这部分损失掉的机械能最后变成其他形式的能量。在定常不可压缩流体做管流运动时，可以用伯努利方程求出其黏性摩擦损失，称为沿程阻力损失。虽然旋流分离器内的黏性摩阻损失与局部损失相比可以忽略不计，但由于流体层之间的内摩擦以及流体与旋流分离器壁之间的摩擦实际存在，所以，黏性摩擦损失仍应作为旋流分离器内能量耗损的一个组成部分。

在旋流分离器进出口处列出伯努利方程，有

$$\frac{p_e}{\rho g} + \frac{v_e^2}{2g} = \left(\frac{p_o}{\rho g} + \frac{v_o^2}{2g} \right) + \left(\frac{p_u}{\rho g} + \frac{v_u^2}{2g} \right) + h_1 + h_f \qquad (8.12)$$

式中　h_f——流体黏性摩擦损失。

如果忽略底流出口能量，且 $v_e \approx v_o$，则有

$$\frac{(p_e - p_o)}{\rho g} = \frac{\Delta p}{\rho g} = h_1 + h_f \qquad (8.13)$$

对于不可压缩流体，沿程阻力损失系数亦用能量损失与动能之比的概念来表示。于是，可以整理得出旋流器内的黏性摩擦损失系数为

$$\xi_f = Eu - \xi \tag{8.14}$$

式中　ξ_f——黏性摩擦损失系数。

　　显然,如果忽略黏性摩擦损失,即$\xi_f = 0$,则式(8.14)就变成式(8.10)了。式(8.13)和式(8.14)还表明,旋流分离器内的能量损失实际上由局部损失系数和黏性摩擦损失系数两部分组成。所以,如果根据式(8.10)用实验测定的方法来确定损失系数ξ时,虽然它形式上是局部损失系数,但实际上已包含了黏性摩擦损失系数项。

2. 黏滞耗散

　　实质上,流体具有黏性是流体运动时产生能量损失的根本原因。尽管旋流器内能量耗损的原因很复杂,但不论是局部损失、黏性摩擦损失,还是下节将要叙及的湍动能耗,所有这些能量损失的根源还是在于流体的黏滞耗散。所谓黏滞耗散,即是指黏性流体运动时因变形而消耗的机械能或生成的摩擦热。一般来说,黏性流体能量耗散大都通过如下三种“渠道”:一是边界黏性摩擦损失(通过层流边界层或层流附面层的直接能量耗散);二是流体质团撞击损失;三是由于流线弯曲或由于 Tollmien—Schlichting 波(T—S 波)的发展形成旋涡,通过黏性直接耗散(黏性旋涡),或经过其分解、传递后再通过黏性作用而耗散。

　　在直角坐标系中,流体由于黏滞作用而耗散掉的能量的一般表达式为

$$\mu\Phi = 2\mu\left[\left(\frac{\partial u_x}{\partial x}\right)^2 + \left(\frac{\partial u_y}{\partial y}\right)^2 + \left(\frac{\partial u_z}{\partial z}\right)^2 + \frac{1}{2}\left(\frac{\partial u_y}{\partial x} + \frac{\partial u_x}{\partial y}\right)^2 + \frac{1}{2}\left(\frac{\partial u_z}{\partial y} + \frac{\partial u_y}{\partial z}\right)^2 + \frac{1}{2}\left(\frac{\partial u_x}{\partial z} + \frac{\partial u_z}{\partial x}\right)^2\right] -$$
$$\frac{2}{3}\mu\left(\frac{\partial u_x}{\partial x} + \frac{\partial u_y}{\partial y} + \frac{\partial u_z}{\partial z}\right)^2 \tag{8.15}$$

式中　μ——黏滞系数(或称黏度);

　　　　Φ——耗散函数,它总是正值;

　　　　u_x 和 u_y——流体速度在 x、y 和 z 轴方向上的分量。

　　如果将式(8.15)中的直角坐标系转化为柱坐标系,则可以得出旋流分离器内强制涡(空气柱)内的黏性耗散函数为

$$\Phi = \left(\frac{\mathrm{d}u_z}{\mathrm{d}r}\right) \tag{8.16}$$

式中　u_z——强制涡内流体轴向速度。

　　式(8.16)表明,旋流器强制涡内的黏性耗散仅与黏度和轴向速度有关,而与切向及径向速度无关。因强制涡内的径向速度为零,而沿切向流体质点间不发生相对运动,故不存在黏性损失。于是可依靠控制强制涡内轴向速度沿径向的梯度来达到降减甚至取消旋流器强制涡内的黏滞耗散。

8.1.4　旋流器内湍动能耗

　　大量的试验和生产数据表明,旋流分离器在正常工作状况下,其内的流体呈湍流运动状态。从能量的角度来看,维持湍流所需的能量是从平均运动取出并传递至湍流运动的。由于湍流动能与分子动能之间发生输运,使这些湍能最终耗散成热能。因此,旋流分离器内必然存在湍动能耗。

　　在湍动能耗过程中,有一个非常著名也非常重要的概念,即能量级串。由于非线性相互作用(即 Navier－Stokes 方程中的非线性项 $u \cdot \nabla u$),湍流中存在着尺度之间的逐级能量传递,一般是大尺度涡旋向小尺度涡旋输送能量。

　　在能量级串过程中,第一级大涡的能量来自外界(时均流),大涡失稳后产生第二级的小涡,小涡失稳后又产生更小的涡旋,最后,由于 Reynolds 数非常大,所有可能的尺度的运动模式都被激发,其中最小的尺度由分子黏性和湍流能流密度的大小决定。湍流的这种能量级串是一种混沌现象。

　　由湍流能量级串的概念可知,能量级串和湍能耗散的动力学是由单位时间内(在单位质量上)从大涡端提供给级串的能量所控制的。时均流输送给湍动的能量的比率,由大涡运动所决定;而且只有时均流输送给湍动的这部分能量才能传递给更小的涡旋,最后耗散为热能。因此,尽管湍能的耗散是一种黏性过程,发生在最小的涡旋中,但湍能耗散率却由大涡运动所确定;黏滞性并不决定耗散能量的多少,它只是决定能量耗散在何种尺度下发生:Reynolds 数越高,黏滞性的效应就越弱,耗散能量的旋涡尺度就越小。

　　一般情况下,除紧靠壁面附近外,湍流脉动量的瞬时速度梯度总比平均速度梯度大得多,因而湍能的耗散比平均流的黏性耗散大得多。所以,消除湍能耗散是降减能量损失的最佳方案;但湍流运动是与旋流器的高分离因数(分离因数为离心加速度与重力加速度之比值)这一特性与生俱来的,即湍能耗散在旋流器内是不可避免的。那么,为了降减旋流器内的能量损失,对湍能耗散所能做的只能是想办法使其降到最低。

　　由能量级串过程已知,湍能耗散与湍流涡结构密切相关,于是可以考虑从控制旋流分离器内湍流涡结构着手来实现湍能耗散的降减。

　　湍流之所以被称为经典力学的最后难题之一,其原因在于湍流场通常是一个复杂的非定常非线性动力学系统,流场中充满着各种大小不同的涡结构。整个湍流场的特性都取决于这些涡结构的不断产生、发展和消亡,同时,这些涡结构之间又不断发生着复杂的相互作用。这就使对湍流现象的描述与控制变得十分困难。如果把湍流中的涡结构人为地进行分类,可以分为尺度相对小而紊乱的随机小涡和尺度相对大而相对有规律的相干结构(Coherent Structure,或称拟序结构)两种涡结构。人们推测湍流中的相干结构应该是一种耗散结构,而相干结构的产生过程就是一种自组织过程。

　　耗散结构论是 Prigogine 于 20 世纪 60 年代提出来的,为研究在无规则的运动状态中如何会产生有规则的结构提供了理论手段。一个非线性开放系统,当达到远离平衡态时,可能发生突变,原来的无序状态会转变成一种时间、空间或功能有序的状态。但这种有序状态只有靠不断与外界进行物质和能量交换(即靠耗散能量)才能维持,所以,这种有序结构称为耗散结构,该系统产生的这种组织化称为自组织现象。耗散结构论指出了产生耗散结构的必要条件:首先,这个系统必须是开放系统,虽然系统内本身存在着不可逆过程仍会引起自发熵增,但由于和外界进行物质和能量交换,可以引进一个负熵流,使该开放系统的值下降,使该系统由无序向有序发展;其次,系统内部必须存在非线性的相互作用;另外,该系统必须远离平衡态,并通过系统本身随机涨落来实现由无序到有序的演化。

　　综上所述,旋流分离器内的湍流场完全具备产生耗散结构的必要条件,于是可以用热力学与耗散结构论相结合的观点来描述旋流分离器内湍流相干结构的产生、发展与消亡过程。前面所述的能量级串过程,实质上可以看成是大涡逐渐消亡,即从相干结构变成随机小涡直至耗散成热(分子量级的随机运动)的这一由有序到无序的退化过程。用耗散结构论的观点可以认为,与此同时还存在一个涡的自组织过程,即当 Reynolds 数达到一定值时(远离平衡态),从流动不稳定性、波动的增长到旋涡卷起以及涡配对等,其结果是平均剪切流场中的分布涡量逐步集中到越来越大的涡结构中去。这种涡结构是靠耗散能量(由平均流场对雷诺应力做功来提供)来维持的,平均流场的动能也逐步被吸收到有组织的涡结构中去,流场变得越来越有组织。前一过程与平均流的功能耗散过程都是熵增的,后一过程是熵减的。后者的熵减由前者的熵增来补偿,于是整个流场仍然是熵增的,即仍然符合热力学第二定律。为了达到降减旋流分离器内湍能耗散的目的,就可以从控制湍流涡结构的形成与消亡这一对过程,以及其发展过程等方面入手。

在控制涡结构以达到湍流减阻的研究方面,人们已取得了许多成果,其中有些优秀成果可以选择性地借鉴到旋流分离器湍能耗散的降减中来。添加高分子物质改变湍流结构以实现减阻的方法,虽然在某些场合很适用,但旋流分离器却不宜采用此法,因为高分子物质的加入必然会污染旋流器的产品,这是不希望发生的。柔顺壁减阻与波纹壁减阻虽然在改变边界层内湍流结构以使湍流摩阻减小方面有较好的效果,但柔顺壁在人工模拟方面还受到很多制约,而波纹壁作旋流分离器内壁也不太现实,因为加工困难。近期在改变湍流结构以达到减阻目的的方法中,有两种十分流行的做法:一是置放大涡破碎器(Largeeddybreak-updevice,LEBU);二是壁面采用流向棱纹面(Riblets)。这两种方法均有可能被用到旋流分离器内来控制湍流涡结构,以降减湍能耗散。设置大涡破碎器来改变湍流结构以达到减阻的目的,这种思想首先由美国 NASA 和伊里诺斯理工学院提出并进行试验,以后引起国际上广泛的研究,开展了多种试验,结果证明这种探索是有成效的。从物理上已经认识到湍流中存在着大涡结构,经过研究认识到,由大涡输运能量与黏性耗散是湍流黏性阻力的主要来源。安置大涡破碎器的作用就是用以改变大涡的结构与运动特性,在旋流分离器内可以设置类似的部件。流向棱纹面也称为边界层内层调制器,其作用在于改变湍流边界层的底部流动结构,从而达到减阻的目的。湍流边界层的三维性导致各种扰动在流向、法向及展向的传播,以及动量和能量在不同方向上的输运,其中展向输运起着不可忽视的作用。在壁面沿流向设置棱纹面,便可达到减少湍流摩阻的目的。棱纹面沿流向设置在壁面上,其几何剖面可分为 V 锯齿形、U 锯齿形、半圆形、矩形槽以及曲面槽等。在旋流分离器内壁表面亦可设置类似棱纹面构件,以达到降减湍动能耗的目的。

8.1.5 旋流器空气柱内和出口能量损失

空气柱是传统旋流分离器内流体流动所固有的特点之一,即所有传统旋流分离器中都存在空气柱。虽然迄今对空气柱的作用有持肯定意见的,也有持否定意见的,但有一点是可以完全肯定的,那就是空气柱内的气流并不直接参与旋流分离器内的分离工作。而空气柱内不仅存在着黏性耗散和湍能耗损,而且其内的气流还携带着流体动能。因此,从降减能耗的角度来看,应该尽量减少甚至取消空气柱内的能量损失(包括气流的流体动能)。东北大学徐继润博士曾在这方面进行了较深入的研究,认为用固体棒占据空气柱的位置可以降减旋流分离器的内部损失。

所谓出口能量损失,即是旋流分离器出口处流体所携带的流体动能和压力能。除某些旋流分离器直接串联(如双涡旋流分离器等)的特例外,旋流分离器一般在单级状态下操作(这里的"单级"指同一台供料设备(泵)上所直接串联的旋流分离器的级数只有一级,即溢流口和底流口不直接串联下一级旋流分离器;当串联为工艺必需时,各级旋流分离器之间分别再设置供料设备(泵)),这里将只考虑这种单级状态下的旋流分离器的情况。于是便可认为随出口流体所流失的动能是一种能量浪费,应该尽量加以降减。旋流分离器出口能量损失降减的极限判据为:旋流分离器内必须保持足够强的离心力场以使其分离作用能达到要求;出口处流体必须能顺畅地排出。

前一判据与流体动能有关,而后一判据则与流体压力能有关。因此,在旋流分离器正常工作时,一定限量的出口能量损失是必不可少的。有研究认为传统结构旋流分离器的出口能量损失占进口总能量的 50% 以上。

从理论上看,旋流分离器出口能量损失降减的主要方法有:在出口管内将流体部分动能转化为压力能,这样既能减少流体动能损失,又能保证流体顺畅排出;减小出口流体顺畅排出所需要的压力水平;降减出口管内的黏性耗散和湍能耗损。

迄今人们已经在第一种方法和第二种方法方面进行了一些尝试和研究。采用第一种方法时,借助渐扩管降速升压的原理,用渐扩管代替传统结构旋流分离器的直圆管形出口管,可以在流体动能部分回收方面取得较好节能效果;在第二种方法方面,在溢流出口设置虹吸装置的负压旋流分离器显示出了较好的节能性能,原因是虹吸装置使旋流分离器中心部位附近的流体即使呈负压也能顺利地排出;而对第三种方法,迄今尚无研究报道,笔者认为在出口管内壁表面设置类似流向棱纹面的构件会降减出口管内的湍能耗损。

8.1.6　旋流器能耗理论体系

对旋流分离器能耗的组成、分布与影响因素等进行系统的概括,可以完整地建立旋流分离器能量耗损的理论体系。图 8.1 给出了传统型普通旋流分离器单元操作过程的能耗体系,图中不仅给出了能量损失的分布与组成,而且给出了每部分能量损失的降减可能性。可以看出,除了进口部位与内部液流区域内流体的黏性摩擦损失以及内部液流对器壁的撞击损失很难进行降减外,旋流分离器内其余能量损失组分均能得到不同程度的降减。

1. 旋流分离器能耗降减原理

经过分析和研究旋流分离器内的湍流流场结构和能量耗损的关系,可以将旋流分离器能量损失得以有效降减的原理总结如下:

(1)进口部位的能量损失降减主要依靠对流体转向损失及涡流损失的控制。

(2)空气柱内湍动能耗、动能损失以及摩擦损失的完全消除,对总能耗降减是有效的。

(3)旋流分离器中心部位附近内旋流区域是能量耗损严重的区域,对其内湍动能耗与加速损失进行有效的控制,可较大幅度地降减旋流器总能量耗损。

(4)旋流分离器内部其他区域内的湍动能耗、摩擦损失、撞击损失及涡流损失等能耗组成部分,对总体能耗的贡献相对较小,居次要地位。

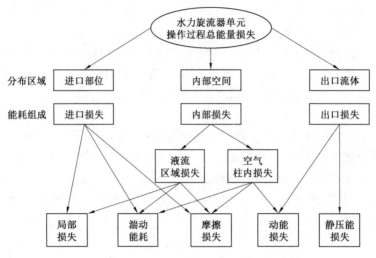

图 8.1　旋流分离器单元操作过程能耗体系

（5）普通旋流分离器出口流体的动能损失在总能量损失中占有较大的分量，应尽量使出口流体动能转化为静压能，使之得到回收利用、减少损失。

（6）减小出口流体排出所需的压力水平，或是想办法使出口流体在附加强制条件下顺畅排出，可以降减出口流体所需携带的静压能损失，从而降减旋流分离器总能量耗损。

2. 能耗降减方法

（1）进口部位损失的降减不能仅看局部效果，而应以降减旋流分离器总能量损失为目标。研究结果表明，切线型圆管作为进料管在所试验的范围内总体节能效果最佳。这种进料管也是最容易加工的一种。

（2）有效取消空气柱的方法有许多种，如中心翅片、中心固体粗棒、中心锥、底流管下端带锥头或水封等，但从总体效果来看，采用中心翅片时节能效果更佳。

（3）在降减溢流管端以下内旋流区域流体湍动能耗与加速损失方面，中心固体粗棒与中心翅片均有效。但相比之下，中心翅片的总体效果要突出得多。

（4）在降减旋流分离器内部其他区域流体损失方面，可采取的有效措施有加长柱段长度、采用螺旋型锥段器壁结构等。

（5）降低出口流体动能损失的措施有：一是采用渐扩管作为溢流管和底流管，使出口流体动能在出口管内部分地转化为静压能；二是采用中心翅片，使出口流体在进入溢流管之前便进行一次动能向静压能转化的过程，两种措施的联合使用能使出口流体动能得到较大程度的回收。

（6）在降低出口流体排出所需压力水平方面，有许多方法均可行，如溢流管和底流管采用渐扩管，溢流管内设中心渐扩段，溢流导管上附加虹吸或真空装置，但从总体节能效果以及装置的简单化方面来看，采用渐扩管代替直管式溢流管和底流管的方法是较佳选择。

3. 优化节能原则

优化节能原则的制定，应该基于对降减能耗和强化分离性能两方面兼顾。如果不考虑分离性能指标,而一味追求能耗的降减,有可能使分离性能不能满足工艺要求,这时能耗降减就没有多大意义;而如果不考虑能耗,只是一味追求高分离性能指标,有可能使运行费用太高,完成分离过程所耗成本太大。这两种情况都是工业生产中所不希望出现的。

8.2　旋流分离设备节能降阻的应用

目前水力旋流器已在众多领域取得了广泛的应用,水力旋流器之所以能得到如此广泛的应用,受到如此普遍的关注,是由于它具有结构简单、占地面积小、设备成本低和处理能力大等许多突出优点。但是,随着现代工业的发展,各行各业对水力旋流器提出了更高的要求,水力旋流器的应用范围也一直在不断扩展,人们对水力旋流器的认识也达到了更高的境界。为了提高常规水力旋流器的性能,多年来人们对水力旋流器的结构及形式进行了许多独特的改进,使水力旋流器的结构形势日趋多样化,甚至出现了一些工作原理与传统旋流器的分离理论模式相差甚远的新型水力旋流器以满足某些特定的分离要求。可以说,在工业技术日新月异的今天,水力旋流器也正在从一种低技术含量的设备转变为具有中高技术意义上的通用分离分级装备。作者通过对旋流分离器溢流管结构改进,达到节能降阻目的。

8.2.1　溢流管开缝对旋流器分离性能影响研究

1. 概述

分离效率和压降是衡量水力旋流器的两个重要性能指标,降低压降可显著降低固液分离能耗,达到节能减排目的。旋流器结构参数主要包括入口结构、柱段结构、溢流管结构、底流管结构以及锥体结构等。其中,溢流管结构是影响水力旋流器压降的重要因素,国内外学者对水力旋流器溢流管长度、直径、插入深度及溢流管结构尺寸进行大量研究。Feng Li 提出了一种厚壁溢流管结构,以增加短路流进入溢流管底端的距离,可将短路流中的颗粒带回溢流管底部的循环流分离区域;刘鸿雁等研究发现薄壁溢流管水力旋流器有利于微细物料中较小颗粒的分离;深入研究旋流器入口与溢流管结构发现,螺旋线进水管、弧形溢流管和抛物面锥组成的新型旋流器,内部旋转流的轴向速度较低,能够延长细颗粒的停留时间,有助于更彻底的分离;采用双溢流管旋流器使旋流器内部流体的切向速度和内部静压力更大,径向速度、轴向速度和湍动能更小,提高分离性能;在带有溢流帽溢流管底部增设锥形凸台结构有效增大旋流器内部切向速度和内旋流轴向速度,增强了离心场强度,可遏制短路流的产生并改善溢流跑粗现象;旋流器结构工艺参数的合理匹配,可提高旋流器分离性能;溢流管直径增大会减小流场最大切向速度,使内部流场压力减小,中心流体扰动作用下降,增加了进入溢流颗粒的密度和粒度上限,不利于旋流器的分选。刘秀林等对旋风分离器排气管开缝,可降低压降,提升分离效率;缝隙式排气管可削弱排气管底部区域的湍流强度,改善短路流现象,有效解决常规排气管内中心回流问题,达到降低能量损失,提高分离效率的目的;适当减小常规排气管直径,有利于提高其内部流场分布的对称性,同时增强了旋风分离器的分离性能;刘鹤等通过 CFD 模拟发现,引起压降损失改变的主要原因是溢流管内部流场分布的变化;减小排气管半径,可使旋风分离器分离效率增加,压降增加。Ghodrat 设计了锥形溢流管和不同直径直管式溢流管,通过数值模拟的比较研究,认为溢流管直径增大会导致分离与分级效率降低;减小溢流管直径,水力旋流器压降迅速增大;Wakizono 通过在溢流管顶端加锥台结构减少短路流区域,发现细颗粒分离效率有所提高,而其对于水力旋流器压降无明显影响。

　　综上所述,目前通过对溢流管结构改进达到降低旋流器压降的相关研究较少,本书设计了一种渐缩开缝型溢流管水力旋流器,可在保持较高分离效率的同时大幅度降低旋流器压降。

2. 渐缩开缝型溢流管结构设计

　　溢流管结构形式对降低旋流器压降起着重要作用,对于圆柱形溢流管,当底流管直径及溢流管内径不变时,底流管与溢流管下端通过液体的面积是固定的,根据 Plitt 旋流器的压降计算公式:

$$\Delta P = \frac{1.88\ Q^{1.78}\exp(0.005\ 5K_i)}{D^{0.37}\ d_i^{0.94}\ h_x^{0.28}\ (d_u^2 + d_0^2)^{0.87}} \tag{8.17}$$

式中　　P——压降,kPa;

　　　　Q——生产能力,L/min;

　　　　K_i——进口料液中固体颗粒的体积浓度,%;

　　　　D——旋流器半径,m;

　　　　d_i——进料管直径,m;

　　　　h_x——溢流口与底流口之间的高度,m;

　　　　d_u——底流口直径,m;

　　　　d_0——常规溢流口直径,m。

　　由公式(8.17)可知,增大溢流管直径,增加了溢流管的过流面积,可减小溢流管内流体流动阻力,降低流体能量损失。

　　但过度增大溢流管直径会降低旋流器分离效率,采用溢流管出口面积不变,缩小底部入口面积的渐缩式溢流管,可减小当量直径,提高旋流器分离效率,渐缩型溢流管当量直径公式如下:

$$d_0 = \sqrt{d_r \cdot d_{ex}} \tag{8.18}$$

式中　　d_r——溢流管顶端直径,m;

　　　　d_{ex}——溢流管底端直径,m。

　　通过在渐缩式溢流管底部进行开缝处理,增加溢流管当量直径,可降低旋流器压降,溢流管开缝当量直径公式和开缝面积公式如下:

$$d_0 = \frac{\sqrt{4A_1/\pi}}{D} \tag{8.19}$$

$$A_1 = N \cdot l \cdot w + \frac{\pi}{4}d_0^2 \tag{8.20}$$

根据 R_e 雷诺数公式:

$$R_e = \frac{\rho_g D V_{in}}{\mu K_A \sqrt{d_r \cdot d_{ex}}}\tag{8.21}$$

式中　ρ——物料密度,$kg \cdot m^{-3}$;

　　　　μ——物料黏度;

　　　　K_A——圆柱段面积/入口面积比;

　　　　V_{in}——进料流速,m/s。

溢流管开缝可降低雷诺数,增加旋流器内流体黏滞力对流场的影响,降低流场中流速的扰动,提高了流场稳定性。

本书将溢流管底部开缝方向设计为:与内旋流流体轴向方向垂直、相反和相同的水平开缝、上倾开缝、下倾开缝三种方案的旋流器,分别定义为 Type Ⅱ、Type Ⅲ、Type Ⅳ,并将常规旋流器定义为 Type Ⅰ。对旋流器溢流管进行渐缩开缝可增大溢流管当量直径 d_0,进而有效降低旋流器压降 ΔP。图 8.2 为常规型水力旋流器结构尺寸示意图,图 8.3 为三种渐缩开缝型旋流器溢流管结构。

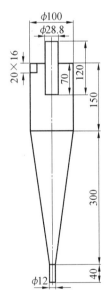

图 8.2　常规型水力旋流器结构尺寸示意图

3. 研究方法

(1)实验方法。

实验装置主要由配料系统、输送系统、旋流分离器和测试仪器仪表组成。为减小实验误差,改进前后的水力旋流器均在相同操作条件下进行实验,并对溢流、底流进行三次取样取平均值,图 8.4 为水力旋流器实验工艺流程图。其中:Type Ⅰ、Type Ⅱ、Type Ⅲ、Type Ⅳ为改进前后溢流管实物图。

实验所用物料为玻璃珠细粉与水混合液,质量浓度为 1%;用激光粒度仪测得其粒径中值 d_{50} 为 41.52 μm,物料的真实密度为 2.6 g/cm^3,粒径分布如图 8.5 所示。入口流量

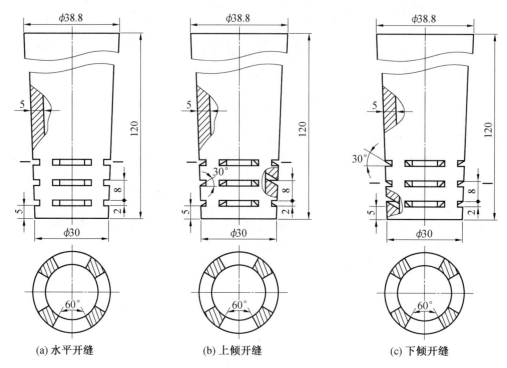

图 8.3　渐缩开缝型旋流器溢流管结构

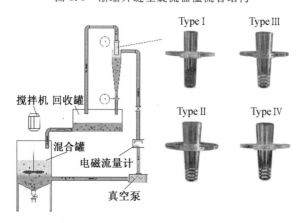

图 8.4　水力旋流器实验工艺流程图

由 780 mL/s 逐渐增至 1 000 mL/s,采用过滤称重法分别对溢流口与底流口取样进行抽滤、干燥和称重,计算出各水力旋流器的分离效率。实验过程中溢流口与底流口流量通过电磁流量计测量(型号:XFE025Y16F1BM1R),进出口压力通过压力表测量(型号:Y—60,测量范围为 0~0.25 MPa)。

(2)数值计算方法。

①计算域。数值模拟研究计算域针对旋流器内部流体的计算域。采用 SolidWorks 软件构建四种型号旋流器三维模型,将绘制的三维模型导入 CFDmesh 中进行网格划分,并选取旋流器不同轴向位置截面进行内部流场分析,图 8.6 为水力旋流器轴向截面位置。

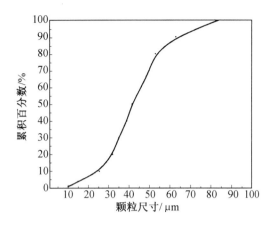

图 8.5　玻璃珠细粉粒径分布图

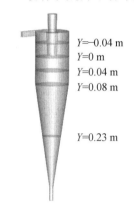

图 8.6　水力旋流器轴向截面位置

②网格划分。四种旋流器流体域的网格模型均采用四面体结构化网格,为更好地反映流体运动情况,网格划分过程中对旋流器切向入口等部位进行网格细化,并开展网格无关性检验,降低网格数量对数值模拟结果产生的干扰。由于四种型号旋流器流体域模型直径及长度相同,以 Type Ⅰ 旋流器为例,将流体域模型划分网格数分别约为 20 万、40 万、60 万、90 万,进行数值模拟。

③数值计算方法和边界条件。运用 ANSYS Fluent 软件对不同型号旋流器开展数值模拟研究。旋流器中流体的湍流模型选择雷诺应力模型(RSM),并采用标准壁面函数,由于雷诺应力模型在流体进行高强度湍流运动时,能够充分考虑流体旋转引起的应力张量弊端和影响,因此选择雷诺应力模型较为合适。多相流模型选用 VOF(VOF Modle)模型,VOF 模型可以得到两种或多种互不相容流体间的交界面,相间界面的追踪是通过求解连续性方程得到的。

旋流器模拟仿真主相为物料混合液,温度为常温,密度为998.2 kg/m³,黏度为 0.001 Pa·s;空气相为第二相,密度为1.293 kg/m³,常温黏度为 0.000 18 Pa·s,旋流器入口流量设为 980 mL/s,溢流口、底流口设置为压力出口,空气回流率设为 1。

本次研究的计算方法初始时采用混合液计算,在计算收敛后转为两相计算,隐式瞬态压力－速度耦合方式为 SIMPLEC。为利于计算的稳定性,压力梯度采用 Green－Gauss Cell Based,压力离散格式采用 PRESTO!,动量离散格式选用 Second Order Upvind,湍动能及湍动能耗散率采用一阶迎风格式,设置收敛残差精度为 1e－5,计算过程中以进出口各相流量均平衡作为计算收敛的判断依据。

（3）数值方法验证。

以旋流器不同位置截面的平均切向速度为检验指标,得出当网格数增加到约为 60 万时,旋流器的平均切向速度值不随网格数的增加而发生变化,图 8.7 为 Type I 水力旋流器网格无关性验证。

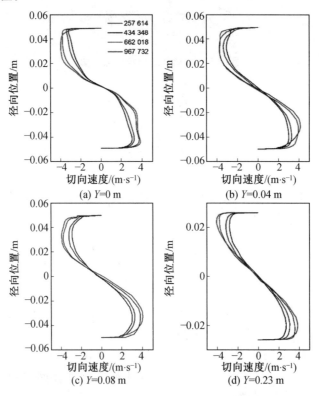

图 8.7　Type I 水力旋流器网格无关性验证

验证 Type I 旋流器数值模拟的可靠性,本书对不同截面切向速度与实验值进行对比,图 8.8 为旋流器在不同截面处切向速度数值模拟结果与实验结果对比情况。数值模拟计算出的切向速度值基本接近于实验值。结果表明本书数值模型可以合理预测水力旋流器分离性能,因此将四种结构网格划分为同一数量级,Type I、Type II、Type III、Type IV 旋流器网格数分别为 623 541 万、644 512 万、656 835 万、638 434 万。

4. 分离效率与压降分析

（1）分离效率分析。

图 8.9 为入口流量由 780 mL/s 增至 1 000 mL/s 过程中,四种型号旋流器入口流量与分离效率关系曲线。旋流器入口流量－效率关系曲线与入口流量正相关。分离效率由

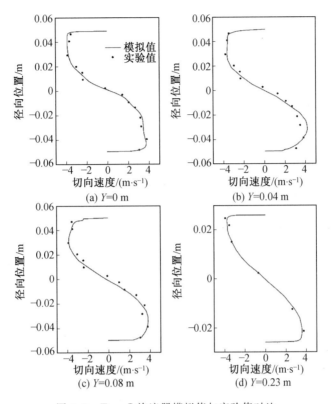

图 8.8　Type I 旋流器模拟值与实验值对比

大到小顺序依次为：Type I 、Type III 、Type II 和 Type IV。其中 Type I 效率曲线入口流量在 960 mL/s 出现拐点，此时分离效率达到最大值为 97.36%；Type II 、Type III 和 Type IV 分离效率曲线在 980 mL/s 出现拐点，此时分离效率达到最大值，分别为：97.28%、97.18%、97.13%。在高入口流量条件下，改进后旋流器分离效率与常规 Type I 旋流器基本趋同。

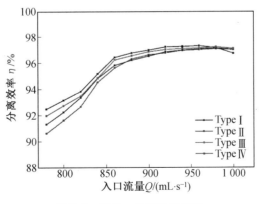

图 8.9　流量－效率关系曲线

Type III 旋流器溢流管开缝方向为上倾开缝，流体进入狭缝时内旋流旋转方向与狭缝开口方向相反，流体间夹带的固体颗粒物进入溢流管狭缝之前必定会急剧变向，导致部分固体颗粒因惯性再次被分离而难以进入狭缝,减少固体颗粒沿溢流管跑粗,降低了溢流管开缝对旋流器分离效率的影响,因此相较于前两种开缝方案,TypeⅢ旋流器分离效率略高。

(2)压降分析。

图 8.10 为入口流量由 780 mL/s 增至 1 000 mL/s 过程中,四种型号旋流器入口流量与压降关系曲线。在入口流量为 980 mL/s 时,改进后旋流器分离效率达到最高,此时 TypeⅠ、TypeⅡ、TypeⅢ 和 TypeⅣ 旋流器压降依次为:48.63 kPa、38.01 kPa、39.43 kPa、32.82 kPa。相较于 TypeⅠ 水力旋流器,压降降低百分比分别为:23.79%、11.65%、26.46%,如图 8.11 所示。改进后旋流器流体流过溢流管的流量增大,使旋流器内的轴向速度降低很多,进而减小了流体在旋流器内部的动能损失,因此可大幅度降低压降。TypeⅣ旋流器溢流管的开缝方向与旋流器内部流体的运动方向基本一致,内旋流较易通过狭缝进入溢流管内部,TypeⅣ旋流器内流体流动阻力大幅度减小,压降降幅最大。

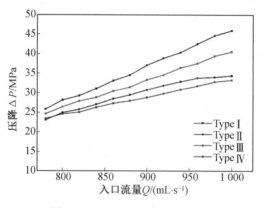

图 8.10　流量－压降关系曲线

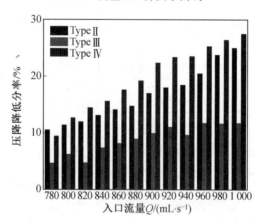

图 8.11　改进后旋流器压降降低百分率

从压力分布图来看,四种型号旋流器由器壁沿径向逐渐趋近轴心过程中,压力呈逐渐递减趋势,并在轴心附近形成负压区,不同轴向截面位置压力分布如图 8.12 和图 8.13 所示。改进后旋流器相较 TypeⅠ旋流器压力整体明显减小,空气柱直径有所减小,柱段压力降幅明显,说明溢流管改进对旋流器柱段压力分布影响较大,这是因为开缝后溢流管当量直径增大,使得溢流管内流体排出量提升,从而降低了旋流器内部压力。

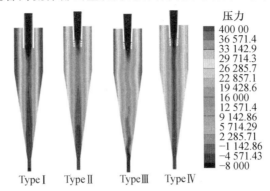

图 8.12 旋流器轴截面压力分布云图

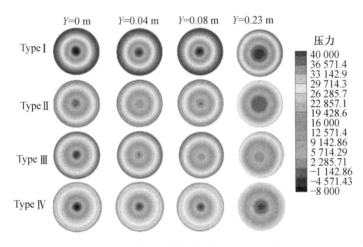

图 8.13 旋流器横截面压力分布云图

流体切向运动速度直接决定固体颗粒所受离心力的大小,四种型号旋流器在入口流量为 980 mL/s 时柱、锥段切向速度分布曲线如图 8.14 所示。切向速度总体均呈"S"形分布,改变溢流管结构对旋流器内部流体切向速度分布规律没有产生影响。靠近 $Y=0$ m 截面处(溢流管入口区域),由于溢流管入口附近受到高速进料的冲击产生强烈湍流,加剧溢流管附近流场循环流和短路流紊乱,导致切向速度曲线出现波动。径向位置由旋流器壁面向中心轴线方向接近过程中,切向速度随半径减小而增大,在强制涡和自由涡交界处达到最大值,而后随着半径的缩短切向速度进一步减小,在靠近空气柱附近随半径减小急剧降低,在中心轴处降至 0,切向速度随截面位置的降低不断减小,这是因为物料在向下运动的过程中流体本身具有黏性,与器壁产生摩擦会消耗部分能量,降低了流体的切向速度。

相较 TypeⅠ旋流器,开缝后旋流器整体切向速度均有不同程度降低,导致固体颗粒所受离心力降低,且开缝后旋流器锥段切向速度降幅大于柱段,不同型号旋流器切向速度在柱段降幅基本相同,在锥段降低程度不同,切向速度降幅在锥段影响较大。由于开缝方向与旋流器内旋流流体运动方向相反,流体沿开口方向进入溢流管内部流体较少,使得

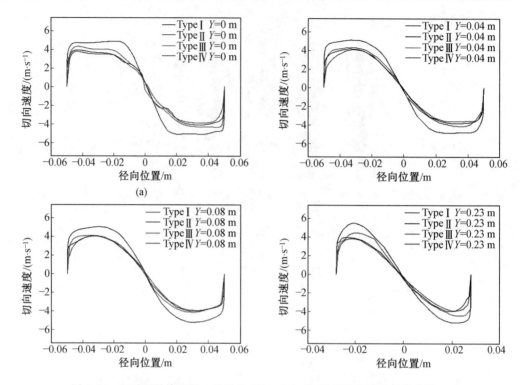

图 8.14　四种型号旋流器入口流量 980 mL/s 柱、锥段切向速度分布曲线

TypeⅢ旋流器的切向速度整体降幅小于 TypeⅡ、TypeⅣ，而 TypeⅣ旋流器开口方向与内旋流流体运动方向相同，使流体较易进入溢流管内部，因此 TypeⅣ旋流器切向速度降幅最大。

四种型号旋流器从壁面到轴心的轴向速度由负值逐渐增大，并在中心区域急剧上升至最大值，呈基本对称形式，图 8.15 为四种型号旋流器在溢流管下部轴向截面位置的轴向速度分布情况。

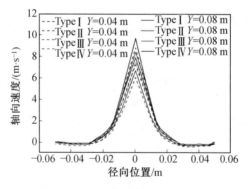

图 8.15　四种型号旋流器不同位置轴向速度分布曲线

相对于 TypeⅠ旋流器，改进后旋流器的轴向速度均有所下降，内旋流轴向速度降幅远大于外旋流，轴向速度由大到小顺序依次为：TypeⅢ、TypeⅡ、TypeⅣ。溢流管开缝后旋流器的轴向速度在器壁附近外旋流区域略有降低，受开缝影响较小，在相同进口流量

下,溢流管开缝结构增大了溢流管过流量,使改进后旋流器外旋流轴向速度绝对值小于常规 Type Ⅰ 旋流器,减缓了外旋流流体向下运动速度,延长固体颗粒在旋流器内的分离时间,减小外旋流中粗颗粒再次进入内旋流的概率,改善溢流跑粗现象,同时零速包络面向内迁移,外旋流区域增大,使得固体颗粒能够充分得到分离;沿径向逐渐向轴心迁移过程中,内旋流区域的轴向速度明显减小,降低了溢流管内部流体湍动能,从而降低旋流器压降。

轴向速度降低主要表现在压强的降低,柱段是影响旋流器压降的主要区域,因此对溢流管开缝上方及下方柱段截面压强进行分析,故选取 $Y=-0.04$ m、$Y=0.04$ m 轴向截面位置的压强曲线,如图 8.16 所示。

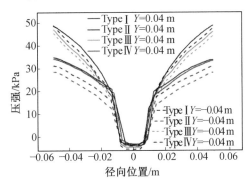

图 8.16 溢流管开缝上、下轴向截面位置压强分布曲线

压强曲线整体呈"V"形分布,四种旋流器在轴心负压区压强基本趋同,压强与径向位置正相关。在溢流管外部区域,相较 Type Ⅰ 旋流器 Type Ⅲ 压强曲线降幅较小,Type Ⅱ、Type Ⅳ 整体压强明显降低;在 $Y=0.04$ m 截面处 Type Ⅱ、Type Ⅳ 压强曲线接近;开缝上方 $Y=-0.04$ m 截面处,Type Ⅳ 压强曲线低于 Type Ⅱ。轴向位置由 $Y=0.04$ m 至 $Y=-0.04$ m 时,Type Ⅱ、Type Ⅳ 压强变化最为明显。

5. 分级效率分析

进料固相颗粒的粒径分布在很大程度上影响水力旋流器的分离效率。由于物料中的固相颗粒的粒径并不单一,若只用分离效率来表示旋流器的分离能力,会给旋流器的设计与优化造成障碍,因此,不宜单纯采用分离效率来表征水力旋流器对不同固相颗粒物料的分离能力,常采用分级效率来进行评价,单位时间某一粒级颗粒底流回收量与该粒级进料含量的比值为分级效率 $G(d_s)$,公式如下:

$$G(d_s)=E_t\frac{f_u(d_s)}{f_i(d_s)}\times100\% \tag{8.22}$$

式中 d_s ——某一特定颗粒粒径,μm;

  $f_u(d_s)$ ——粒径为 d_s 的颗粒在底流中的质量分数,%;

  $f_i(d_s)$ ——粒径为 d_s 的颗粒在进料的质量分数,%。

图 8.17 为入口流量在 980 mL/s 时不同型号旋流器粒径与粒级效率曲线,从粒级效率曲线来看,颗粒粒径在 5 μm 以下的小粒径段,呈"鱼钩"状分布,各水力旋流器间的粒级效率呈不规律变化,相较于常规 Type Ⅰ 水力旋流器,改进后旋流器分离粒径在 30 μm

以下均有所下降。其中粒径在 5～30 μm 范围内，TypeⅣ旋流器粒级效率降低较大；颗粒粒径在 10～15 μm 范围内，改进前后的旋流器的粒级效率均在 50% 左右，且随着粒径的增大，旋流器的粒级效率也随之增大，TypeⅢ旋流器开缝对粒级效率影响较小；颗粒粒径大于 30 μm 四种旋流器曲线趋同，颗粒粒径在 50 μm 以上，改进前后旋流器的粒级效率均基本接近 100%。可见改进后的旋流器分离颗粒粒径在 30 μm 以上对分级效率基本无影响。

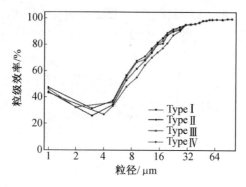

图 8.17　入口流量 980 mL/s 粒径－粒级效率曲线

溢流管开缝后，虽增大溢流管过流量，但同时也使旋流器内流体切向速度降低，对于小粒径固体颗粒而言，所受离心惯性力减小，部分颗粒由于所受离心力不足而无法进入外旋流，最终会由溢流口排出，降低了旋流器对小粒径颗粒的分级效率；而大粒径的固体颗粒由于体积质量相对较大，所受离心惯性力虽有所降低，但仍足以进入外旋流区域，对其分级效率基本无影响。结论如下：

（1）溢流管开缝后旋流器切向速度、轴向速度有所下降，压降降低明显。

（2）随着入口流量的增加，溢流管开缝后旋流器压降降幅逐渐增大，在入口流量达到 980 mL/s 时，TypeⅡ、TypeⅢ、TypeⅣ旋流器压降分别为 38.01 kPa、39.43 kPa、32.82 kPa，相较于改进前，压降降低百分比分别为 23.79%、11.65%、26.46%。水平开缝、下倾开缝型旋流器轴向速度降低明显，开缝对轴向速度影响较大。下倾开缝旋流器溢流管开缝上、下位置压强降低梯度最为明显。

（3）随着入口流量的增加溢流管开缝对旋流器分离效率影响逐渐减小，在入口流量达到 980 mL/s 时，TypeⅡ、TypeⅢ、TypeⅣ旋流器分离效率达到最高，分别为 97.28%、97.18%、97.13%，改进前后分离效率基本不变。

（4）颗粒粒径在 5 μm 以下的小粒径段，各旋流器粒级效率呈不规律变化；粒径在 10～15 μm，溢流管开缝前后旋流器的粒级效率均可达到 50% 左右；粒径大于 30 μm，旋流器粒级效率基本趋同。

采用渐缩开缝型溢流管水力旋流器可在维持分离效率基本不变的情况下大幅降低压降，节能效果显著，不同开缝形式决定了改进后旋流器的分离性能，为开发新型水力旋流器及推广应用提供了参考依据。

8.2.2　基于响应面法的液－固旋流分离器结构优化

1. 概述

水力旋流器作为工业领域常用回转流分离与分级的设备,其优势体现于结构简单、分离效率高、占地面积小、处理量大等。压降是水力旋流器分离操作能耗的重要指标,降低压降将显著提升旋流器的节能效果,达到节能减排的目的。

目前,影响水力旋流器分离性能的结构参数主要包括入口结构、柱段结构、溢流管结构、底流管结构以及锥体结构等。国内外学者对水力旋流器溢流管结构进行大量研究,表明溢流管的结构形式是水力旋流器压降的主要影响因素,主要参数包括溢流管长度、插入深度、溢流管直径及溢流管结构尺寸等,通过分析证明当进料浓度较低时,随着溢流管插入深度的增加,粗颗粒的分离效率有一定的提高,而细颗粒的分离效率会略有下降;随着溢流管管径的增大,水力旋流器压降降低,但底流产率和分流比均逐渐降低,FengLi 提出了一种厚壁溢流管结构,以增加短路流进入溢流管底端的距离,已有研究指出将短路流中的颗粒带回通过溢流管底部的短路流分离区域,厚壁溢流管使水力旋流器内部的压力分布更加合理,降低了短路流量;将厚壁溢流管和锥形段结构与具有双对称渐开线入口相结合,可使切向速度、轴向速度和压力显著增加,颗粒获得很大的离心力,有效减少错位颗粒的数量;深入研究旋流器结构发现,螺旋线进水管、弧形溢流管和抛物面锥组成的新型旋流器,内部旋转流的轴向速度较低,能够延长细颗粒的停留时间,有助于更彻底的分离。改进溢流管位置及结构形式,提升了水力旋流器性能,排气管偏置能提高旋风分离器的分离效率,而分离器阻力总体下降;然而对旋风分离器排气管进行开缝,可使其压降下降,提升分离效率;熊攀通过 CFD 数值模拟和响应曲面模型,确定影响旋风分离器性能的主要结构参数,优化旋风分离器的能量损耗和分离效率。通过阅读大量有关旋流器分离性能研究文献,目前旋流器还很难同时达到低能耗、高效率的分离操作。为此本书设计一种锥形溢流管开缝型水力旋流器,并通过响应面法优化新型旋流器的结构尺寸,达到在保持较高效率工作的同时,大幅度降低能耗。

2. 溢流管结构方案设计

溢流管结构形式及尺寸是影响旋流器压降的主要因素之一,增大溢流管直径可增加其过流量,减小通过溢流管流体的流动损失,进而降低旋流器压降;但当溢流管直径较大时,会增加运动颗粒随内旋流进入溢流管区域的概率,使旋流器分离效率降低。为保证分离效率不受影响,本书将直径为 100 mm 常规型水力旋流器的溢流管结构加改进为锥形,即采用溢流管顶部出口面积不变,适当减小底部进口溢流管面积,并通过溢流管开缝增加其过流量,降低水力旋流器能耗。

开缝设计每层周向均布 4 条狭缝,每条缝隙高为 2 mm,层间距设为 6 mm,同时对开缝层数、开缝定位尺寸及开缝角度进行优化设计。图 8.18 为常规水力旋流器结构示意图,图 8.19 为锥形溢流管开缝结构图。

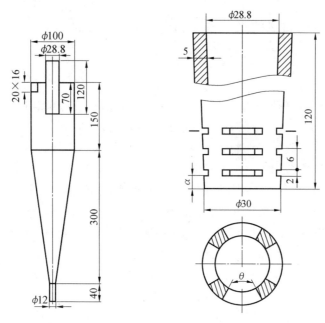

图 8.18　常规水力旋流器结构示意图　　图 8.19　锥形溢流管开缝结构图

根据旋流器流场变化规律,取得良好的优化效果,将锥形溢流管开缝层数 n 设为 1 层、2 层、3 层,开缝角度 θ 设为 30°、45°、60°和 75°,开缝定位尺寸 a 设为 3 mm、4 mm、5 mm、6 mm,并对其进行组合排列编号,表 8.1 为锥形溢流管开缝结构正交实验编号及对应尺寸。

表 8.1　锥形溢流管开缝结构正交实验编号及对应尺寸

n/层	θ/(°)	Type	n/层	a/mm	θ/(°)	Type	n/层	a/mm	θ/(°)	Type	n/层	a/mm	θ/(°)	Type
	30	B			30	C			30	D			30	E
	45	F			45	G			45	H			45	I
	60	J		3	60	K		3	60	L		3	60	M
	75	N			75	O			75	P			75	Q
	30	R			30	S			30	T			30	U
	45	V			45	W			45	X			45	Y
	60	Z			60	Aa			60	Bb			60	Cc
1	75	Dd	2	4	75	Ee	3	4	75	Ff	4	4	75	Gg
	30	Hh			30	Ii			30	Jj			30	Kk
	45	Ll			45	Mm			45	Nn			45	Oo
	60	Pp			60	Qq			60	Rr			60	Ss
	75	Tt			75	Uu			75	Vv			75	Ww
	30	Xx		5	30	Yy		5	30	Zz		5	30	Aaa
	45	Bbb			45	Ccc			45	Ddd			45	Eee
	60	Fff			60	Ggg			60	Hhh			60	Iii
	75	Jjj			75	Kkk			75	Lll			75	Mmm

注:开缝层数 n(层),开缝角度 θ°,开缝定位尺寸 a(mm)。

(1)实验装置。

水力旋流器实验装置主要由配料装置(包括搅拌机、物料罐)、进料装置(包括离心泵与物料管道)、分离与测试装置(不同型号水力旋流器以及测试仪器仪表)组成。采用相同实验条件,对不同型号旋流器进行分离实验,并对溢流、底流进行三次取样取平均值,以减小实验误差。图 8.20 为实验工艺流程图。

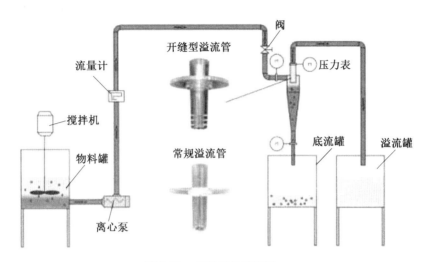

图 8.20　实验工艺流程图

(2)实验方法。

实验采用质量浓度为 1‰ 玻璃珠细粉与水混合液,利用 Eyetech 激光粒度仪设备,测定玻璃珠中值粒径 d_{50} 为 41.52 μm,真实密度为 2.6 g/cm³。入口混合液流量范围设为由 680 mL/s 逐渐增至 920 mL/s。通过过滤称重分别对溢流口与底流口实际取样、抽滤、干燥和称重。实验过程中通过电磁流量计测量溢流口与低流口流量,通过压力表测量进口压力与出口压力,并依据公式(8.23)计算出旋流器压降差;根据称量样本干燥后的玻璃珠质量,依据公式(8.24)计算旋流器的分离效率。

压降计算公式

$$\Delta P = P_{in} - P_{out} \tag{8.23}$$

式中　P_{in}——旋流器进口压力;

　　　P_{out}——旋流器溢流出口压力。

效率计算公式

$$\eta = \frac{M_d}{M_{in}} \times 100\% \tag{8.24}$$

式中　M_d——底流出口颗粒质量;

　　　M_{in}——进口流体颗粒质量。

(3)溢流管开缝对水力旋流器分离性能影响。

水力旋流器锥形溢流管开缝层数为 1 层时(TypeB 型),与常规(TypeA 型)在同等操作条件下实现分离效果,不同进口流量对两种旋流器分离效率和压降的影响情况如图8.21所示,横坐标代表旋流器入口流量 Q,左纵坐标代表旋流器分离效率 η,右纵坐标代

表旋流器压降 ΔP。

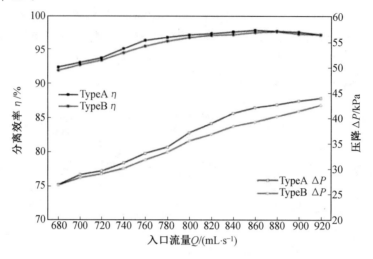

图 8.21　流量－效率压降关系图

在入口流量相同时,TypeB 型号的水力旋流器与常规 TypeA 相比,分离效率略有下降,但压降也有所降低,在一定程度上起到了节能作用。入口流量在 $680\sim780$ mL/s 工况条件下,改进后 TypeB 水力旋流器压降降幅较小,入口流量大于 780 mL/s 后压降降幅随之增大,至 860 mL/s 达到最大值,常规 TypeA 压降为 42.04 kPa,TypeB 水力旋流器压降为 39.18 kPa,相对于常规 TypeA 水力旋流器压降下降 6.8%。开缝后分离效率略低于常规旋流器,入口流量大于 760 mL/s 时,TypeB 水力旋流器分离效率逐渐接近常规 TypeA 水力旋流器,入口流量在 860 mL/s 出现拐点,此时常规 TypeA 分离效率为 97.96%,TypeB 水力旋流器分离效率为 97.62%,相对于常规 TypeA 水力旋流器分离效率下降 0.35%,且随入口流量的增加分离效率逐渐接近常规 TypeA 旋流器,而压降降幅逐渐增大。

由上实验数据可知,相较于常规 TypeA 水力旋流器,随着进口流量的增大,锥形溢流管开缝结构对分离效率影响相对较小,但对压降降幅影响较大。狭缝起到流体通道的作用,增加了溢流管流体的出口面积,降低了旋流器内流体的轴向速度,进而减小了流体在旋流器内部的动能损失,降低了压降。

3. 溢流管开缝优化

(1)开缝层数优化。

针对 TypeB 型号的开缝层数优化设计,进一步降低旋流器能耗,将开缝层数分别设为 $1\sim4$ 层,层间距设为 6 mm,开缝角度为 30°,开缝定位尺寸设为 3 mm,设置编号为 TypeB~TypeE,并逐一进行分离实验研究。不同开缝层数,进口流量对水力旋流器分离效率和压降的影响关系曲线如图 8.22 所示。

5 种型号旋流器分离效率与入口流量正相关。TypeB~TypeE 旋流器随着开缝层数的增加分离效率总体趋势均逐渐减小,其中 TypeB~TypeD 旋流器(开缝层数为 $1\sim3$ 层),分离效率下降趋于缓慢,降低幅度较小,TypeE 旋流器(开缝层数 4 层)分离效率降

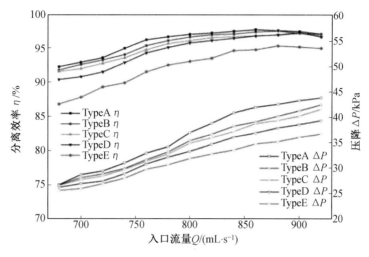

图 8.22　不同开缝数量下进口流量—分离效率、压降曲线图

幅相对加大,因为开缝层数的增加致使开缝位置变高,处于溢流管区域的短路流会夹带固体颗粒由开缝处进入溢流管,因此分离效率降幅有所增大;对于压降而言,旋流器入口流量逐渐增大的过程中,5 种型号旋流器压降均呈逐渐上升趋势。随着开缝层数的增加,相较于常规 TypeA 旋流器,TypeB～TypeE 旋流器压降降幅逐渐增大,TypeB、TypeC 旋流器(开缝层数为 1～2 层),压降降幅变化较小,而 TypeD、TypeE 旋流器(开缝层数为 3～4 层),压降降幅呈明显增大趋势。层数的增加使开缝面积进而增大,进入溢流管流体流量随之增加,减小溢流管底部进口的局部压力,导致溢流管中内旋流的整体动压不断减小,溢流管的出口静压不断增大,根据流体动力学原理,速度的变化对流体动能影响较大,这也是开缝后压降降低幅度较大的原因。根据以上分析,TypeD 旋流器压降降幅显著,同时保证了分离效率基本不变。

实际实验过程中入口流量为 680 mL/s 条件下,TypeD 旋流器分离效率为 90.6%,压降为 36.31 kPa,相对于常规 TypeA 旋流器分离效率下降 3.04%,压降下降 1.83%;当进口流量达到 900 mL/s 工况条件下,TypeD 旋流器分离效率出现拐点,达到最大值,常规 TypeA 旋流器分离效率与压降分别为 97.69% 和 43.34 kPa,TypeD 旋流器分离效率与压降分别为 97.53% 和 38.65 kPa,相较于常规 TypeA 旋流器分离效率减小 0.16%,压降降低达 10.28%,说明该型号旋流器较适用于高入口流量工况条件下进行分离操作。

(2)开缝位置及角度优化。

溢流管开缝位置的不同会对水力旋流器分离效率和压降产生一定影响,在 TypeD 型水力旋流器基础上进行开缝位置实验探究。开缝定位尺寸 a 分别设为 4 mm、5 mm、6 mm,对应型号为 TypeT、TypeJj、TypeZz。图 8.23 为入口流量在 680～920 mL/s 条件下,不同型号的旋流器流量—分离效率与流量—压降曲线。

入口流量在 680 mL/s 工况条件下,TypeJj 水力旋流器分离效率为 90.72%,压降为 26.0 kPa,相较于常规 TypeA 型水力旋流器分离效率下降 1.91%,压降下降 2.99%;当进口流量达到 900 mL/s 工况条件下,TypeJj 型水力旋流器分离效率达到最高为 97.84%,压降为 37.87 kPa,相较于常规 TypeA 旋流器分离效率增长 0.15%,压降降幅

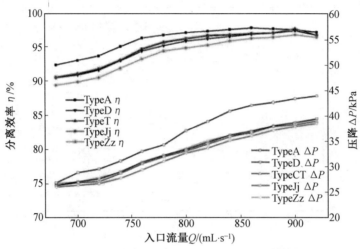

图 8.23　不同开缝位置下进口流量－压降曲线图

率为12.62％；较之于其他3种开缝位置旋流器，效率、压降变化与开缝位置关系变化较为明显，其中 TypeZz 型旋流器分离效率减小相对明显，这是因为顶层开缝位置接近短路流区域，部分颗粒会随流体运动通过狭缝进入溢流管，导致旋流器分离效率降低；而在短路流下方开缝位置的变化对旋流器分离性能影响不大。

利用响应面优化法对不同因素的不同水平实现连续分析，在实验条件范围内寻优，从而获得较为准确的最优解。选取入口流量 Q 和定位尺寸 a 为影响因素。确定两种因素的取值范围，将两种因素的上述实验数据输入到 Design－Expert 设计软件中，通过中心复合设计得到两种水平的具体取值（表8.2），三种水平分别为下限、中心点、上限。

表 8.2　因素水平

水平	因素	
	$Q/(\mathrm{mL \cdot s^{-1}})$	a/mm
	X_1	X_2
下限	680	3
中心点	800	8.5
上限	920	6

针对实验数据，采用响应曲面优化设计方法开展多元回归拟合分析，将实验数据导入 Design－Expert 软件中建立目标函数分离效率（Y_e）和压降（Y_p）分别与 X_1、X_2 的二次多项式响应面回归方程，如式（8.25）和式（8.26）所示。

$$Y_e = 220.859\,63 - 0.669\,14X_1 - 0.399\,14X_2 - 0.012\,242X_1X_2 + 1.072\,57 \times 10^{-3}X_1^2 +$$
$$1.444\,34X_2^2 + 3.557\,69 \times 10^{-6}X_1^2X_2 + 8.248\,63 \times 10^{-4}X_1X_2^2 - 5.204\,69 \times$$
$$10^{-7}X_1^3 - 0.179\,74X_2^3 \tag{8.25}$$

$$Y_p = 581.158\,28 - 2.326\,40X_1 + 19.961\,28X_2 - 8.346\,0 \times 10^{-3}X_1X_2 + 3.057\,99 \times$$
$$10^{-3}X_1^2 - 8.151\,7X_2^2 + 8.860\,14 \times 10^{-6}X_1^2X_2 + 2.472\,53 \times$$
$$10^{-5}X_1X_2^2 - 1.298\,26 \times 10^{-6}X_1^3 + 0.329\,74X_2^3 \tag{8.26}$$

由图 8.24(a)、(b)分别为入口流量和定位尺寸对目标函数 Y_e 和 Y_p 的交互作用,当其他参数保持不变时,入口流量的增大,压降和分离效率有所升高,在此次模拟中,在保证旋流器其他尺寸不变的条件下,增加溢流管开缝定位尺寸,分离效率先增大后减小,压降呈现先减小后增大趋势,当开缝定位尺寸为 5.3 mm 时,能较好兼顾旋流器分离效率及压降。

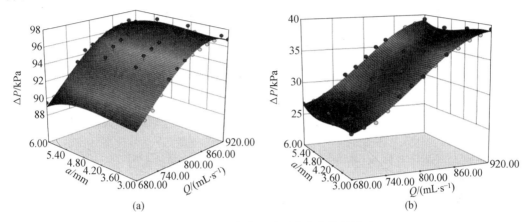

图 8.24　流量、定位尺寸对分离性能的影响

探究开缝角度对水力旋流器分离效率和压降产生的影响,设计开缝角度 30°、45°、60°、75°,型号分别为 TypeJj、TypeNn、TypeRr、TypeVv,与常规 TypeA 型旋流器在相同进口流量条件下进行分离实验比较。如图 8.25 所示,5 种型号旋流器流量－分离效率与压降曲线对比图。

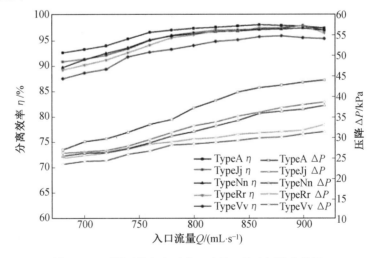

图 8.25　不同开缝角度下进口流量－效率压降曲线图

TypeJj、TypeNn 和 TypeRr 旋流器分离效率较为接近,TypeVv 分离效率降幅较大;压降降幅由大到小依次为 TypeVv、TypeRr、TypeNn、TypeJj 旋流器。开缝角度的增大,溢流管过流量逐渐增加,内部流体的动能损失随之减小,流体夹带的固体颗粒进入狭缝过程中,需经变向后进入溢流管内部,部分颗粒由于惯性撞击管壁,被二次分离的颗粒也随

开缝角度的增大逐渐减小,因此开缝角度过大会大幅降低旋流器分离效率。其中 TypeRr 旋流器在保持分离效率基本不变的情况下压降降幅较大。当入口流量达到 900 mL/s 时,TypeRr 旋流器分离效率达到最高为 97.75%,压降为 31.56 kPa,相较于常规 TypeA 旋流器,分离效率增长率为 0.06%,压降降幅率为 28.15%。

图 8.26 为由(a)、(b)分别为入口流量和开缝角度对目标函数 Y_e 和 Y_p 的交互作用。

$$Y_e = -48.434\ 83 + 0.331\ 94X_1 - 0.010\ 472X_3 + 1.688\ 46 \times 0.000\ 1 \times X_1X_3 -$$
$$1.924\ 92 \times 0.000\ 1X_1^2 - 1.620\ 51 \times 0.001X_3^2 \tag{8.27}$$

$$Y_p = 317.013\ 61 - 1.276\ 83X_1 + 0.868\ 52X_3 + 1.428\ 17 \times 0.001X_1X_3 + 1.668\ 14 \times$$
$$0.001X_1^2 - 0.024\ 757X_3^2 - 1.495\ 8 \times 0.000\ 001X_1^2X_3 + 2.875\ 46 \times$$
$$0.000\ 001X_1X_3^2 - 6.759\ 91 \times 0.000\ 000\ 1X_1^3 + 1.383\ 1 \times 0.000\ 1X_3^3 \tag{8.28}$$

当其他参数保持不变时,入口流量的增大,压降和分离效率有所升高,在此次模拟中,在保证旋流器其他尺寸不变的条件下,增加溢流管开缝角度,旋流器分离效率先增大后减小,压降呈现逐渐下降趋势,当开缝角度为 58°时,能较好兼顾旋流器分离效率及压降。

选取开缝层数 3 层、定位尺寸 a 为 5.3 mm、开缝角度为 58°优化方案进行试验研究,入口流量初始值设为 820 mL/s,与常规 TypeA 旋流器进行结果对比,如图 8.26 所示。

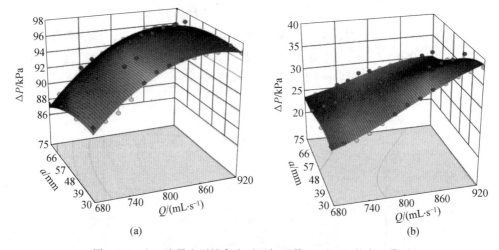

图 8.26　入口流量和开缝角度对目标函数 Y_e 和 Y_p 的交互作用

结合图 8.27 可知,优化后旋流器入口流量在 900~940 mL/s 区间内,分离效率高于常规型旋流器,同时压降降幅随之升高,当入口流量达到 920 mL/s 时,优化后旋流器分离效率最高可达 97.77%,效率增幅率为 0.26%,此时压降为 32.98 kPa,压降降幅率为 28.18%;入口流量为 920 mL/s 下优化前后旋流器与常规旋流器粒级效率对比图如图 8.28所示,在 30 μm 以上颗粒粒径区间,优化后旋流器粒级效率与常规旋流器相比可保持基本不变。从多因素结合实验研究表明,在相同的操作条件下,溢流管开缝的定位尺寸、层数和角度交互作用对分离性能存在影响。结论如下:

开缝层数不同对旋流器的压降影响较大,随着开缝层数的增加,压降降幅逐渐增大,但会伴随着旋流器分离效率的降低,开缝层数优化得出 3 层能较好兼顾旋流器分离效率与压降。

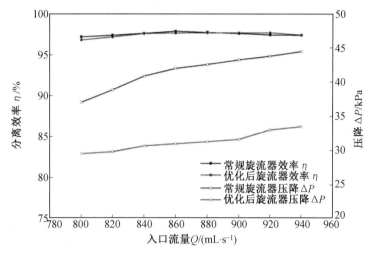

图 8.27 优化后旋流器与常规旋流器分离效率

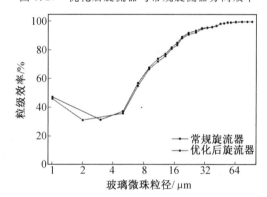

图 8.28 优化后旋流器与常规旋流器粒级效率对比图

改变开缝结构定位尺寸对开缝型旋流器分离性能影响较小,过度增大溢流管开缝定位尺寸会造成旋流器分离效率急剧减小,开缝定位尺寸为 5.3 mm 时能较好兼顾旋流器分离效率及压降。

改变旋流器溢流管开缝角度对旋流器分离性能影响较大,开缝角度过大会造成分离效率急剧降低。入口流量在 920 mL/s 时,较之常规旋流器,在开缝层数为 3 层、定位尺寸为 5.3 mm、开缝角度为 58°的旋流器,分离效率增长率为 0.26%,压降降幅高达 28.18%,证明锥形溢流管合理开缝后,在高入口流量条件下可使旋流器分离效率基本不变,同时大幅降低压降,节能效果显著,达到优化设计的目的,为开发新型水力旋流器提供了参考依据。

8.2.3 锥形溢流管开缝的水力旋流器流场特性与分离性能研究

1. 概述

水力旋流器是一种高效分离设备,主要应用于颗粒分离、浓缩、澄清、分级与分选等工业领域。分离能力与能量消耗是衡量水力旋流器性能的两个重要指标,其中旋流器结构及尺寸的变化决定了内部流场的分布,进而影响旋流器分离能力、能量消耗,而分离效率的提高,通常需要较高的能量消耗。近年来,学者们对旋流器的研究逐渐由流场基本理论分析转向了对结构的试验研究,围绕提高旋流器效率和降低能耗等问题,提出了不同类型的结构形式。带有溢流帽结构旋流器可减少短路流区域,提高细颗粒分离效率。Ghodrat对锥形溢流管和不同直径常规直管式溢流管进行数值模拟,发现溢流管直径增大会导致分离与分级效率降低,减小溢流管直径,导致水力旋流器压降急剧增大。通过溢流管内置挡板可消除水力旋流器中心空气柱,整体压降降低,分离效率略有减小。刘秀林等对排气管开缝式旋风分离器进行试验,发现其分离效率与基准效率相当,而压降大幅降低。段继海等对旋流器锥体结构进行切向开缝优化试验,发现在高入口流量下旋流器压降大幅度降低,分离效率降低较小。在结构改进时考虑多因素的综合交互作用,从而得出合理结构方案。然而仅仅通过试验无法获得水力旋流器内部流场分布情况及结果产生的机理,伴随科学发展,数值模拟以及激光测速方法在水力旋流器三维流场的研究应用,有助于深入洞悉旋流器的能量消耗与分离机理,合理优化旋流器结构。兰雅梅等借助 CFD 软件分析了旋流器锥角、溢流管插入深度和入口尺寸对分离效率和压降的影响;刘鹤等通过 CFD 模拟发现,引起压降损失改变的主要原因是溢流管内部流场分布的变化;内旋流强制涡区为旋流器能量消耗的主要区域,大部分集中于溢流管区域;FengLi 设计厚壁溢流管结构,增加短路流进入溢流管底端距离,使短路流中的颗粒带回溢流管底部循环流分离区域,提高了旋流器分离效率。

　　综上所述,水力旋流器结构改进时,难以做到减少压降的同时,保持较高的分离效率,为此,本书设计了一种锥形开缝式溢流管的水力旋流器,通过试验对比了在相同流量条件下不同结构形式溢流管对分离性能的影响规律。并对三种型号旋流器内部固液混合介质流场进行 CFD 数值模拟,得到在相同流量下三种旋流器内部流场的切向速度、轴向速度以及压力分布,通过与常规旋流器相对比,分析不同开缝形式对旋流器分离性能的影响,为试验结果提供理论支撑。

2. 锥形溢流管开缝结构设计方案

　　根据溢流管结构尺寸对旋流器分离性能影响的机理研究,发现随着溢流管内径的增大,加大了溢流管的过流流量,压降逐渐降低,但旋流器分离效率也随之减小。根据 Plitt 旋流器的压力降计算公式

$$\Delta P = \frac{1.88Q^{1.78}\exp(0.005\,5K_i)}{D^{0.37}d_i^{0.94}h_x^{0.28}(d_u^2+d_o^2)^{0.87}} \tag{8.29}$$

式中　　ΔP——旋流器的压降,kPa;

　　　　Q——旋流器的生产能力,L/min;

　　　　K_i——旋流器进口料液中固体颗粒体积百分浓度;

　　　　D——旋流器直径,mm;

　　　　d_i——进料管直径,mm;

　　　　h_x——溢流口与底流口之间的高度,mm;

　　　　d_u——底流口直径,mm;

　　　　d_o——常规溢流管直径,mm。

由式(8.29)可知,增大溢流管直径,增加了溢流管的过流面积,可减小溢流管内流体流动阻力,降低流体能量损失。在溢流管底部开缝,可增加溢流管当量直径,从而降低旋流器压降。溢流管开缝当量直径公式

$$d_{o1} = \frac{\sqrt{4A_1/\pi}}{D}$$　　　　　　　　(8.30)

开缝面积公式

$$A = N \cdot l \cdot w + \frac{\pi}{4} d_{o1}^2$$　　　　　　　　(8.31)

式中　d_{o1}——溢流管开缝当量直径;

　　　A——开缝溢流管流体出口面积;

　　　N——开缝条数;

　　　l——开缝长度;

　　　w——开缝宽度。

但溢流管直径过大会降低旋流器分离效率,采用溢流管出口直径不变,减小底部入口直径的锥形溢流管,可减小溢流管当量直径,提高旋流器分离效率。锥形溢流管当量直径公式如下:

$$d_{o2} = \sqrt{d_r \cdot d_{ex}}$$　　　　　　　　(8.32)

式中　d_{o2}——锥形溢流管当量直径;

　　　d_r——溢流管出口直径;

　　　d_{ex}——溢流管入口直径。

本书针对直径为 100 mm 常规型水力旋流器溢流管结构改进为锥形溢流管开缝。图 8.29 为改进前后水力旋流器结构示意图,(a)为常规水力旋流器,(b)为改进后水力旋流器。

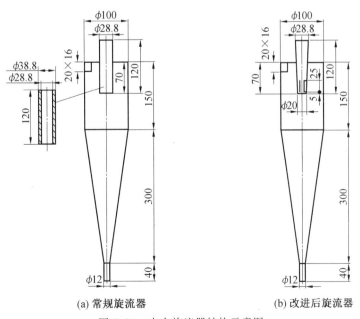

(a) 常规旋流器　　　　　　(b) 改进后旋流器

图 8.29　水力旋流器结构示意图

锥形溢流管开缝设计为周向均布 4 条狭缝,每条狭缝高为 25 mm,同时狭缝距溢流管底部距离为 5 mm。本次开缝设计采用开缝方向与旋流器内旋流流体运动方向相反,分别为切口两侧同时与溢流管内壁相切(图 8.30(a))和切口两侧平行且一侧与溢流管内壁相切(图 8.30(b))两种开缝形式。

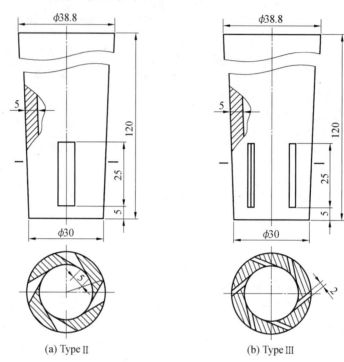

图 8.30　改进后溢流管结构图

针对溢流管不同形式将常规直筒型、双切开缝型和单切开缝型溢流管的旋流器型号分别定义为:Type Ⅰ、Type Ⅱ、Type Ⅲ。旋流器型号及溢流管结构形式尺寸如表 8.3 所示。

表 8.3　旋流器型号及溢流管结构形式尺寸

型号	溢流管长度/mm	溢流管入口内径/mm	溢流管出口内径/mm
Type Ⅰ	120	28.1	28.1
Type Ⅱ	120	20	28.1
Type Ⅲ	120	20	28.1

3. 研究方法

(1)实验方法。

通过实验法对水力旋流器装置进行实验数据记录,实验装置主要由物料混合罐、搅拌装置、物料输送系统、水力旋流器和测试仪器仪表组成。为降低实验误差,三种型号水力旋流器操作条件完全相同,并对溢流、底流进行三次取样后取平均值。实验工艺流程图如图 8.31 所示。

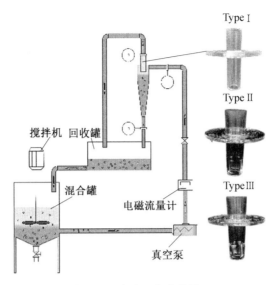

图 8.31　实验工艺流程图

实验物料采用玻璃珠细粉与水混合液,细粉质量浓度为 1%;激光粒度仪测定玻璃珠细粉粒径中值 d_{50} 为 41.52 μm,玻璃珠粒径分布如图 8.32 所示;物料的真实密度为 2.6 g/cm³。

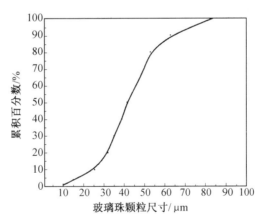

图 8.32　玻璃珠粒径分布图

实验过程利用电磁流量计检测溢流口与底流口流量,本次实验的水力旋流分离器的入口流量初始值设为 780 mL/s,逐渐将流量增加至 1 000 mL/s;进口压力与溢流口压力通过压力表测得;采用过滤称重法分别对不同型号旋流器溢流口与底流口进行取样、抽滤、干燥和称重,并计算出水力旋流器的分离效率与压降。

(2)数值计算方法。

①计算域。数值模拟研究计算域针对旋流器内部流体的计算域。采用 SolidWorks 软件构建三种型号旋流器三维模型图,将绘制的三维模型图导入 CFDmesh 中进行网格划分,并选取旋流器不同轴向位置截面进行内部流场分析,如图 8.33 所示。

②网格划分。三种旋流器流体域的网格模型均采用四面体结构化网格,为更好地反

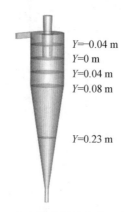

图 8.33　水力旋流器轴向截面位置图

映流体运动情况,网格划分过程中对旋流器切向入口等部位进行网格细化,并开展网格无关性检验,降低网格数量对数值模拟结果产生的干扰。由于三种型号旋流器流体域模型直径及长度相同,以 TypeⅡ旋流器为例,将流体域模型划分成网格数分别约为 20 万、40 万、60 万、90 万,进行数值模拟。

　　③数值计算方法和边界条件。运用 ANSYSFluent 软件对不同型号旋流器开展数值模拟研究。旋流器中流体的湍流模型选择雷诺应力模型(RSM),并采用标准壁面函数。由于雷诺应力模型在流体进行高强度湍流运动时,能够充分考虑流体旋转引起应力张量的弊端和影响,因此,此处选择雷诺应力模型较为合适。多相流模型选用 VOF(VOF-Model)模型,VOF 模型可以得到两种或多种互不相溶流体间的交界面,相间界面的追踪是通过求解连续性方程得到的。

　　水力旋流器模拟仿真中主相为混合液,温度为常温,密度为 998.2 kg/m³,黏度为 0.001 Pa·s;空气相为第二相,密度为 1.293 kg/m³,常温黏度为 0.000 18 Pa·s,旋流器入口流量设为 960 mL/s 混合液,溢流口、底流口设置为压力出口,空气回流率设为 1。

　　本次研究计算方法初始时采用混合液计算,在计算收敛后转为两相计算。隐式瞬态压力－速度耦合方式为 SIMPLEC,为利于计算的稳定性,压力梯度采用 Green－Gauss-CellBased,压力离散格式采用 PRESTO!,动量离散格式选用 Second Order Upwind,湍动能及湍动能耗散率采用一阶迎风格式,设置收敛残差精度为 1e－5,计算过程中以进出口各相流量均平衡作为计算收敛的判断依据。

　　(3)数值方法验证。

　　以旋流器不同位置截面的平均切向速度为检验指标,得出当网格数增加到约 60 万时,旋流器的平均切向速度值不随网格数的增加而发生变化,如图 8.34 所示。

　　验证 TypeⅡ旋流器数值模拟的可靠性,本书对不同截面切向速度与实验值进行对比,图 8.35 为旋流器在不同截面处切向速度模拟结果与实验结果对比情况。数值模拟试验计算出的切向速度值基本接近于试验值,表明本书数值模型可以合理预测水力旋流器固液分离性能,因此将三种结构网格划分为同一数量级,TypeⅠ、TypeⅡ、TypeⅢ旋流器网格数分别为 643 541 万、674 512 万、656 835 万。

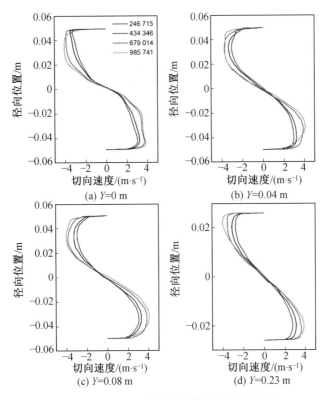

图 8.34　Type Ⅱ 水力旋流器网格无关性验证

4. 分析与讨论

（1）分离效率分析。

实验中入口流量由 780 mL/s 增至 1 000 mL/s 时，三种型号旋流器入口流量与分离效率曲线如图 8.36 所示。随着入口流量的增加三种型号旋流器分离效率整体呈上升趋势，且入口流量在 860～980 mL/s 区间，Type Ⅱ、Type Ⅲ 旋流器分离效率逐渐接近 Type Ⅰ，在入口流量达到 980 mL/s 时，改进后两种型号旋流器分离效率达到最大值，此时 Type Ⅰ、Type Ⅱ、Type Ⅲ 分离效率分别为 97.22%、97.18%、97.13%。

相对于 Type Ⅰ 旋流器，入口流量在 780～900 mL/s 区间内，两种改进旋流器分离效率降低幅度较大；入口流量在 900～1 000 mL/s 区间内，两种改进旋流器分离效率降幅趋缓。入口流量在 780 mL/s 时，Type Ⅱ 旋流器分离效率降低 1.59 个百分点，Type Ⅲ 旋流器分离效率降低 1.63 个百分点；入口流量在 960 mL/s 时，Type Ⅱ 旋流器分离效率降低 0.24 个百分点，Type Ⅲ 旋流器分离效率降低 0.5 个百分点；入口流量在 980 mL/s 时，Type Ⅱ 旋流器分离效率降低 0.04 个百分点，Type Ⅲ 旋流器分离效率降低 0.1 个百分点。可见改进后的两种直径为 $\phi100$ mm 旋流器入口流量在 960～980 mL/s 区间可保证分离效率基本不变。

入口压力在 40 kPa 条件下，待旋流器稳定工作后，对三种型号旋流器溢流、底流进行取样对比，取样间隔为 3 s，观察相同入口压力下改进前后旋流器处理量变化，图 8.37 为入口压力 40 kPa 下不同型号旋流器溢流、底流取样情况。改进后的两种旋流器溢流流量

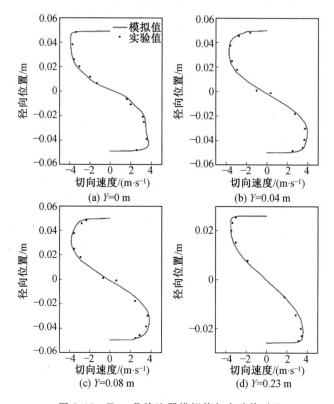

图 8.35　Type Ⅱ 旋流器模拟值与实验值对比

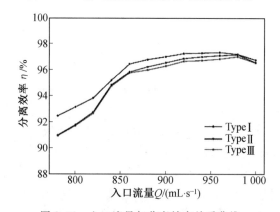

图 8.36　入口流量与分离效率关系曲线

相较 Type Ⅰ 旋流器明显增加,验证了开缝型旋流器在相同进口压力条件下可大幅提升旋流器处理量。因 Type Ⅱ 旋流器开缝两侧均与溢流管内壁相切,流体经过开缝入口流入溢流管内部所经区域由大到小呈渐缩状,导致流体进入溢流管所需改变方向较大,部分流体中所夹带的固体颗粒由于惯性作用会与开缝内壁相碰撞,急剧转向后被带离溢流管,使其分离效率略高于 Type Ⅲ 旋流器,同时流体经过溢流管时所需能量消耗较大,因此压降降低幅度不如 Type Ⅲ 结构。

　　由于物料中的固相颗粒的粒径并不单一,若只采用分离效率来表征旋流器的分离能力,会给旋流器的设计与优化造成障碍。因此,在设计时须参照不同粒径下的粒级效率。

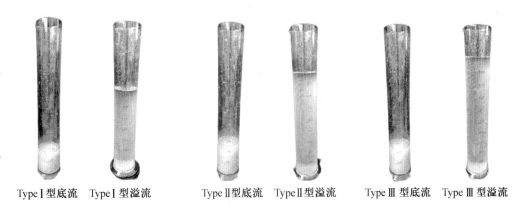

Type Ⅰ 型底流　　Type Ⅰ 型溢流　　　　Type Ⅱ 型底流　　Type Ⅱ 型溢流　　　　Type Ⅲ 型底流　　Type Ⅲ 型溢流

图 8.37　入口压力在 40 kPa 下溢流、底流取样

图 8.38 为入口流量在 980 mL/s 下不同型号旋流器粒径与粒级效率曲线图。

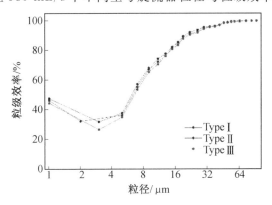

图 8.38　入口流量为 980 mL/s 玻璃珠粒级效率曲线

颗粒粒径在 5 μm 以下的小粒径段,呈"鱼钩"状分布,三种型号的水力旋流器的粒级效率均呈不规律变化。颗粒粒径在 5～50 μm 区域内,改进后旋流器相较于 Type Ⅰ 旋流器,粒级效率均略有下降,且随着粒径的增大,旋流器的粒级效率也随之增大,其中 Type Ⅲ 旋流器粒级效率降低略大;颗粒粒径在 10～15 μm 范围内,三种型号旋流器的粒级效率均在 50% 左右,当颗粒粒径大于 50 μm 时,三种旋流器的粒级效率均接近 100%。可见对于 50 μm 以上颗粒粒径,改进后旋流器的粒级效率基本不受影响。

溢流管开缝降低了旋流器内流体速度,造成小粒径固体颗粒所受离心力不足,无法进入外旋流进行分离,最终由溢流口排出,致使旋流器的小粒径颗粒粒级效率有所降低;而大粒径的固体颗粒由于体积与质量相对较大,所受离心惯性力虽略有降低,但仍足以进入外旋流区域,因此对大粒径颗粒粒级效率无影响。

由于旋流器中流体切向运动速度的大小直接决定旋流器固液分离效果。本书针对入口流量为 980 mL/s 旋流器中流体的切向速度进行分析,三种型号旋流器在不同横截面处的切向速度分布曲线对比如图 8.39 和图 8.40 所示。切向速度总体趋势呈"S"形分布,径向位置由旋流器壁面向中心轴线方向接近过程中,随着半径的减小而增大,在器壁附近位置达到最大值,而后随着半径的缩短切向速度进一步减小,在靠近空气柱附近处随半径减小而急剧降低,在中心轴处降至 0。

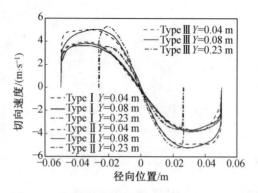

图 8.39　水力旋流器柱锥段切向速度分布曲线

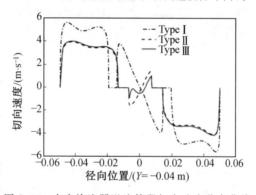

图 8.40　水力旋流器溢流管段切向速度分布曲线

相较 TypeⅠ旋流器,开缝后旋流器整体切向速度均有所降低,导致固体颗粒所受离心力降低,且开缝后溢流管开缝上方切向速度降幅明显大于柱段与锥段,而锥段降幅高于柱段,这是因为切向速度受直径尺寸影响较大。TypeⅢ与TypeⅡ相比,切向速度在柱段锥段区域均略大于TypeⅡ,流场中固体颗粒所受离心力大于TypeⅡ,因此TypeⅢ分离效率高于TypeⅡ。在溢流管区域,TypeⅢ切向速度小于TypeⅡ。

三种型号旋流器在轴向截面位置($Y=0.04$ m、0.08 m)处的轴向速度分布情况,如图 8.41 所示。三种旋流器从壁面到轴心的轴向速度由负值逐渐增大,并在中心区域急剧上升至最大值,呈基本对称形式。相对于 TypeⅠ旋流器,改进后旋流器的轴向速度均有所下降,内旋流轴向速度降幅远大于外旋流,其中 TypeⅡ轴向速度略高于 TypeⅢ。锥形溢流管开缝后旋流器的轴向速度在器壁附近外旋流区域略有降低,受开缝影响较小;沿径向逐渐向轴心迁移过程中,内旋流区域的轴向速度明显降低,受开缝影响较大。这是因为在相同进口流量条件下,溢流管开缝结构使出口当量直径增大,围绕中心轴的流体旋转速度降低,零速包络面向内迁移,增加了外旋流中的中粗颗粒参与分离的时间,使之充分分离,同时降低外旋流中粗颗粒再次进入内旋流的概率。

(2)压降分析。

实验中旋流器入口流量由 780 mL/s 增至 1 000 mL/s,数值模拟旋流器入口流量由 920 mL/s 增至 1 000 mL/s,三种型号旋流器入口流量与压降关系曲线如图 8.42 所示。实验值与仿真模拟值基本吻合,三种型号旋流器随着入口流量的增加压降整体呈上升趋

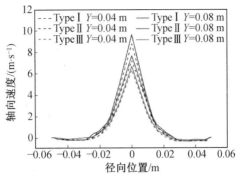

图 8.41　水力旋流器柱段轴向速度分布曲线

势。相较于 Type I 旋流器,Type II、Type III 旋流器压降降幅整体较大,并随流量的升高降幅逐渐增大,当入口流量达到 980 mL/s 时,两种改进旋流器分离效率达到最大值,此时 Type I、Type II、Type III 压降分别为 42.54 kPa、32.82 kPa、30.86 kPa,Type II 旋流器压降降低 22.85 个百分点,Type III 旋流器压降降低 27.46 个百分点。

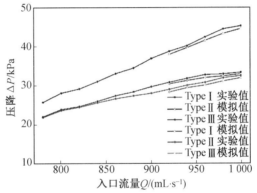

图 8.42　不同型号旋流器入口流量与压降关系曲线

从压力分布图来看,三种型号旋流器由器壁沿径向逐渐趋近轴心过程中,压力呈逐渐递减趋势,并在轴心附近形成负压区,不同截面处压力分布如图 8.43 和图 8.44 所示。改进后旋流器相较 Type I 旋流器压力整体明显减小,空气柱直径有所增加,柱段压力降幅显著,说明溢流管改进对旋流器柱段压力分布影响较大,这是因为开缝后溢流管当量直径增大,使得溢流管内流体排出量提升,从而降低了旋流器内部压力。

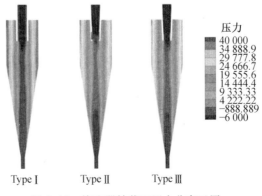

图 8.43　旋流器轴截面压力分布云图

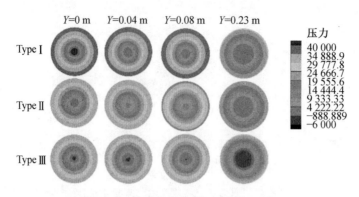

图 8.44　旋流器横截面压力分布云图

水力旋流器不同轴向截面位置的压强曲线如图 8.45 所示。压力整体近似呈"V"形分布,三种旋流器在轴心处负压区压强基本趋同,压强与径向位置正相关。在溢流管外部区域,改进后旋流器相较 Type I 旋流器压强曲线趋缓,整体压强明显降低。三种型号旋流器的压强随轴向位置负相关,轴向位置由 $Y = -0.015$ m 截面处至 $Y = -0.04$ m 截面处,Type II、Type III 压强变化大于 Type I。柱段截面 $Y = 0.01$ m 处压强高于溢流管截面位置压强。由于溢流管开缝减小了液体内部的内摩擦阻力消耗,使得改进后旋流器溢流管截面压强明显低于柱面压强。由于 Type II 采用双切渐缩开缝形式导致流体进入溢流管内部速度激增,造成局部区域湍流,增加流体能量损失,因此 Type II 旋流器压降略高于 Type III。

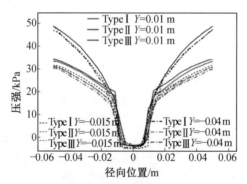

图 8.45　溢流管部位轴向截面位置压强分布曲线

本书通过实验与仿真模拟,分析了锥形溢流管不同开缝形式对分离性能的影响,结论如下:

随着入口流量的增加锥形溢流管切向开缝对旋流器分离效率影响逐渐减小,压降降幅逐渐增大。在入口流量达到 980 mL/s 时,Type I、Type II、Type III 旋流器分离效率分别为 97.22%、97.18%、97.13%,Type II、Type III 入口流量在 960～980 mL/s 区间可保持分离效率基本不变。

相较 Type I 旋流器,锥形溢流管切向开缝后旋流器切向速度、轴向速度均有所下降。开缝对轴向速度影响较大,轴心处速度降低明显,Type III 轴速降幅大于 Type II 旋流器;开缝对切向速度影响较小,Type III 切向速度降幅略小于 Type II,溢流管开缝使零速包络面向内迁移,降低外旋流中粗颗粒再次进入内旋流的概率。

随着入口流量的增加锥形溢流管切向开缝对旋流器压降影响逐渐增大。在入口流量达到 980 mL/s 时,Type Ⅰ、Type Ⅱ、Type Ⅲ 旋流器压降分别为 42.54 kPa、32.82 kPa、30.86 kPa;相较于 Type Ⅰ 旋流器,压降分别降低 22.85 个百分点、27.46 个百分点。

相较 Type Ⅰ 旋流器,Type Ⅱ、Type Ⅲ 压强降低梯度明显,柱段压力降幅大于锥段,Type Ⅱ 采用双切渐缩开缝形式造成溢流管局部区域湍流,因此 Type Ⅱ 旋流器压强略高于 Type Ⅲ。

旋流器采用锥形溢流管切向开缝在保持高分离效率情况下大幅降低压降,节能效果显著,为新型水力旋流器设计与推广提供了参考依据。

第9章 旋流分离设备增效增产方法与应用

9.1 旋流分离设备处理量与效率关系研究

处理量与效率都是旋流分离设备的重要性能指标,通常情况下,两者之间存在着相互制约的关系。本节以典型的旋流分离设备——水力旋流器的并联设计为例子,论述如何平衡与优化旋流分离设备处理量与效率。

本节借鉴了气固分离领域旋流分离器并联底部公共结构的形式,设计了一种水力旋流器周围并联公共液斗,并按中心对称方式组成了并联方案。然后,通过对比实验,测量了单分离器和并联分离器的分离效率;同时利用 FLUENT 软件,分析了并联分离器的分离空间、切向速度以及液斗对旋流稳定性的影响。本研究揭示了旋流器并联的特性和特殊流动现象,丰富了对并联旋流器的认识,并通过新结构实现了并联旋流器分离性能的提升,为并联水力旋流器的设计和应用提供指导。

9.1.1 分离元件与并联方案的设计

实验和模拟采用常用的 FX50 型水力旋流器为基础,其结构型式和尺寸如图 9.1,图中尺寸单位是 mm。

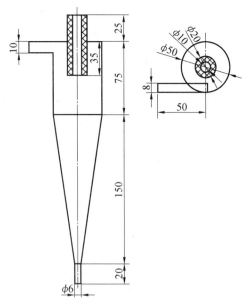

图 9.1 单体基准 FX50 型旋流器结构示意图

根据刘丰的研究,涡系中多个旋涡之间也会有相互约束作用,涡系整体表现出"自稳定性"，促进整个旋流场的稳定。同时根据邵国兴的研究，带有底流水封的旋流器，减弱气流柱，其部分条件下分离效率提高。故本书借鉴旋风公共灰斗结构，设计并联底流公共液斗，根据时铭显等人对于灰斗结构的研究，本书设计的液斗直径应大于并联区，但不宜过大，外缘超出 $0.7\sim0.75D$，长度 $2.1\sim2.25D$，底流直径在 $2D_u$ 左右。设计并联底流公共液斗具体结构示意图如图 9.2 所示。

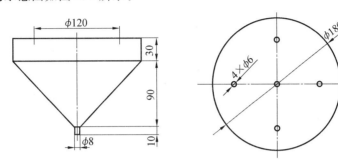

图 9.2　并联底流公共液斗结构示意图

本书按中心对称排列方式，设计了由 4 个分离元件构成的周围并联旋流器组。中心对称排列示意图如图 9.3 所示。

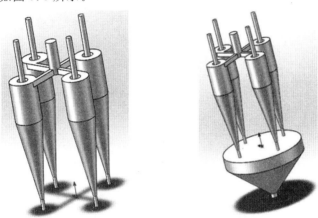

图 9.3　中心对称排列示意图

9.1.2　实验系统与方法

实验循环回路如图 9.4 所示。料浆槽 2 内装有混合液，通过三相异步电动机 6 带动的搅拌器 1 搅拌均匀。由离心衬胶泵 5 提供流动压力，沿吸入管 3 流向水力旋流器组 11。分离后的净化液体从溢流管进入溢流槽 8，含砂泥浆从底流管进入底流槽 7，并重新汇聚到料浆槽 2，实现循环操作。

实验液体为水，加料质量浓度为 3%，流量由电磁流量计测定；旋流器组总压降由压力表测量；分离效率采用称重法测定，质量由 TSCALE 电子秤称量，量程 $0\sim30.0$ kg，精度 1.0 g。粉料选用为 400 目石英砂，颗粒密度 2 650 kg/m³，粒度服从对数正态概率分布，中位粒径 37.5 μm（图 9.5 和图 9.6）。

实验步骤如下：实验前，先将实验物料和水以一定的比例加入料浆槽中，以配成一定

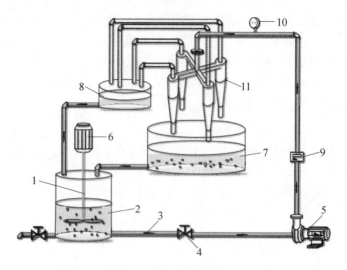

图 9.4　实验循环回路

1—搅拌器；2—料浆槽；3—吸入管；4—总阀；5—离心衬胶泵；6—三相异步电动机；7—底流槽；8—溢流槽；9—电磁流量计；10—压力表；11—水力旋流器组

图 9.5　颗粒的电镜图

浓度的悬浮液。待液位上升到槽深的 1/4 时，停止加料，启动搅拌器。此时，槽内液体发生旋转，致使周边液位高而中央处液位低，当周边液位上升到槽深的 3/4 时，启动离心泵，开始进行旋流分离实验。分离后的底流和溢流仍然进入料浆槽中循环使用，以保证实验时进料浓度稳定。在进料浓度一定的条件下，逐渐改变旋流器的进口速度。分别从底流口和溢流口取样，以分析其浓度和用激光粒度分析仪进行粒度分析。

9.1.3　数值分析方法

　　数值分析的目的是进一步从流动角度，厘清不同并联方式影响分离性能的机理。并联旋流器计算区域网格划分，如图 9.7 所示。4 台分离元件均以竖直的公共进管为进料面，流体经公共进料管后再分配至各分离元件。在几何突变处或边壁区域，网格加密。

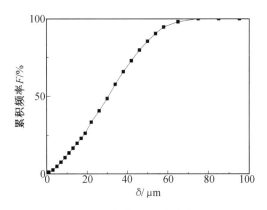

图 9.6　粉料的粒度分布

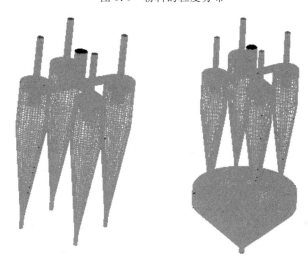

图 9.7　数值模拟的几何模型示意图

对网格无关性进行验证。对于无液斗结构,本书采用节点数为 197 402、309 633 和 462 986 的网格进行模拟计算,考察入口流速为 5 m/s 时,旋流元件圆柱段与锥段交界面上轴向速度沿 x 轴直径的分布,如图 9.8(a)所示。从图中可以看到,节点数为 309 633 和 462 986 的网格所得的计算结果几乎完全吻合,而采用节点数为 197 402 的计算结果与另两种差别较大。由此可以知道,当网格数为 309 633 时,继续增加网格数量,对模拟结果基本没有影响,考虑计算精度和时间经济性,本书采用节点数为 309 633 的网格进行无液斗结构计算。

对于带液斗结构,本书采用节点数为 327 547、488 915 和 630 306 的网格进行模拟计算,考察液斗结构锥交界面上轴向速度沿 x 轴直径的分布,如图 9.8(b)所示。从图中可以看到,节点数为 488 915 和 630 306 的网格所得的计算结果几乎完全吻合,而采用节点数为 327 547 的计算结果与另两种差别较大。由此可以知道,当网格数为 488 915 时,继续增加网格数量,对模拟结果基本没有影响,考虑计算精度和时间经济性,本书采用节点数为 488 915 的网格进行带液斗结构计算。

水力旋流器的分离过程是涉及气液固三相混合的复杂流动过程,现有的 CFD 模型对

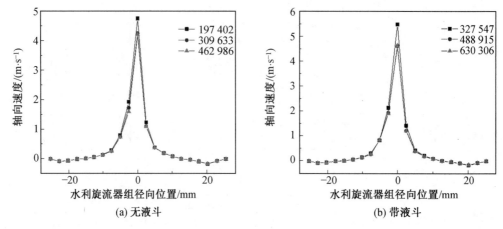

图 9.8　网格无关性验证

于气液固三相计算精度不足。本书对于分离效率的分析基于实验结果,且颗粒浓度较低,故主要行气液两相数值模拟,以研究并联流场特性。运用欧拉－欧拉方法模拟气液两相旋流场及气液分布形态,湍流模型采用雷诺应力模型,多相流模型采用双流体 VOF 模型,模拟条件采用 Second order 离散化、Presto 压力插值、SIMPLE 算法压力－速度耦合。出口假设为充分发展的流动,壁面用无滑移条件及标准壁面函数处理。

9.1.4　并联分离效率

对比相同流量下并联旋流器组与单体旋流器单独工作时的分离效率,如图 9.9 所示。

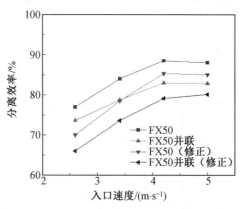

图 9.9　并联效率对比

可见,小旋流器并联后分离效率相较于单独工作时有所下降,并联工作时,入口流速 4.2 m/s 时,效率最高为 82.9%,但比单体下降了 5.5%;修正效率最高为 80.1%,比单体下降了 4.9%。整个实验区间内,并联效率平均下降 4.8%;并联修正效率平均下降 5.0%。而并联效率下降是由于入口流量分布不均导致的,可尽量抑制,但实际上不能彻底消除,同时并联公共结构内部流动紊乱导致流体进入旋流器时运动方向波动,引发旋分离内旋流场不稳定。

为解决并联分离效率下降的问题,在原有单旋向 4 组并联结构上,加装公共液斗,对比相同流量下的分离效率,如图 9.10 所示。

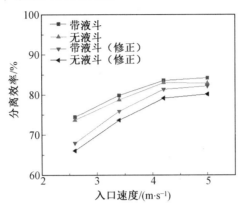

图 9.10　加装公共液斗后并联效率对比

可见,加装公共液斗后,在高流速下效率继续上升。并联分离效率有所提高,最高效率为 84.2%,提升了 1.3%;实验条件下平均效率提升了 1.0%。相较于分离效率,公共液斗对于修正分离效率的提升更为明显,最高修正分离效率为 82.2%,提升了 2.1%;实验条件下,平均修正分离效率提升了 2.1%。

9.1.5　流场分析与讨论

根据 Hsies 对于旋流器分离效率的研究,认为分离区域为轴向速度零速包络面(LZVV)外的区域,近似于锥形,整个分离区域长度即为自由涡高度,得出的分离粒度理论公式。

$$d_{50} = \frac{24.66 D_i^{0.87} D_z^{1.13}}{(1-D_i/D_c)^{0.8}} \left[\frac{(1-D_o/D_c)\mu}{(\rho_s-\rho)Q h_f} \right]^{0.5} \tag{9.1}$$

式中　D_i——入口当量直径;

D_z——轴向速度零速包络面锥体平均直径;

D_c——旋流器当量直径;

D_o——溢流管直径;

Q——流量;

h_f——自由涡高度;

μ——流体黏度;

ρ_s——固相密度;

ρ——液相密度。

根据上式,可见轴向速度零速包络面的位置,以及自由涡高度会影响旋流器的分离效率。轴向速度零速包络面锥体平均直径越小,分离区域越大,d_{50} 越小,分离效率越高;自由涡高度越大,分离区域越大,d_{50} 越小,分离效率越高。

分析水力旋流器组竖直面中心的截面轴向速度零速包络面(LZVV)的位置,取高流量和低流量的代表 5 m/s 和 2.6 m/s 为例,如图 9.11 中将 LZVV 标出,从图中可看出,带有公共液斗的并联旋流器,轴向速度向下的区域更大。

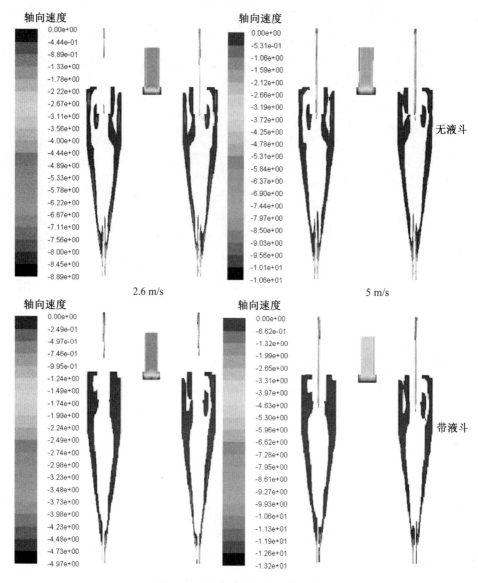

图 9.11 轴向速度在中心截面分布

为了更直观地对比截面轴向速度分布情况,底流出口为 $z=0$ 基准面,选取 $z=200$ mm、$z=150$ mm、$z=100$ mm 三个横截面的四个旋流原件的轴向速度平均值,并结合旋流器几何模型,结果如图 9.12 所示。从图中可更加清楚地看到旋流器内外旋流的分布情况及 LZVV 与各截面的交点,从图中还可看出,带有公共液斗的并联旋流器,轴向速度向下的区域更多,分离空间更大,则颗粒分离更充分,有利于分离效率的提升。

分析自由涡高度的变化。自由涡高度定义为溢流管下端到旋流末端的距离。以速度表征自由涡形式,对于无液斗情况,旋流末端即为底流出口处,但带有公共液斗时,旋流末端的位置会向下延伸至液斗内部,自由涡高度变大,如图 9.13 所示。因而分离空间更大,则颗粒分离更充分,有利于分离效率的提升。

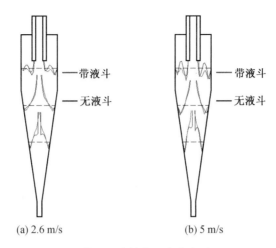

图 9.12　旋流器内轴向速度分布对比

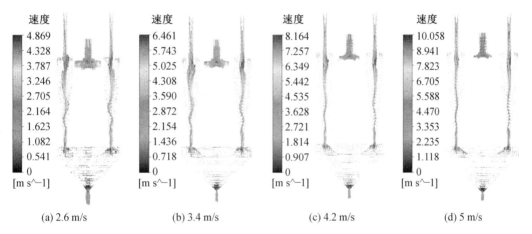

(a) 2.6 m/s　　　　(b) 3.4 m/s　　　　(c) 4.2 m/s　　　　(d) 5 m/s

图 9.13　带有公共液斗的旋流器自由涡高度示意图

　　并联旋流器带有公共液斗中,则需要考察公共液斗中是否存在"窜流返混"现象。有研究认为公共空间中"窜流返混"是恶化并联整体性能的重要因素。

　　底部公共液斗内的轴向速度分布如图 9.14 所示,可见,在分离元件底流出口 10 mm 以下空间,流体速度较分离元件内大为衰减,更重要的是没有发现流体从一个分离元件到另一个分离元件的定向运动,即所谓的"窜流"。

　　另外,如果分离元件之间发生"窜流",则每个分离元件的进口流量 Q_{in} 和出口流量 Q_{out} 必然不同。所以,还可通过监测分离元件净流量 Q_{net}(进、出口流量差异)来判断公共灰斗内是否有窜流。

　　以流动最强烈的入口流速 5 m/s 情况为例,如表9.1所示,各分离元件的流量和压降最大偏差分别不超过 0.13% 和 0.21%。考虑到计算误差,可以认为:各分离元件流量是平均分配的,且压降相同。由此表明理论情况下相同结构分离元件并联加装公共液斗后不存在"窜流"问题,这有利于提升分离效率。

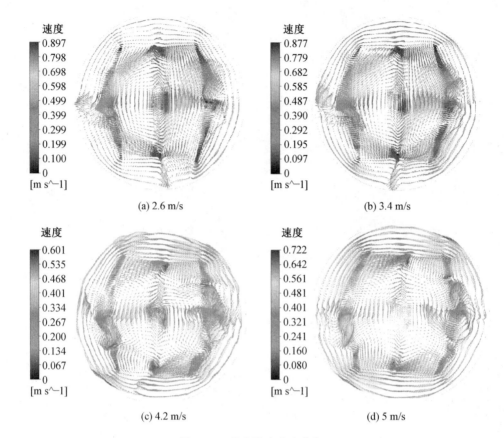

(a) 2.6 m/s　　　　　　　　　　　　　(b) 3.4 m/s

(c) 4.2 m/s　　　　　　　　　　　　　(d) 5 m/s

图 9.14　公共液斗速度分布

表 9.1　各分离元件压降和质量流量对比

	模拟 $\Delta P/\text{Pa}$	$Q_{\text{in}}/(\text{kg} \cdot \text{s}^{-1})$	$Q_{\text{out}}/(\text{kg} \cdot \text{s}^{-1})$	$Q_{\text{net}}/(\text{kg} \cdot \text{s}^{-1})$
Cell—1	117 500	0.390 8	0.391 0	−0.000 2
Cell—2	117 720	0.391 0	0.390 9	0.000 1
Cell—3	117 410	0.391 2	0.391 0	0.000 2
Cell—4	117 490	0.390 7	0.390 9	−0.000 2
Deviation	0.21%	0.13%	0.03%	—

　　在水力旋流器公共液斗中，若存在周期性摆动的涡核（内旋流）与边壁接触，容易造成边壁已分离的颗粒重新卷入快速上行的内旋流，从而降低分离效率。对旋流元件，由于结构的不对称性以及涡核旋进，会导致涡核周期性的摆动，进而导致内旋流与边壁接触，这样边壁上已分离的颗粒被重新卷入快速上行的内旋流，从而降低分离效率。

　　旋流的稳定性可用旋流器内的静压分布直观表示。可通过比较静压最低点偏离各旋分器几何中心的相对距离，可定量反映旋分器中旋流的稳定性。定义旋流稳定性指数（Stability index of vortex flow），符号为 S_v，计算式如下：

$$S_v = \frac{\text{旋进涡核中心与几何中心径向距离 } d_{PVC}}{\text{横截面半径 } R_{local}} \times 100\% \tag{9.2}$$

以下分别从空间和时间两方面考察各旋分器排尘段 S_v 的变化。

从空间上看,考察有无液斗结构在 $z = 10 \sim 200$ mm 范围同时刻不同位置的四个元件平均 S_v 值变化规律,如图 9.15 所示。

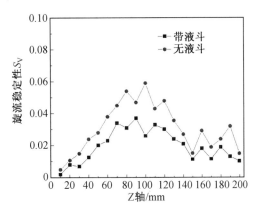

图 9.15　不同 Z 轴位置时分离元件与单旋分器 S_v 对比

数值计算中时间步长为 1.0×10^{-3} s,根据底流口处切向速度估算,旋进涡核摆动一周时间约为 1.0×10^{-2} s,所以也可在时间上考察两种结构在相同位置($z = 50$ mm、$z = 100$ mm)不同时刻的 S_v 变化规律,如图 9.16 所示。

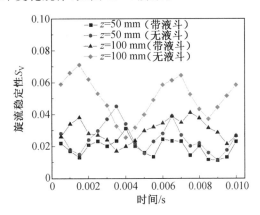

图 9.16　不同时间分离元件与单旋分器 S_v 对比

可见,不论从空间还是从时间上看,带液斗旋流元件的旋流摆动幅度较无液斗均有降低趋势,旋流稳定性增强,已分离颗粒返混夹带概率降低,这些都有利于改善并联的整体效率。

由此引出另一个问题:为什么分离元件中的旋流会更加稳定? 该问题严格的流体力学分析涉及有限空间中涡系的动力学问题,机制比较复杂。为了便于理解,本书仅从定性角度做简要分析。

涡系稳定性分析:带公共液斗的并联分离元件底流口下端流体在公共液斗中单相旋转,将这些旋涡简化成点涡,四个相同旋流元件并联后的旋涡等效看作点涡系。在靠近底流出口处,公共液斗中的流体运动即可等效为多个点涡运动叠加。

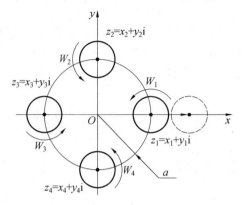

图 9.17　复平面中四个点涡组成的点涡系

因此,考察同旋向、等强度、中心对称的点涡系在二维无界流场中运动的稳定性,可为掌握公共液斗中的流动情况提供有益参考。

四个点涡在复平面中组成的二维点涡系如图 9.17 所示,分别称作点涡 1、点涡 2、点涡 3、点涡 4。每个点涡的位置为 $z_j(x_j, y_j)$,强度(或速度环量)为 W_j,四个点涡中心对称排列,点涡系的复位势为

$$F(z) = \frac{1}{2\pi i}\sum_{j=1}^{4}W_j \cdot \ln(z - z_j) \tag{9.3}$$

流体为无黏性不可压缩时,该点涡系是 Hamilton 系统,给定点涡系的初始位置 z_i 和点涡强度 W_i,由 Hamilton 正则方程可导出点涡系的两个积分不变量:

质心矩(也有称质量矩)守恒

$$G = S + iT = W_1 z_1 + W_2 z_2 + W_3 z_3 + W_4 z_4 = \text{constant} \tag{9.4}$$

惯性矩守恒

$$M = W_1|z_1|^2 + W_2|z_2|^2 + W_3|z_3|^2 + W_4|z_4|^2 = \text{constant} \tag{9.5}$$

具体到本书问题,各点涡强度相等,有 $W_1 = W_2 = W_3 = W_4 = $ 常数 $= W$。上述质量矩和惯性矩守恒可写成分量形式:

$$\begin{cases} S = W \cdot (x_1 + x_2 + x_3 + x_4) = 0 \\ T = W \cdot (y_1 + y_2 + y_3 + y_4) = 0 \end{cases} \tag{9.6}$$

$$M = W \cdot [(x_1^2 + y_1^2) + (x_2^2 + y_2^2) + (x_3^2 + y_3^2) + (x_4^2 + y_4^2)] = \text{constant} \tag{9.7}$$

考察最简单的一个情形。假设点涡 2 和点涡 4 保持初始位置不变,现点涡系中有某个扰动,使点涡 1 仅在 x 轴正向产生位移 $\Delta x > 0$,考察点涡 3 的相应变化。

扰动前,点涡 1 和点涡 3 同时满足式(9.6)和式(9.7),即

$$x_1 + x_3 = 0 \tag{9.8}$$

$$x_1^2 + x_3^2 = \text{constant } c_1 \tag{9.9}$$

扰动后,x_1 沿 X 轴正向移动,为满足质量矩守恒式(9.8),x_3 应该沿 X 轴负向移动;但是,为了满足惯性矩守恒式(9.9),在 x_1^2 增大时,x_3^2 应该减小,注意到 $x_3 < 0$,所以 x_3 又应该沿 X 轴正向移动。此时,只有 $\Delta x \to 0$,即点涡 1 和点涡 3 均稳定在初始位置,才能

同时满足质量矩和惯性矩都守恒。

一般情况下,为了保持质量矩和惯性矩同时守恒,当点涡系中某一个点涡受到小扰动偏离初始位置时,在其他点涡的约束下,会迅速恢复到初始位置,点涡系整体表现出一种固有的"自稳定性"。

而单个点涡则缺少这种相互约束的作用。单个点涡受到外界小扰动时,理论上可以处于二维无界流场中的任意位置。故当 4 台完全相同的旋流元件并联工作时,加装公共液斗可使液斗内形成旋涡系,除器壁约束外,每个旋涡还会受到其他旋涡约束,旋涡系中心比单个旋涡中心摆动幅度要小,稳定性更强。公共液斗中旋涡系固有的自稳定性反过来也增强了各旋流元件中旋流的稳定性。有助于提升分离效率,并减少压降。

9.2　旋流分离设备效率与结构关系研究

旋流分离设备分离效率与结构之间存在必然的关系,要想提升旋流分离设备的分离效率,必须对于结构与效率之间的关系有深入的研究。本节以典型的旋流分离设备——直流式分离单管为例子,论述如何通过改进结构来提升分离效率。

本节应用数值模拟和冷模实验验证相结合的方法,对催化裂化装置中第三级旋风分离器内部的直流式分离单管进行结构优化,在尽量不增加压降的前提下尽可能地提高其分离效率。并对优化后的直流单管进行放大,对放大后的单管的性能进行效率研究。

9.2.1　直流单管的数值模拟计算方法

1. 直流单管的几何模型

该旋风单管为双向切向矩形进口,属于直流式旋风分离器。进口形式为双向切向进口。排气与排尘方向相同,均在下侧,如图 9.18 所示。

图 9.18　新型旋风直流单管模型示意图

模拟的旋风分离器尺寸如图 9.19 和表 9.2 所示。筒体内径为 250 mm。

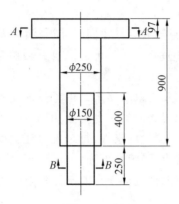

图 9.19　旋风分离器尺寸图

表 9.2　旋风分离器尺寸表

旋风分离器	尺寸/mm
筒体高度	900
筒体直径	250
排气管直径	150
排气管插入深度	400
进口高度	97
进口宽度	42

2. 直流单管的网格划分

旋风单管的计算模型的主要部分为圆柱形筒体、两个切向进口和不规则形排尘口,符合结构化网格的使用条件,但划分难度较大。采用 ICEM 14.0 软件对旋风单管进行网格划分,网格类型全部采用六面体网格,再对进口处及与进口连接的筒体进行网格加密处理,提升切向连接处的网格质量,完成局部加密后,总体网格质量可以在 0.6 以上,完全符合运算要求。旋风单管网格划分示意图如图 9.20 所示。

图 9.20　旋风单管网格划分示意图

3. 边界条件及初始设置

无论旋风分离器是直流式还是逆流式,在模拟计算时,边界条件的设置是基本相同的,具体的选择及设置如下:

(1)边界条件。

进口气流为常温下的空气(密度为 1.205 kg/m³,运动黏滞系数为 1.8×10⁻⁵),选择速度进口为单管的进口设置,选择湍流强度和水力直径为进口指定参数可以利于收敛。

由于模型已选取较长的排气管长度,因此认为排气管出口截面处流动充分,可将旋风分离器排气管口设置为自由出流。其他面均为固体壁面。固体壁面上的流体速度与固体壁面速度相同,特别地,在静止的固体壁面上,流体速度为零,除聚合流体等少数情况,选择无滑移条件在多数场合都是符合实际的。

(2)初始设置。

为了提高计算速度,通常会给定流场一个初始值进行定常(稳态)计算,在旋风单管内预先建立兰金涡(Rankine)形式的流场。即导入网格后先用 $k-\varepsilon$ 湍流模型进行定常计算,设置收敛精度为 10⁻⁴,然后采用 RSM 湍流模型进行定常计算直至收敛曲线稳定(残差为 10⁻³~10⁻¹),此时流场的兰金涡已建立,数值解正在靠近最终解,转成 RSM 模型的非稳态计算。

在模拟中,平均网格尺寸为 20 mm,入口切向速度约为 40 m/s,时间步长最大值为 0.000 5 s,本节中的模拟非稳态计算时间步长取 0.000 3 s。

4. 差分格式及算法

模拟计算开始时,需要利用标准 $k-\varepsilon$ 湍流模型为整个流场的计算确定一个大的估值,然后转至 RSM 模型继续稳态计算。这期间 RSM 模型选用差分格式为 QUICK 格式、压力插补格式为 PRESTO(Pressure Staggring Option)格式。继续计算至收敛后,改用同格式的瞬态计算,迭代至时间步 1~2 s 时收敛,这样可以保证计算精度的同时有效节省计算时间。需要注意的是,通常松弛因子采用默认值即可收敛,但并不是所有的算例都可以达到收敛,这时可适当优先调低动量值,降低收敛的难度。

9.2.2　对于筒体高度的模拟结果对比及分析

直流单管的结构优化已完成排气管直径和排气管插入深度这两个关键参数的模拟和规律总结,但是对其他结构,例如筒体高度等没有进行研究,通过文献调研可知筒体高度对逆流式单管的性能是有较大的影响的。其余的影响因素没有过多的文献支撑,结合现有的逆流式旋风分离器的影响因素选取筒径比、进口结构及排尘面积比作为模拟内容。

筒体高度是影响旋风分离器分离效率和压降的一个二类影响参数。固体颗粒主要通过高速产生的离心力与气体分离,切向速度是描述气体旋转运动强度的主要物理量。当筒体高度增加时,颗粒在分离空间中的停留时间增加,并且转数增加,使得颗粒可以充分旋转到达内壁面,达到颗粒被捕集的目的,有利于总分离效率的提高。然而,倘若筒体高度继续增加,整个分离筒体的内壁面总面积也会大幅增大,这必然使得气流停留时间过长,相应的摩擦损失也大幅增加,使得气流的动能减小,即关键指标——切向速度降低,最终影响总的分离效率。

1. 筒体高度对切向速度及湍动能的影响

将旋风单管沿 X 轴（即 $y=0$）剖分，在其剖面上分析其流场。其切向速度（入口线速 20 m/s）在轴向上的分布云图如图 9.21 所示。

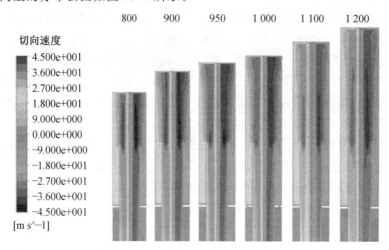

图 9.21　$Y=0$ 处切向速度分布云图

由图 9.21 可知，不同筒体高度在该剖面上切向速度分布相似，但是数值不同。高度较低（800 mm、900 mm、950 mm、1 000 mm）的云图中切向速度绝对值更大。此外可以看出，旋风单管气相流场的稳定性很好，云图几乎完全对称，排气管气流处并未发生扭曲。证明该结构具有很好的稳定性。

考虑到筒体高度为 1 200 mm 时切向速度降低明显，且高度过高会增加制造成本和安装难度，不适宜应用。

旋风管的分离空间流动为强旋流，作为强旋流指标的切向速度在轴向方向的规律近似相同，分析了 $z=-100$ mm 处 0～180°方向的切向速度分布变化规律（即以图 9.22 为例），认为这个高度处的截面的切向速度高于其他算例同一高度处的截面的切向速度时，分离空间其他高度处截面的切向速度也高于其他算例同等条件下的切向速度，便于定性分析结构尺寸变化对单管性能的影响。

由图 9.23 也可观察到，气流切向速度中心位置与旋风分离器几何中心完全重合，沿径向的变化趋势相似，而且出现的切向速度均为正，即与坐标轴的旋转方向相同。800 mm 的切向速度最大值最大，1 100 mm 的切向速度最大值最小。从径向上看，此处的切向速度，沿径向由外向内急速增加，经过边壁区的边界层后继续增加，但在距中心位置 50 mm 处开始陡降。950 mm 和 800 mm 的切向速度沿径向变化较为陡峭，切向速度变化梯度大，有利于提高流场的旋转强度；其余三个较为平缓，切向速度变化梯度小，流场旋转强度小。

整体来看：800 mm 时最大切向速度最大，约为 44.5 m/s；950 mm 次之，约为 42.5 m/s；而 1 100 mm 时最大切向速度最小，约为 41.2 m/s，比 850 mm 时减小约 7.4%。旋风单管气相流场的稳定性很好，云图几乎完全对称，排气管气流处并未发生扭曲。说明该结构具

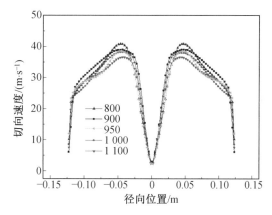

图 9.22　$z=-100$ mm 处切向速度沿 Y 轴分布图

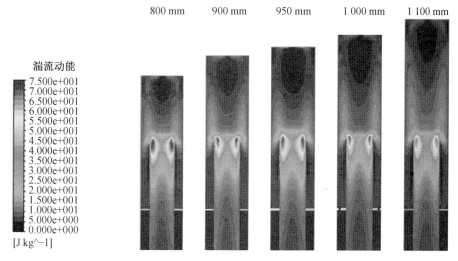

图 9.23　$Y=0$ 处湍动能云图

有很好的稳定性。

由图 9.24 可知,云图中湍动能整体值偏小,最大值(80 J/K)所占区域较小,且均分布在排气管进口处,说明此处是气流扰动较大的区域。

整体来看,最大切向速度大小随筒体高度增加而降低;但 800 mm、900 mm、950 mm 三个长度差别不大。最大湍动能大小随筒体高度增加而减小,800 mm 湍动能最大,为 80 J/K;1 100 mm 湍动能最小,为 67.92 J/K;减小约 15.1%,变化率整体呈增大的趋势。

2. 筒体高度对效率的影响

从现有的旋风分离器的优化设计中,可以知道筒体高度属于优化设计中的二类尺寸,不同的筒体高度对分离效率的影响较小。图 9.25 为总效率随筒体高度的变化曲线图。

计算得到不同筒体高度旋风分离器内流场的流动特性,结果表明分离效率随着筒体高度的增加,先增大后减小,950 mm 时达到峰值 86.62%;1 100 mm 时效率降到最少 84.98%,下降了 1.98%;总体波动幅度并不大。但筒体高度过短时,湍动能在内外涡分界面处有较大波动,使分离效率降低。

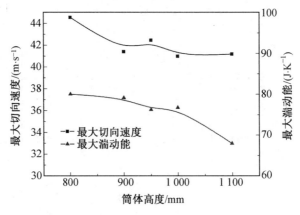

图 9.24　最大切向速度及最大湍动能随筒体高度变化曲线图

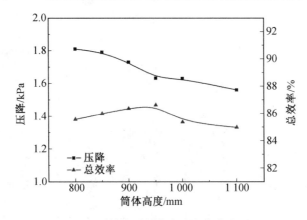

图 9.25　总效率随筒体高度变化曲线图

当进口气速一定时,压降随着筒体高度的增加而减小,变化曲线近似直线,接近线性变化。可认为筒体高度的变化规律和逆流式单管相似。

故该旋风单管稳定性优良,整体流场未发生偏移和扭转。在模拟的范围内,最大切向速度和最大湍动能随筒体高度的增加而减小;压降随着高度的增加而降低,与逆流式单管相符合;效率随着高度的增加,先增加后减小。可见,筒体高度是影响直流式旋风单管的一个因素,但是非显著因素,综合考虑,认为筒体高度存在最优值,为 950 mm,此处分离空间切向速度高,切速度变化梯度大,因而旋转强度高,同时流场湍动小,引起的掺混少,有利于分离。

9.2.3　对于进口结构的模拟结果对比及分析

1. 各进口结构的介绍

在切向入口型式中,蜗壳进口处理量大,压力损失小,是比较理想的一种进口型式。在 90°、180°、270°蜗壳型式中,以 90°的蜗壳最为常见,180°、270°的蜗壳受本模型双进口的限制难以实现,不再考虑。针对旋风分离器的入口型式对进口处影响的流场测定表明,入口结构直径影响入口处气流与二次流,对筒体内的分离空间和排气管处的影响几乎没有,前人一般通过改变入口结构来改善分离器顶旋流情况,使短路流减少,提升整体效率。作为直流式旋风分离器,也可减小顶部的涡流。

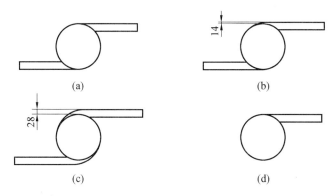

图 9.26　各入口结构示意图

图 9.26(a)原型:双向直切进口;

图 9.26(b)双向蜗壳进口:90°蜗壳包角,双向进口,偏心距 $e=14$ mm;

图 9.26(c)双向蜗壳进口:90°蜗壳包角,双向进口,偏心距 $e=28$ mm;

图 9.26(d)单向切向进口。

2. 进口结构对切向速度及湍动能的影响

由图 9.27 可知,对于双入口切向速度分布在该剖面上相似,但是数值不同。单项进口和双向切向进口的云图中切向速度绝对值更大。此外,可以看出,双向进口的旋风单管气相流场的稳定性很好,云图几乎完全对称,排气管气流处并未发生扭曲。证明双入口结构具有很好的稳定性。

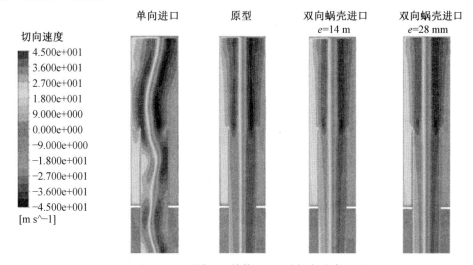

图 9.27　不同入口结构 $Y=0$ 处切向速度云图

由图 9.28 可观察到,双向进口气流做离心运动的中心位置与旋风分离器的几何中心是完全重合的,沿径向的变化趋势相似,而且出现的切向速度均为正,即与坐标轴的旋转方向相同;而单向进口的中心位置明显偏移,且会随着截取数据位置的改变而改变,整体不呈轴对称,稳定性差,不利于分离效率的提高。切向速度最大的是单向进口,双向切向进口的切向速度值大于蜗壳进口,二者分布规律相似。双向进口时的流体分散进入旋风分离器上部的环形空间,原有的激烈的挤压和撞击形成的强湍流被适度抑制,反而使得没有蜗壳的双向进口比有蜗壳的双向进口旋风分离器表现得更好。

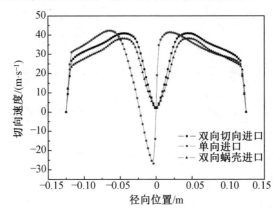

图 9.28 $z=-100$ mm 处切向速度沿 Y 轴分布图

综合以上结果和分析,认为双切向入口是目前模拟的三个结构中最优的结构,其稳定性好、切向速度最大值高、分级效率最高。

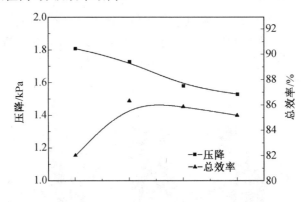

图 9.29 总效率随进口结构变化曲线图

3. 进口结构对效率的影响

计算得到不同筒体高度旋风分离器内流场的流动特性,结果表明分离器内的分离效率差别很大,进口结构不同,流动特性不同。单向进口与蜗壳进口的效率均差于双向切向进口的效率。蜗壳偏心距较大的($e=28$ mm),效率比较小的高出 0.8%。

综上,认为存在双向切向进口比单向进口和双向蜗壳进口更优。在模拟结果分析中,该处是分级效率和总效率最高的位置。

综合以上结果和分析,认为双向进口在流场的稳定性上相对单向进口有明显优势,也知道导致双向进口的效率高于单向进口。在双向进口中,双切向进口比双向蜗壳进口更优,这是因为蜗壳进口虽然有利于造旋,利于提高刚进入分离空间的颗粒的切向速度,在理论上可以提高分离效率,但综合分析来看,其结构削弱了稳定性,导致分离效率的降低,整体上反而不如普通的双切向进口。所以认为双切向进口是目前模拟的三个结构中最优的结构,其稳定性好、切向速度最大值高、分级效率最高。

9.3　旋流分离设备放大增产研究

本节的目的是论述如何进行旋流分离设备的增产应用。常规的增产方式很难保证工作性能随着结构的变化保持高效。本节依旧以典型的旋流分离设备——旋风单管为例,阐述如何利用相似放大原理,提升分离设备的处理量,同时保证性能的平稳,并论述不同结构在相似放大中对效率的影响权重。

本节主要针对直径 500 mm、350 mm 的两种单管进行直接放大模拟,通过调整结构参数来应对放大效应带来的性能下降,使得该种直流式旋风单管的效率始终保持在 90% 以上。具体的,放大模拟先是进行几何尺寸的直接放大,再通过调整排气管直径和排气管插入深度这两个重点参数对单管流场和性能的影响,并总结变化规律,分析异同点,并给出理论分析。

9.3.1　大直径直流单管的优化模拟方案

直流单管的放大模拟是为了解决两个问题:筛选出的大直径直流单管效率不低于 88%,以及进一步验证直流单管各尺寸对性能的影响程度在不同直径单管上的不同。

具体到本节,模拟了 500 mm、350 mm 两种直径的直流单管,并辅以实验验证。

表 9.3 为旋风分离器直接放大尺寸表。由表 9.4 和表 9.5 可知,500 mm 直径的直流单管网格数量约为 37 万较为合适,350 mm 直径的直流单管网格数量约为 22 万较为合适。

表 9.3　旋风分离器直接放大尺寸表

旋风分离器	尺寸(500 mm)	尺寸(350 mm)
筒体高度	1 900	1 330
筒体直径	500	350
排气管直径	300	210
排气管插入深度	800	600
进口高度	194	136
进口宽度	84	60

网格划分方式与 9.2 节中直流单管的划分方式相同。

表 9.4　网格无关性测试表(500 mm)

网格数量	压降/kPa
17 万	3.79
27 万	3.63
37 万	3.54
45 万	3.53

表 9.5　网格无关性测试表(350 mm)

网格数量	压降/kPa
16 万	3.30
22 万	3.34
24 万	3.34

9.3.2　大直径直流单管的优化模拟结果

1. 直径 500 mm 直流单管

(1)研究排气管插入深度对性能的影响。

在粉料特性不变的实验条件下,最优插入深度的变化规律与入口线速和入口面积基本无关。同时,粉料特性对最优插入深度的影响规律也不会受这些因素干扰。因而本书中只以入口粉尘颗粒浓度 500 mg/m³、入口线速 28 m/s 时的模拟结果为例进行分析。

由图 9.30 知,7 μm 以上的分级效率都是趋于 100%,即几乎可以完全分离;分级效率差别较大的为小于 5 μm 的粒径,对于这个区间,表现最好的是插入深度为 1 000 mm 的模型,相比直径 250 mm 的单管,排气管插入深度与筒体直径的最优比例从 1.6 上升至 2。

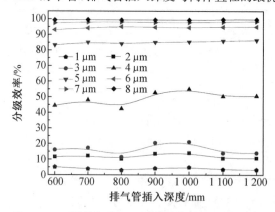

图 9.30　不同排气管插入深度单管分级效率曲线图

从现有的旋风分离器的优化设计中,可以知道排气管插入深度属于优化设计中的一类尺寸,对效率的影响较大。但在实际模拟中,最优值与最差值相差不到 1%,说明排气管插入深度的变化对分离效率的影响较小。这是由于在做放大研究的过程中,各尺寸已经很接近最优尺寸,所以改变这个尺寸并不能带来很大的变化,但是验证了排气管插入深度的尺寸的调整存在最优值。

　　计算得到不同排气管插入深度旋风分离器内流场的流动特性,结果表明分离效率差别不大,一定程度上是排气管插入深度的增加会导致总效率先增大后减小(图 9.31)。

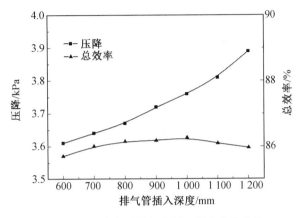

图 9.31　总效率随排气管插入深度变化曲线

　　当进口气速一定时,数值差别不大,压降随着排气管插入深度的增加而增加,呈正相关,变化曲线近似直线,接近线性变化。

　　综合各图,认为存在最优值在 1 000 mm 处。在气相流场上,该处既是排气管附近旋转强度最强,同时又是气流掺混最小的位置。在模拟结果分析中,该处是分级效率和总效率最高的位置。

　　(2)研究排气管直径对性能的影响。

　　对于直流式单管,排气管口处速度很高,局部压力变化较大。随着排气管直径的增加,颗粒从进口至排气管下口的绝对距离逐渐缩短,因而颗粒越容易还未完成分离过程就直接被吸入排气管内,造成了单管分离效率的下降;但是气流进入排气管的流通面积也增加了,减弱了气流扰动造成的影响,因而降低了气流的压力损失。而且对于排气管内部而言,排气管直径增大可以减小其内的内涡流,排气管直径增加会同时降低压降和效率。

　　图 9.32 为不同排气管直径单管分级效率曲线图,图 9.33 为总效率随排气管直径变化曲线图。

　　由图 9.32 知,8 μm 以上的分级效率都是趋于 100%,几乎可以完全分离,不再显示。分级效率差别较大的为小于 5 μm 的粒径,直径越小表现越好。对于这个区间,表现最好的是直径为 150 mm 的模型。

　　对于 1 μm、2 μm 粒径的分级效率来说,在实际中涉及小分子的团聚效应,会比模拟数据略高一些,因此,这个区间的模拟数据影响因素较多,并不十分可靠,只观察定性规律,不做定量分析。

　　从现有的旋风分离器的优化设计中,可以知道排气管直径属于优化设计中的关键因素之一,对效率和压降的影响巨大,直接决定分离单管性能。不同的排气管直径对分离效率的影响显著。排气管直径小于 250 mm 的单管效率可以达到 90% 以上。

　　计算得到不同排气管直径旋风单管内流场的流动特性,结果表明分离效率受排气管

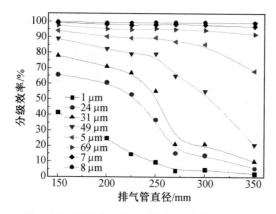

图 9.32　不同排气管直径单管分级效率曲线图

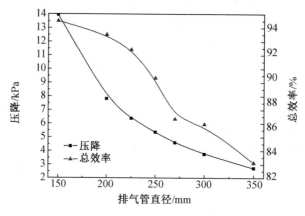

图 9.33　总效率随排气管直径变化曲线图

直径影响显著。是随着排气管直径的减小而迅速增加。入口浓度 500 mg/m³，效率 90%及以上时可以保证完全符合要求。

　　对影响单管性能最重要的因素即为排气管直径：最大切向速度随排气管直径减小而迅速增大，350 mm 的最大切向速度最小，150 mm 最大切向速度最大，呈线性规律；最大湍动能随排气管直径减小也迅速增大，150 mm 的最大湍动能最大，350 mm 最大湍动能最小，变化率随排气管直径减小而增加。压降及效率的变化规律与逆流式单管在整体规律上是相似的，均为随排气管直径的减小而迅速增加。当排气管直径小于 250 mm 的单管分离效率就可以达到 90% 以上。

　　对压降和效率综合考虑，选择排气管直径 225 mm，此处的模拟结果，分离效率为92.18%。

2. 直径 350 mm 直流单管

　　在完成了 250 mm 直径单管和 500 mm 直径单管的结构尺寸优化后，350 mm 直径单管就不必每个影响因素都进行模拟了，只对重要因素做一下探讨，根据前文 250 mm 直径单管和 500 mm 直径单管的经验选择筒体高度、排气管高度、排气管直径这三个因素进行正交试验，试验选择尺寸见表 9.6 和表 9.7，单位均为 mm。

表 9.6　正交实验表

	1	2	3	4
排气管直径	150	170	190	210
排气管高度	460	560	660	760
筒体高度	1 200	1 330	1 460	1 590

表 9.7　正交模拟方案列表

编号	排气管直径	排气管插入深度	筒体高度
1	210	460	1 200
2	210	560	1 330
3	210	660	1 460
4	210	760	1 590
5	190	460	1 330
6	190	560	1 200
7	190	660	1 590
8	190	760	1 460
9	170	460	1 460
10	170	560	1 590
11	170	660	1 200
12	170	760	1 200
13	150	460	1 590
14	150	560	1 460
15	150	660	1 330
16	150	760	1 200

　　排气管直径较大时,主要受筒体高度影响,筒体高度越高,总效率越高;排气管直径较小时,主要受排气管插入深度影响,排气管插入深度越高,总效率基本越高(图 9.34、图 9.35 和表 9.8)。

表 9.8　350 mm 直径直流单管模拟结果汇总表

排气管直径/mm	总效率/%
150	90.6~92.8
170	88.7~92.0
190	87.0~89.5
210	87.1~87.9

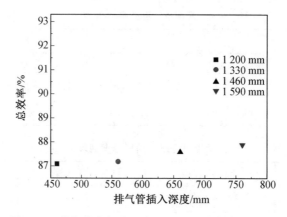

图 9.34　排气管直径为 210 mm 时不同结构的总效率

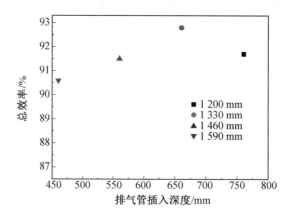

图 9.35　排气管直径为 150 mm 时不同结构的总效率

　　本节阐述如何利用相似放大原理,提升分离设备的处理量,同时保证性能的平稳;在研究三种直径的直流式旋风单管的过程中,可以知道对其性能影响最大的三个因素依次为排气管直径、筒体高度、排气管插入深度。

　　要想在放大直径的基础上仍保证总效率不低于 88%,优化出的选型最重要的是排气管直径与筒体直径的比值的变化。500 mm 直径直流单管的优化选型为依照排气管直径、排气管插入深度、筒体高度依次选择为 200、800、1 900,此时效率最高是 93%。350 mm 直径直流单管的优化选型为 150、660、1 330 此时效率最高是 92.8%。

第 10 章 透平膨胀机叶轮强度及模态的分析研究

10.1 概 述

随着钢铁、石化、化肥、煤化工投资改造的飞速增长,空分设备的需求急速攀升,空分的等级亦逐渐朝大型化、高速化方向发展。空分行业各个企业也投入了大量资金用于设备和技术的改造。与此同时,国外公司也纷纷采取和国内企业合作控股的形式抢占国内市场,竞争逐步加剧。这样,开发透平膨胀机这类高附加值的产品就成为各空分公司今后发展的方向。就产品本身设计和生产周期来讲,缩短设计和生产周期以及调试周期都将大大提高产品的竞争力。

透平膨胀机是利用气体膨胀输出外功并产生冷量的机器,同时也是低温法空分装置及气体分离和液化装置中的重要部件之一。空分装置流程的变革、发展和进步是建立在吸附器、换热器、膨胀机、精馏塔等主要部件的基础上的。因此,透平膨胀机的变革必然会促使低温法空分装置、气体分离和液化装置等成套设备的发展和进步,透平膨胀机的发展日益趋于大型化、高速化。但是,大型化、高速化也带来了机组设计、制造、运行寿命和可靠性评估等一系列问题,尤其是叶轮强度和振动方面问题的研究显得比较突出。

叶轮是透平膨胀机的核心部件,其性能和结构的稳定性,对整个透平膨胀机安全可靠地运行起着至关重要的作用。因此,对透平膨胀机叶轮进行强度及模态的计算分析越来越受到重视,已经成为透平膨胀机设计中的重要环节。叶轮工作环境恶劣,除了承受离心力、气动力、各部分的温度梯度所产生的热应力,还有机器振动、介质的腐蚀、氧化等作用,因此叶轮故障时有发生。因此,一台透平膨胀机性能稳定性,取决于叶轮设计的合理与否。本章中的透平膨胀机工作转速高达 31 328 r/min,工作在较高温差下,为确保其工作正常,按照国家标准,必须对透平膨胀机叶轮进行强度校核。另外,对叶轮的振动特性进行分析研究,以确保其在工作转速范围内不发生共振并提高其可靠性是非常重要的。

因此,本章从透平膨胀机的机构运动特点出发,对透平膨胀机的叶轮强度及模态等问题展开研究,这对增强透平膨胀机运行的可靠性、安全性,延长透平膨胀机的使用寿命具有很好的理论意义和实际意义。

透平膨胀机利用工质流动时速度的变化来进行能量转换,因此也称为速度型膨胀机,有时我们也称之为涡轮膨胀机。其工作原理是利用气体的绝热膨胀将气体的位能转变为机械功。工质在透平膨胀机的通流部分中膨胀获得动能,并由工作轮轴输出外功,因而降低了膨胀机出口工质的内能和温度。

透平膨胀机有多种分类方式,比如根据工质在工作轮中流动的方向可以有径流式、径-轴流式和轴流式之分。按照工质从外周向中心或从中心向外周的流动方向,径流式和径－轴流式又有向心式和离心式的区别。根据一台膨胀机中包含的级数多少又可以分为单级透平膨胀机和多级透平膨胀机。按照工质的膨胀过程所处的状态，又有气相膨胀机和两相膨胀机之分。而两相膨胀又分为气液两相、全液膨胀及超临界状态膨胀。工质在工作轮中膨胀的程度称为反动度。具有一定反动度的透平膨胀机就称为反动式透平膨胀机。如果反动度很小以至于接近于零,则工作轮基本上由喷嘴出口的气流推动而对外做功,因此称为冲动式透平膨胀机。此外,还可以按照工质的性质、工作参数、用途以及制动方式等来区分不同类型的透平膨胀机。

透平膨胀机是透平机械中一个重要分支,与蒸汽轮机、燃气轮机和水轮机在原理上基本一致,是一种把流体能量转换为机械能的原动机。从用途上,透平膨胀机分为制冷用和能量回收用两大类。制冷用透平膨胀机主要是利用气体膨胀的焓值降低以获得冷量,如空气、天然气、焦炉煤气等的液化与分离等装置用膨胀机。另外由于能源供应的日益紧张以及环境保护的要求越来越高,利用低品位能源以及二次能源的能量回收用透平膨胀机也逐渐发展起来,如高炉尾气透平膨胀机、化工尾气透平膨胀机、气田和油井的天然气透平膨胀机、石油气透平膨胀机、异丁烷透平膨胀机等。

某透平膨胀机的基本结构如图 10.1 所示,主要由膨胀机通流部分、增压部分和机体三部分组成。膨胀机通流部分是获得低温的主要部件,包括蜗壳、喷嘴、膨胀轮和扩压器。工质从管道进入膨胀机的蜗壳 2,把气流均匀地分配给喷嘴 3。气流在喷嘴中第一次膨胀,把一部分比焓降转换成气流的动能,因而推动膨胀轮 4 输出外功。同时,剩余的一部分比焓降也因气流在膨胀轮中继续膨胀而转换成外功输出。膨胀后的低温工质经过扩压器 1 排出到低温管道中。增压部分是透平膨胀机功率的消耗元件,制动空气通过端盖上的进口管吸入,经增压轮 6 压缩后,再经无叶扩压器及增压蜗壳 5 扩压,最后排入出口管道中。由膨胀轮、增压轮和主轴等旋转零件组成的部件称为转子。机械功通过主轴 7 由增压轮 6 吸收。主轴的中间段加大了直径,可以增大刚度,提高临界转速,避免共振。

透平膨胀机结构的特点是和它的用途及工作条件有关的。不同的工作条件和用途对应的结构也有所差别。如作为能量回收用的透平膨胀机一般都在常温下工作,因此结构上的特点与一般常温透平机械类似。对于低温装置所用的制冷透平膨胀机,它的用途主要是降低温度。它的工作温度一般都比周围环境温度低,有时还存在较大的温差。

透平膨胀机主要用于低温制冷和能量回收。目前,从空调设备、低温环境模拟到空气与多组分气体的液化分离以及低温氢、氦的液化制冷,都有透平膨胀机的实际应用。由于透平膨胀机效率高,设备的研制较早,因而目前国内外空分装置均采用透平膨胀机提供制冷。

10.2　研究分析方法

由于透平膨胀机的高转速、温度变化大和要求长时间稳定工作,所以透平膨胀机叶轮是一个高比转速的叶轮,必须从叶轮结构入手对其静强度、热应力及振动模态等进行分析,因而叶轮的结构强度及振动分析是比较复杂的工作。

早期传统叶轮分析方法主要以材料力学为基础,分别对轮盖、叶片及轮盘等单独进行

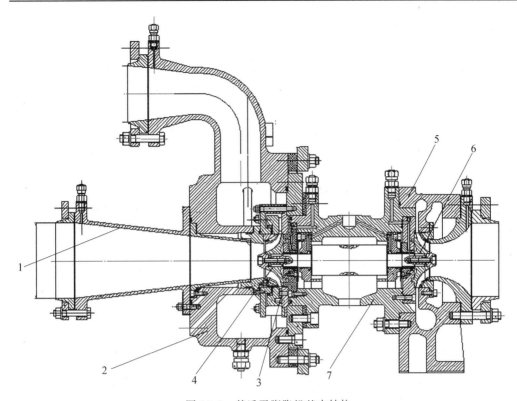

图 10.1　某透平膨胀机基本结构

1—扩压器;2—蜗壳;3—喷嘴;4—膨胀轮;5—增压蜗壳;6—增压轮;7—主轴

处理,人为地规定叶片的位移边界条件及轮盖、轮盘的外力边界条件。对所分析对象的几何形状、边界条件及所受载荷都做了较大的简化,计算精度受到一定的限制。

随着设计理论和制造技术的发展,对于工程计算校核方法也提出了较高的要求。现代设计方法的一个发展趋势是使用尽量少的材料来满足设计的要求以减少成本,这就需要精确分析结构的强度。因为经验公式计算的不足,在很多时候经验公式已经满足不了所需的精度要求。因此,针对经验公式的不足出现了许多新的数值计算方法,如有限体积法、有限差分法、有限元法。

10.2.1　分析方法的确定

有限差分法是最早应用于计算机数值模拟分析的方法。该方法的基本思路是将求解域划分为差分网格,利用有限个数的网格节点去近似的模拟代替连续的求解域。这种方法采取直接将微分问题变为代数问题的近似数值解法,是一种发展得较早而且比较成熟的数值方法。有限差分法将时间维变量与空间维变量同等看待,因此有限差分特别适于处理与时间有关的瞬态问题。

有限体积法的基本思路是将连续的求解域划分为一系列有限个数的不重复的控制体,在每个网格点周围赋予一个控制体积,然后对每一个控制体积积分,有待解的微分方程得到一组离散方程,其中的未知数是网格点的应变量数值。有限体积法适用于分析带有流动特性的大变形问题,如金属的挤压塑性变形。

有限元法是以加权余量法和变分原理为基础,其基本求解思想是把求解域划分为有限个数的单元,且单元间互不重叠,在每个单元内选择合适的节点作为求解函数的积分插值点,然后将微分方程中的变量改写为由各变量或其导数在积分差值点的节点值与所选用的插值函数组成的线性表达式,利用变分原理或加权余量法,将微分方程离散后再求解。有限元法的求解过程实际上是使用每个单元的基函数的线性组合来逼近单元的真解,整个计算域上的整体基函数由每个单元的基函数组成,所以整体计算域的解是由所有单元上的近似解构成的。

有限元法分析能对一些几何形状十分复杂的形体进行求解,计算结果具有高度的精度,并能更细致,更准确地反映应力的分布情况,而且更适于用于处理多物理场耦合问题。

综上所述,本章采用有限元法进行研究。采用的分析软件为基于有限元法的 AN-SYS 软件。下面详细介绍有限元法及其软件。

10.2.2　有限元法简介

有限元分析(Finite Element Analysis,FEA)的基本概念是用较简单的问题代替复杂问题后再求解。它将求解域看成是由许多称为有限元的小的互连子域组成,对每一单元假定一个合适的(较简单的)近似解,然后推导求解这个域总的满足条件(如结构的平衡条件),从而得到问题的解。这个解不是准确解,而是近似解,因为实际问题被较简单的问题所代替。由于大多数实际问题难以得到准确解,而有限元不仅计算精度高,而且能适应各种复杂形状的形体,因而成为行之有效的工程分析手段。

1. 有限元法的特点

有限元法之所以能有如此广泛的用途,是因为它有其自身的特点,概括如下:

(1)对于复杂几何构型的适应性。

由于单元在空间上可以是一维、二维或三维的,而且每一种单元可以有不同的形状,同时各种单元可以采用不同的连接方式。所以,工程实际中遇到的非常复杂的结构或构造都可以离散为由单元组合体表示的有限元模型。

(2)对于各种物理问题的适用性。

由于用单元内近似函数分片表示全求解域的未知函数,并未限制场函数所满足的方程形式,也未限制各个单元所对应的方程必须有相同的形式。因此它适用于各种物理问题,如线弹性问题、弹塑性问题、动力问题、屈曲问题、流体力学问题、热传导问题、声学问题及电磁场问题等,而且还可以用于各种物理现象相互耦合的问题。

(3)能够处理复杂的边界条件。

在有限元法中,边界条件不需引入每个单元的特性方程,而是在求得整个结构的代数方程后,对有关特性矩阵进行必要的处理,所以对内部和边界上的单元都采用相同的场变量函数。而当边界条件改变时,场变量函数不需要改变,因此边界条件的处理和程序编制非常简单。

(4)能够处理不同类型的材料。

有限元法可用于各向同性、正交各向同性、各向异性及复合材料等多种类型材料分析,也可以分析由不同材料组成的组合结构。此外,有限元法还可以处理随时间或温度变化的材料及非均匀分布的材料。

（5）建立于严格理论基础上的可靠性。

因为用于建立有限元方程的变分原理或加权余量法在数学上已证明是微分方程和边界条件的等效积分形式，所以只要原问题的数学模型是正确的，同时用来求解有限元方程的数值算法是稳定可靠的，则随着单元数目的增加或是随着单元自由度数的增加，有限元解的近似程度不断地被改进。如果单元是满足收敛准则的，则近似解最后收敛于原数学模型的精确解。

（6）适合计算机实现的高效性。

由于有限元分析的各个步骤可以表达成规范化的矩阵形式，所以求解方程可以统一为标准的矩阵代数问题，特别适合计算机的编程和执行。随着计算机硬件技术的高速发展，以及新的数值算法不断出现，大型复杂问题的有限元分析已成为工程技术领域的常规工作。

2. 有限元法的应用范围

有限元法是在 20 世纪 50 年代作为解决固体力学问题出现的，最初用于航空航天领域的强度、刚度计算。随着研究的深入，以及数值方法和矩阵理论的研究进展，特别是计算机技术的飞速发展，推动了有限元方法的广泛和深入应用。目前，有限元法从最初它应用的固体力学领域，已推广应用到温度场、流体场、电磁场及声场等其他连续介质领域。在固体力学领域，有限元法不仅可用于线性分析，也可用于动态分析，还可用于非线性、热应力、接触、蠕变、断裂、加工模拟及碰撞模拟等特殊问题的研究。有限元法已成为性能分析与仿真的一种非常有效的手段，也是现代设计方法的一个重要组成。

归纳起来，有限元法的应用主要有以下几方面：

（1）线性静力分析。

这是最简单、最基本也是应用最广的一类分析。主要计算结构在静力作用下的应力和变形，从而进行产品的强度和刚度校核。

（2）动态分析。

计算结构的固有特性（模态频率和模态振型），以及在动态载荷（激振）作用下结构的各种响应（位移响应、速度响应、加速度响应）和动应力、动应变等。

（3）热分析。

计算在热环境下，结构或区域内部的温度分布和热流，以及由热引起的热应变和热变形，有限元法可对稳态温度场和瞬态温度场进行计算。

（4）流场分析。

计算流体（液体或气体）场的速度和压力分布，有限元法可计算稳态和瞬态的流场参数。

（5）电磁场分析。

计算电磁场的电磁参数，包括磁场密度、点位分布以及结构的吸力特性。

（6）非线性分析。

对结构中的一些非线性现象进行分析，包括材料和几何非线性、接触非线性等。

（7）过程仿真。

有限元法可对一些物理过程进行仿真，如冲压成形、金属切割、注射变形和碰撞过程等，以及计算一些复杂的过程参数。

3. 有限元法求解问题的基本步骤

有限元求解问题的基本步骤通常为：

第一步，问题及求解域定义：根据实际问题近似确定求解域的物理性质和几何区域。

第二步，求解域离散化：将求解域近似为具有不同有限大小和形状且彼此相连的有限个单元组成的离散域，习惯上称为有限元网络划分。显然单元越小（网格越细）则离散域的近似程度越好，计算结果也越精确，但计算量及误差都将增大。因此，求解域的离散化是有限元法的核心技术之一。

第三步，确定状态变量及控制方法：一个具体的物理问题通常可以用一组包含问题状态变量边界条件的微分方程式表示，为适合有限元求解，通常将微分方程化为等价的泛函形式。

第四步，单元推导：对单元构造一个适合的近似解，即推导有限单元的列式，其中包括选择合理的单元坐标系，建立单元试函数，以某种方法给出单元各状态变量的离散关系，从而形成单元矩阵。

为保证问题求解的收敛性，单元推导有许多原则要遵循。对工程应用而言，重要的是应注意每一种单元的解题性能与约束。例如，单元形状应以规则为好，畸形时不仅精度低，而且有缺秩的危险，将导致无法求解。

第五步，总装求解：将单元总装形成离散域的总矩阵方程（联合方程组），反映对近似求解域的离散域的要求，即单元函数的连续性要满足一定的连续条件。总装在相邻单元节点进行，状态变量及其导数（可能的话）连续性建立在节点处。

第六步，联立方程组求解和结果解释：有限元法最终导致联立方程组。联立方程组的求解可用直接法、选代法和随机法。求解结果是单元节点处状态变量的近似值。对于计算结果的质量，将通过与设计准则提供的允许值比较来评价并确定是否需要重复计算。

简言之，有限元分析可分成三个阶段，前处理、加载并求解和后处理。前处理是建立有限元模型，完成单元网格划分；加载并求解是要在模型上施加载荷并利用特定的求解控制器来制定求解类型；后处理则是采集处理分析结果，使用户能简便提取信息，了解计算结果。

10.2.3 有限元软件及其应用

1. 有限元软件介绍

由于有限元法是通过计算机软件实现的，因此它的软件研发工作一直是和它的理论、单元形式和算法的研究以及计算机的演变平行发展的。软件的发展按目的和用途可以分为专用软件和大型通用商业软件。专用软件是为一定结构类型的应力分析而编制的程序。而后专用软件更多的是为研究和发展的离散方案、单元形式、材料模型、算法方案、结构失效评定和优化等而编制的程序。大型通用商业软件是基于有限元法在结构线性分析基础上,由一批专业软件公司研制的大型通用商业软件公开发行,他们多采用 FOR-TRAN 语言编写,其功能越来越完善,不仅包含多种条件下的有限元分析程序而其带有功能强大的前处理和后处理程序。由于有限元通用程序使用方便、计算精度高,其计算结果已成为各类工业产品设计和性能分析的可靠依据。以 ANSYS 为代表的工程数值模拟软件,即有限元分析软件,不断利用计算方法和计算机技术的最新进展,将有限元分析、计算机图形和优化技术相结合,已成为解决现代工程学问题必不可少的有效工具。这些有限元分析软件一般具有以下优点:

①减少设计成本。

②缩短设计和分析的循环周期。

③增加产品和工程的可靠性。

④采用优化设计,降低材料的消耗和成本。

⑤在产品制造或工程施工前预先发现潜在的问题。

⑥可以进行模拟实验分析。

⑦进行机械事故分析,查找事故原因。

2. 有限元软件的分析流程

依据有限元法的思想及其特点,有限元软件完整的有限元程序包含前处理、求解和后处理,这三部分的内容叙述如下:

(1)前处理。

①建立有限元素模型所需输入的资料,如节点、坐标值、元素内节点排列次序等。

②材料特性。

③元素切割的产生。

④约束边界条件。

⑤初始载荷条件。

而在 ANSYS 中④⑤也可以放在求解里进行。

(2)求解。

①元素刚度矩阵计算。

②系统外力向量的组合的求解。

③线形代数方程的求解。

④通过资料反算法求应力、应变、反作用力等。

(3)后处理。

将求解所得的结果如:应变(ANSYS 中称位移)、应力、反作用力等数据,通过图形接口以各种不同表示方式把等位移图、等应力图等显示出来。有限元法的整个分析流程如图 10.2 所示。

3. 有限元软件——ANSYS

ANSYS 是一种应用广泛的商业套装工程分析软件。所谓工程分析软件,主要指机械结构系统受到外力负载时出现的反应,如应力、位移和温度等,根据该反应可知道机械结构系统受到外力负载后的状态,进而判断是否符合设计要求。一般机械结构系统的几

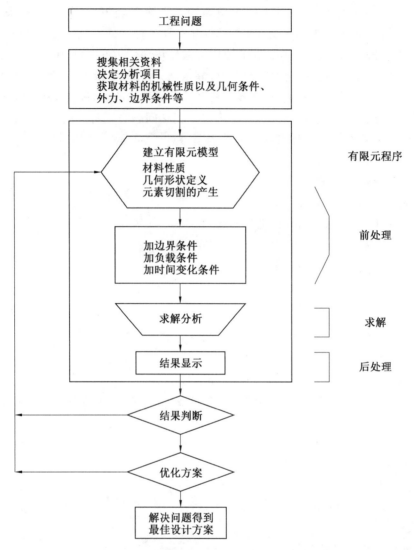

图 10.2 有限元分析流程示意图

何结构相当复杂,受的负载也相当多,理论分析往往无法进行。想要解答,必须先简化结构采用数值模拟方法分析。由于计算机行业的发展,相应的软件也应运而生,ANSYS 软件在工程上应用相当广泛,在机械、电机、土木、电子及航空等领域的使用,都能达到某种程度的可信度,颇获得各界好评。使用该软件,能够降低设计成本,缩短设计时间。

ANSYS 是一种工程数值模拟软件,是一个多用途的有限元分析软件。它从 1971 年的 2.0 版本发展到今天的 11.0 版本已有很大的不同,起初它仅提供结构线性分析和热分析,现在可用来求解结构、流体、电力、电磁场及碰撞等问题。它包含了前处理、求解及后处理,将有限元分析、计算图形学和优化技术相结合,已成为解决现代工程学问题必不可少的强有力的工具。

ANSYS 具有的计算优势如下:

(1)仿真类型全面。ANSYS 满足自然界的四大场——位移场、温度场、流场、电磁场的分析要求,具有 FEA/CFD/CEM 单场分析能力,而且每一部分的分析能力都非常强大,是 ANSYS 的三大技术支柱。

(2)多场耦合仿真。CAE 技术涵盖了计算结构力学、计算流体力学及计算电磁学等诸多学科专业。

(3)协同仿真环境。ANSYS 软件超越了计算机平台的概念,可在 MPP 群机、不同机型及操作系统的混合网络上并行计算。

正是鉴于 ANSYS 具有如上技术优势,世界各大透平机械研制单位几乎均以 ANSYS 作为其标准 CAE 分析软件。

10.3　透平膨胀机叶轮温度场的有限元分析

由 10.1 节透平膨胀机的工作原理可知,工质在透平膨胀机的膨胀轮中膨胀获得动能,并由主轴输出外功,因而降低了膨胀轮出口工质的内能和温度;而增压轮吸收主轴传递的外功,将工质压缩,从而提高了增压轮出口工质的内能和温度。由此可以看出,透平膨胀机在工作时,膨胀轮和增压轮都存在较大的温差,因此存在一定的温差应力。

为了得到膨胀轮和增压轮准确的应力分布和位移分布,同时也为了了解温差应力对膨胀轮和增压轮应力的影响程度,需要计算出膨胀轮和增压轮的温度场分布和应力场分布。

10.3.1　温度场分析理论

1. 热传导基本定律

热量从温度高的物体传到和它接触的温度较低的物体,或者从一个物体中温度较高的部分传到温度较低的部分叫作热传导。单纯的热传导过程是由于物体内部分子、原子和电子等微观粒子的运动,将能量从高温区域传到低温区域,而组成物体的物质不发生宏观的位移。

傅里叶定律用文字来表达是:在热传导现象中单位时间内通过给定截面的热量,正比例于垂直于该截面方向上的温度变化率和截面面积,而热量传递的方向则与温度升高的方向相反。

傅里叶定律用热流密度 q 表示为

$$q = -\lambda A \frac{\partial T}{\partial x} \tag{10.1}$$

式中　$\dfrac{\partial T}{\partial x}$——物体温度沿 x 方向的变化率;

　　　q——沿 x 方向传递的热流密度。

严格地说,热流密度是矢量,所以 q 应是热流密度矢量在 x 方向的分量。当物体的温度是三个坐标的函数时,三个坐标方向上的单位矢量与该方向上热流密度分量乘积合成一个热流密度矢量,记为 $\bar{q}$。傅里叶定律一般形式的数学表达式是对热流密度矢量写出的,其形式为

$$\overline{q} = -\lambda \operatorname{grad} T = -\lambda \frac{\partial T}{\partial n} \overline{n} \tag{10.2}$$

式中　$\overline{q}$——该处的热量密度矢量；

　　　$\operatorname{grad} T$——空间某点的温度梯度；

　　　$\overline{n}$——通过该点等温线上的法向单位矢量指向温度升高的方向。

2. 热传导方程

热量的传递有三种方式：传导、对流和辐射。热量通过固体传递的方式称为传导；由于流体的流动而引起的热量传递称为对流；通过电磁波进行热量传递的方式称为辐射。本小节简要介绍求解热传导问题的有限元法。

在热传导过程中，结构内每一点都有一个温度值，它们构成具有物体形状的温度场，场变量就是温度 T。温度可以随时间变化的，称为瞬态温度场，这时 $T = T(x, y, z, t)$，也可能与时间无关，称为稳态温度场，这时 $T = T(x, y, z)$。

热传导规律可用热传导方程描述。在推导热传导方程时，是从结构的任一点切出一微分体，通过微分体的热平衡条件建立微分方程为

$$\rho c \frac{\partial T}{\partial t} = \frac{\partial}{\partial x}\left(\lambda_x \frac{\partial T}{\partial x}\right) + \frac{\partial}{\partial y}\left(\lambda_y \frac{\partial T}{\partial y}\right) + \frac{\partial}{\partial z}\left(\lambda_z \frac{\partial T}{\partial z}\right) + \rho q_i \tag{10.3}$$

式中　ρ——材料密度；

　　　c——材料比热容；

　　　λ_x、λ_y、λ_z——材料沿 x, y, z 方向的导热系数；

　　　q_i——结构内部的热源密度；

　　　t——时间单位。

式（10.3）左端表示微分体单位时间升温需要的热量，右端的第一、二、三项是沿 x、y、z 三个方向单位时间内传入微分体的热量，右端最后一项是微分体内热源单位时间产生的热量。热传导方程表明：微分体温升需要的热量应与传入微分体的热量和内热源产生的热量相平衡。

式（10.3）是描述热传导规律的一般方程。对于各向同性平面结构的稳定温度场，在无内热源的情况下，有

$$\lambda_x = \lambda_y = \lambda_z, \frac{\partial T}{\partial z} = 0, \rho c \frac{\partial T}{\partial t} = 0, q_i = 0 \tag{10.4}$$

因此热传导方程（10.3）可简化为

$$\frac{\partial^2 T}{\partial x^2} + \frac{\partial^2 T}{\partial y^2} = 0 \tag{10.5}$$

3. 温度场的边值条件

为了能够求解热传导微分方程，从而求得温度场，必须已知物体在初瞬时的温度分布，即所谓初始条件；同时还必须已知初瞬时以后物体表面与周围介质之间进行热交换的规律，即所谓的边界条件。初始条件和边界条件合称为边值条件。初始条件称为时间边值条件，而边界条件称为空间边值条件。

初始条件一般表示为如下的形式,即

$$(T)_{t=0} = T(x, y, z) \tag{10.6}$$

在某些特殊情况下,在初瞬时,温度为均匀分布,即

$$(T)_{t=0} = C \tag{10.7}$$

4. 稳定温度场的变分原理

稳定温度场由微分方程和边界条件决定。在满足强制边界条件的情况下,与微分方程和边界条件等效的伽辽金提法为

$$\int_V \delta T\, \nabla^2 T \mathrm{d}v - \int_{s_2} \delta T\left(\frac{\partial T}{\partial n} + \frac{1}{\lambda}\overline{q}\right)\mathrm{d}s - \int_{s_3} \delta T\left(\frac{\partial T}{\partial n} + \frac{\beta}{\lambda}T - \frac{\beta}{\lambda}T_a\right)\mathrm{d}s = 0 \tag{10.8}$$

经积分整理

$$\int_V \alpha\left(\frac{\partial T}{\partial x}\frac{\partial \delta T}{\partial x} + \frac{\partial T}{\partial y}\frac{\partial \delta T}{\partial y} + \frac{\partial T}{\partial z}\frac{\partial \delta T}{\partial z}\right)\mathrm{d}v + \int_{s_2}\frac{1}{c\rho}\delta T q_n \mathrm{d}s - \int_{s_3}\overline{\beta}\delta T(T_a - T)\mathrm{d}s = 0$$

$$\tag{10.9}$$

其中

$$\overline{\beta} = \frac{\beta}{c\rho} \tag{10.10}$$

根据变分运算规则,式(10.9)可进一步改写为

$$\delta\prod = 0 \tag{10.11}$$

其中

$$\prod = \int_V \frac{\alpha}{2}\left[\left(\frac{\partial T}{\partial x}\right)^2 + \left(\frac{\partial T}{\partial y}\right)^2 + \left(\frac{\partial T}{\partial z}\right)^2\right]\mathrm{d}v + \int_{s_2}\frac{1}{c\rho}T\,\overline{q}_n\mathrm{d}s - \int_{s_3}\overline{\beta}T\left(T_a - \frac{1}{2}T\right)\mathrm{d}s$$

$$\tag{10.12}$$

式(10.11)即为稳定温度场的变分原理,即在满足强制边界条件的所有可能的温度场中,真实温度场使泛函数式(10.12)取极值。可以证明式(10.11)等价于微分方程和边界条件。当第二类边界条件为绝热边界时,式(10.12)所示的泛函数简化为

$$\prod = \int_V \frac{\alpha}{2}\left[\left(\frac{\partial T}{\partial x}\right)^2 + \left(\frac{\partial T}{\partial y}\right)^2 + \left(\frac{\partial T}{\partial z}\right)^2\right]\mathrm{d}v + \int_{s_3}\overline{\beta}\left(\frac{1}{2}T^2 - T_a T\right)\mathrm{d}s \tag{10.13}$$

5. 热变形与热应力计算

当物体的温度改变时,体内各部分将随着温度升高而膨胀,随着温度的降低而收敛。这种由于温度的改变而引起的变形称为热变形。热变形只产生线应变 $\alpha(T - T_0)$,其中 α 是材料的线膨胀系数,T 是物体内任一点当前的温度值,T_0 是初始温度值。如果物体各部分的热变形不受任何约束,则物体上虽有热变形却不引起应力。当物体由于约束或各部分温度变化不均匀而使热变形不能自由进行时,就会在物体中产生应力,称为温度应力(变温应力),也称热应力。只要已知物体的温度场 (T),就可以进一步求出物体各部分的温度变形与热应力。

既然物体在温度改变时会产生热变形和热应力,就可以把温度的改变看作对物体作用的热载荷。首先求出作用在单元节点的热载荷,然后就能进行热变形和热应力的计算。

由于物体热膨胀只产生线应变,而剪切应变为零,这种由于热变形产生的应变可以看

作是物体的初应变,其的表达式为

$$\varepsilon_0 = \alpha(T-T_0)[1\quad 1\quad 1\quad 0\quad 0\quad 0]^T \tag{10.14}$$

式中　α——材料的热膨胀系数;

T_0——结构的初始温度场;

T——结构的稳态温度场。

T 可由温度场分析得到的单元节点温度 T_i 通过插值求得。

物体中存在初应变的情况时,应力—应变关系可表示成

$$S = D(e-e_0) \tag{10.15}$$

式中　D——弹性矩阵。

6. 热分析有限元法的一般步骤

(1)结构离散。

结构离散是有限元法处理问题的主要手段,无论什么类型的有限元法,第一步都是对分析对象进行离散。

离散就是将一个连续的弹性体(实际上是描述弹性体形状和尺寸的几何区域,称为求解域)分割为一定形状和数量的单元,从而使连续体转换为由有限个单元组成的组合体。单元与单元之间仅通过节点连接,除此之外再无其他连接。也就是说,一个单元上的力只能通过节点传递到相邻单元。

由于单元在外观上表现为一定形状的栅格,所以仅从几何上看也可把单元称为网格,离散过程也称为划分网格。

(2)单元分析。

单元分析的任务仍然是建立单元特性矩阵和特性方程,分析的方法也与静力分析相同。不同的是两者泛函数形式不一样,且场变量变成了节点温度,它是标量场。

①温度函数。假设的单元温度分布规律称为温度函数。从划分的三节点三角形单元中任取一个单元 e,节点编号为 i、j、m,这时每个节点只有一个自由度——温度,分别设为 T_i、T_j、T_m。温度函数 $T(x,y)$ 采用与位移函数相同的形式,即

$$T(x,y) = \alpha_1 + \alpha_2 x + \alpha_3 y \tag{10.16}$$

这里,温度函数的阶次仍由单元的自由度决定。阶次越高,逼近精度越高。将节点温度值代入式(10.16)并整理得

$$T(x,y) = N_i T_i + N_j T_j + N_m T_m = [N]^T \{T\}^e \tag{10.17}$$

式中　$[N]$——形函数矩阵,$[N]=[N_i\quad N_j\quad N_m]$;

$\{T\}^e$——单元节点温度列阵,$\{T\}^e = \{T_i\quad T_j\quad T_m\}^T$。

式(10.17)表明,单元内任一点的温度可用节点的温度插值得到,插值函数就是形函数。这里的形函数与位移插值的形函数相同。

温度函数式(10.16)能够实现任意的常温度和常温度导数,满足插值函数的完备性要求。单元交界处的温度也连续,满足协调性条件。所以这种单元的有限元解是收敛的。

②单元温度刚度矩阵。热分析的目的就是要求解热传导微分方程及相应的边界条件,即边值问题。同时指出该问题的解与泛函式取得极值的解是相同的。

单元总的泛函为

$$U^e = \frac{1}{2}\{T\}^{eT}[k_t]_1^e + [k_t]_2^e\{T\}^e - \{T\}^{eT}\{p_t\}^e \qquad (10.18)$$

根据泛函数的极值条件

$$\frac{\partial U^e}{\partial\{T\}^e} = 0$$

便可得到温度单元的特性方程

$$[k_t]^e\{T\}^e = \{p_t\}^e \qquad (10.19)$$

式中　$[k_t]^e = [k_t]_1^e + [k_t]_2^e$；$\{p_t\}^e$——与温度有关的右端列阵。

为了和静力分析一致，仍将 $[k_t]^e$ 称为单元的温度刚度矩阵，其中 $[k_t]_2^e$ 是边界对单元刚阵的一部分贡献。

（3）总刚集成。

由于单元是协调的，所以结构的总泛函为各单元泛函之和，即

$$U = \sum U^e = \frac{1}{2}\{T\}^T[K_t]\{T\} - \{T\}^T\{P_t\} \qquad (10.20)$$

根据泛函有极值的条件

$$\frac{\partial U}{\partial\{T\}} = 0$$

便可得整个结构的温度方程为

$$[K_t]\{T\} = \{P_t\} \qquad (10.21)$$

式中　$\{T\} = \{T_1 \quad T_2 \quad T_3 \quad \cdots \quad T_n\}^T$——节点温度列阵；

$\{P_t\} = \sum\limits_e \{P_t\}^e$——与温度有关的总右端列阵；

$[K_t] = \sum\limits_e \{k_t\}^e$——结构的总温度刚度矩阵。

总温度刚度矩阵 $[K_t]$ 是由各个单元的温度刚阵集成得到的，集成方式与静力分析中的总刚集成完全相同。$[K_t]$ 和 $[K]$ 一样也是对称阵、稀疏阵，也具有带状分布的特点。不同之处在于，由于温度单元的场变量是标量，每个节点只有一个自由度，所以在节点数相同的情况下，$[K_t]$ 的阶次只有 $[K]$ 的一半，因此求解温度方程的规模相对要小。其次，$[K_t]$ 是一个正定阵，代数方程组 $[K_t]\{T\} = \{P_t\}$ 有唯一解，因此在求解温度方程时，不必像静力分析那样要首先清除奇异性后才能求解。

（4）求解温度方程。

温度方程 $[K_t]\{T\} = \{P_t\}$ 是一个以节点温度为变量的线性方程组，求解该方程组就可以求出各个节点的温度值，再利用插值函数 $U^e = \frac{1}{2}\{T\}^{eT}[k_t]_1^e + [k_t]_2^e\{T\}^e - \{T\}^{eT}\{p_t\}^e$ 就可以求得整个结构的温度分布。

（5）形成温度载荷。

结构温度变化时将发生热变形，如果热变形是自由的，它不会引起内部应力。但是当结构内部受热不均或受有外界约束时，其热变形就要受内部各部分的相互制约和外界的限制，从而在结构内部产生应力，这种因温度变化而形成的应力称为热应力。相应地，可

以将产生热应力的温度变化视为一种载荷,称为温度载荷。

在存在热应变的情况下,结构物理方程应为

$$[k]^e\{q\}^e=\{F\}^e+\{R\}^e_t \tag{10.22}$$

式中　$[K]^e$——单位刚度矩阵;

　　　$\{F\}^e$——节点力列阵。

$$\{R\}^e_t=\iint[B]^{\mathrm{T}}[D]\alpha_t\Delta Tt\mathrm{d}x\mathrm{d}y \tag{10.23}$$

就是由于温度变化而增加的节点载荷,称为单元变温等效节点载荷列阵。通过求解温度方程求出各个节点的温度值之后,就可利用式(10.23)求出温度载荷,式中单元的温升可取各个节点温升的平均值,即

$$\Delta T=\frac{\Delta T_i+\Delta T_j+\Delta T_m}{3}=\frac{T_i+T_j+T_m}{3}-T_0 \tag{10.24}$$

式中　T_i、T_j、T_m——计算出的节点温度;

　　　T_0——结构的初始温度。

将所有单元的变温等效节点载荷叠加在一起,就可形成整个结构的温度载荷列阵,即

$$\{R\}_t=\sum_{e=1}^{n_e}\{R\}^e_t \tag{10.25}$$

值得注意的是,按式(10.23)形成的单元温度载荷是一种节点载荷,按式(10.25)集成的整个结构的温度载荷也是节点载荷。这种载荷不需要位置,并依赖于温度分析所使用的节点而存在。因此在利用静力分析方法计算热变形和热应力时,两者必须使用相同的网格形式。所以在热分析的分网过程中,不仅要考虑结构的热分布规律,而且还要注意结构热应力和热变形的特点。

(6)计算热变形和热应力。

只要将温度变化视为一种载荷,并形成温度载荷列阵$\{R\}_t$以后,就可按与静力分析相同的方法求解热变形,这时的刚度方程为

$$[K]\{q\}=\{R\}_t \tag{10.26}$$

解上述方程求出位移$\{q\}$就是结构的热变形,再根据物理方程就能求出相应的热应力。

如果结构还受到其他机械载荷的作用,根据叠加原理,只需要在式$[K]\{q\}=\{R\}_t$中的右端加入相应的载荷列阵,即

$$[K]\{q\}=\{R\}+\{R\}_t \tag{10.27}$$

解上述方程就可以求出结构的综合变形,进而求出综合应力。

(7)结果显示、分析。

按一定方式显示结构的温度、热变形、热应力分布和热流情况,研究分析结构的合理性、可靠性和精度,评估设计优劣,做出相应的改进措施。

7. ANSYS 的热——结构耦合场分析

耦合场分析指在有限元分析的过程中考虑两种或多种工程学科(物理场)的交叉作用和相互影响(耦合)。例如电压分析考虑结构和电场的相互作用,主要解决由于所施加位

移载荷引起的电压分布问题;反之亦然。其他耦合场分析还有热－应力耦合分析、热－电耦合分析、流体－结构耦合分析、磁－热耦合分析和磁－结构耦合分析等。

耦合场分析的过程取决于所需解决问题是由哪些场的耦合作用,该分析最终可归结为如下两种不同方法。

(1)直接耦合方法。

利用包含所有必须自由度的耦合单元类型,仅通过一次求解即可得出耦合场分析结果。在这种情况下,耦合通过计算包含所有必须项的单元矩阵或单元载荷向量实现。直接耦合解法在解决耦合场相互作用具有高度非线性时更具优势,并且可利用耦合公式一次性得到最好的计算结果。但是直接耦合法一般不会用到热－结构问题中。

(2)顺序耦合方法。

按照顺序进行两次或多次相关场分析,它通过把第 1 次场分析的结果作为第 2 次场分析的载荷实现两种场的耦合。顺序热－应力耦合分析将热分析得到的节点温度作为体力载荷加在后序的应力分析中实现耦合。对于不存在高度非线性相互作用的情况,顺序耦合解法更为有效和方便,因为可以独立进行两种场的分析。顺序热－应力耦合分析可在进行非线性瞬态热分析后进行线性静态应力分析,并用热分析中任意载荷步或时间的节点温度作为载荷进行应力分析。其中耦合是一个循环过程,迭代在两个物理场之间进行直到结果收敛到所需要的精度。因此本章采取顺序耦合方法进行热－结构耦合计算。

10.3.2　叶轮温度场分析

膨胀轮是透平膨胀机产生动力的装置,也是制造冷量的装置,工质从管道进入蜗壳,把气流均匀地分配给喷嘴,气流在喷嘴中第一次膨胀,把一部分比焓降转换成气流的动能,从而推动膨胀轮输出外功;同时,剩余一部分比焓降也因气流在膨胀轮中继续膨胀而转换成外功输出。工质在膨胀轮中膨胀,必然导致膨胀轮进出口温度不同,从而产生温差应力。

增压轮是透平膨胀机消耗动力的装置,也是增加气体压力的装置。工质通过风机端盖上的进口管吸入,经增压轮压缩后,再经无叶扩压器及风机蜗壳扩压,最后排入出口管道中。工质在增压轮中被压缩,必然导致增压轮进出口温度不同,从而也存在温差应力。

1.叶轮实体模型的建立及材料属性

(1)叶轮的实体建模。

ANSYS 提供了两种获取实体模型的途径:一是利用 ANSYS 的前处理器 CAD 实体建模功能创建模型;二是利用 ANSYS 的 CAD 接口功能将其他软件的模型导入 ANSYS。第一种方法建模效果好,但与其他 CAD 软件相比速度较慢;第二种方法直接使用其他CAD 软件的模型,减少同一模型的反复建模。同时透平膨胀机叶轮主要是由轮盖、叶片、轮盘三部分组成,轮盖、轮盘的结构均为圆周对称结构,几何形状简单。而叶片的几何形状较为复杂,其前后面均为一个空间的弯扭曲面。因此,在本课题中叶轮的三维实体建模通过 Pro/E 软件强大的曲面造型功能来实现,采用直接把模型从 Pro/E 导入 ANSYS 的方法获取叶轮模型。

建模过程中,根据有限元分析中对实际的模拟情况及保证计算的准确性和可行性等方面对叶轮做适当的简化：叶轮轮盘轮毂密封齿对叶轮整体的强度及模态分析影响较小，模型中不加以考虑；叶轮模型中忽略各处的圆角与倒角；叶轮中的焊接部位均做一体化链接处理。

膨胀轮模型如图 10.3 所示。

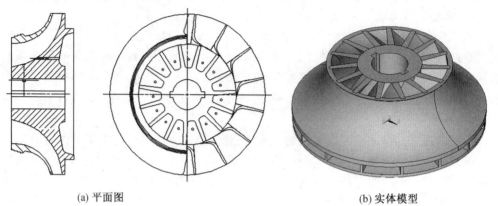

(a) 平面图   (b) 实体模型

图 10.3　膨胀轮模型

增压轮模型如图 10.4 所示。

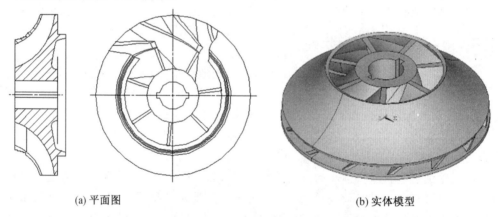

(a) 平面图   (b) 实体模型

图 10.4　增压轮模型

（2）叶轮的材料属性。

锻铝合金具有优良的锻造工艺性能，常用以制造形状复杂的锻件，用代号 LD 表示。常用牌号如 LD2、LD5、LD7、LD10 等。

锻铝合金广泛用于制造形状复杂的锻件和冲压件，如压缩机叶轮、直升机螺旋桨、飞机结构件、内燃机活塞、火箭龙骨架、坦克负重轮、迫击炮座板，以及建筑用各种板材、型材等。

因此，本课题的透平膨胀机叶轮是由锻铝合金 6A02（旧牌号为 LD2）锻造而成，其工作转速为 31 328 r/min。

膨胀轮的物理性能参数由表 10.1 给出。

表 10.1 膨胀轮材料物理性能参数

密度/(kg・m^{-3})	弹性模量/kPa	泊松比	屈服强度/MPa	线性膨胀系数/(1・℃$^{-1}$)
2 700	71	0.31	284	1.2×10^{-5}
热导率/(W・m℃$^{-1}$)	入口温度/℃	出口温度/℃	进口压力/MPa	出口压力/MPa
177	−70	−145	3.99	0.627 6

增压轮的物理性能参数由表 10.2 给出。

表 10.2 增压轮材料物理性能参数

密度/(kg・m^{-3})	弹性模量/kPa	泊松比	屈服强度/MPa	线性膨胀系数/(1・℃$^{-1}$)
2 700	71	0.31	284	1.2×10^{-5}
热导率/(W・m℃$^{-1}$)	入口温度/℃	出口温度/℃	进口压力/MPa	出口压力/MPa
177	40	98	2.952	4.1

2. 单元选择及有限元模型的建立

(1)单元类型。

ANSYS 到现在为止可用的单元大概有近 200 种,其中用于结构计算的单元类型就有好几十种,分为 Link、Beam、Pipe、Rigid、Solid 和 Shell 几大类。本节选用实体单元 Solid90 进行叶轮的温度场分析。

Solid90 是三维八节点热单元(Solid70)的高阶形式。该单元有 20 个节点,每个节点只有一个温度自由度。20 节点的单元有协调的温度形函数,尤其适用于模拟曲边。

20 节点的热单元适用于三维的稳态或瞬态热分析问题。本章的模型分析还需要进行结构分析,该单元将被等效的结构单元(如 Solid95)所代替。Solid90 的单元几何结构示意图如图 10.5 所示。

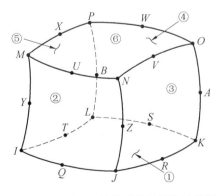

图 10.5 Solid90 的单元几何结构示意图

(2)网格划分方法。

实体建模结束后,必须将实体模型划分为合适的网格单元,以便进行有限元分析计算。网格划分的质量直接决定了有限元分析的精度。ANSYS 提供了使用便捷、高质量的对实体模型进行网格划分的功能,常用的实体模型网格是自由网格(Free Meshing)、映射网格(Mapped Meshing)和扫掠网格(Sweep Meshing)三种不同的网格划分方式,映射网格和扫掠网格对包含的单元有限制,即只包含六面体单元(也叫结构化网格),网格形状规则、排列整齐、减小解题规模、计算费时少而且精度较高,但是要求实体模型规则;与结构化网格相比,自由网格划分操作,对实体模型无特殊要求。任何几何模型,就算是不规则的,也可以进行自由网格划分,这种网格又叫非结构化网格。所用单元依赖于是对面还是对体进行网格划分。对面时,自由网格可以是四边形,也可以是三角形,或是两者混合;对体时,自由网格一般是四面体单元,棱锥单元作为过渡单元也可以加入到四面体网格中。

这三种网格划分方法,根据计算要求的不同,大量使用在 ANSYS 的网格划分中。但在实际应用中,计算精度高的六面体结构化网格也有劣势,需把模型分成只含六面体的分块体,才能进行网格划分,这将消耗较多的时间。而非结构化网格舍去了网格节点的结构性限制,易于控制网格单元的大小、形状和网格点的位置,对复杂外形的适应能力非常强,比结构化网格具有更大的灵活性。此外,结构化网格在计算域内网格线和平面都应保持连续,并正交于物体边界和相邻的网格和面;而非结构化网格则无此限制,这就消除了网格生成中的一个主要障碍,而且非结构化网格中一个节点周围的节点数和单元数都是不固定的,可以方便地做自适应计算。因此,根据作者的大量经验,手工前处理时,可以采用结构化网格,对不同的模型可进行尽可能少地分割,但若要采用二次开发程序分割并满足其多样要求,就会带来很多的循环判断,从而增加网格划分不出的可能性,无法进行下一步计算;而对非结构化网格,可采用 ANSYS 特有的 Smart Size 方式进行,用户只需选用 Smart Size 的网格精度(有 10 个精度等级供选择),并在关键部位采用 modify mesh 方式进行网格细化,即可得出满意的非结构化网格。这样可以只把网格精度进行参数化,而不必考虑网格尺寸、网格阶次以及实体点线面的设置和具体的网格划分。

膨胀轮有限元分析模型共划分 52 916 个节点, 26 725 个单元;增压轮有限元分析模型共划分 25 492 个节点, 13 906 个单元,膨胀轮及增压轮的有限元网格划分模型如图 10.6 所示。

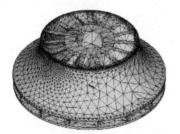
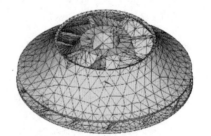

(a) 膨胀轮有限元模型　　　　　　　　　(b) 增压轮有限元模型

图 10.6　叶轮有限元网格划分模型

3. 叶轮的温度场分布

(1)膨胀轮温度场分布。

使用 ANSYS 软件计算在进出口温度下膨胀轮的温度分布,设置进口区温度为 −70 ℃,出口区温度为 −145.2 ℃,无须设置其他载荷,无须施加约束条件,计算结果如

图10.7所示。由温度场分布计算结果可以看出,在膨胀轮进出口存在温差时,膨胀轮的温度分布是连续的。

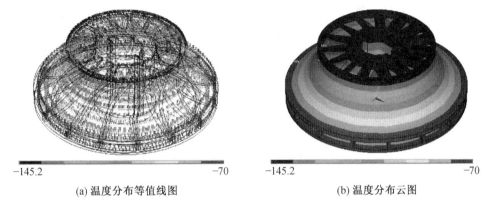

(a) 温度分布等值线图　　　　　　　　　　　(b) 温度分布云图

图 10.7　膨胀轮温度场分布图

(2)增压轮温度场分布。

使用 ANSYS 软件计算在进出口温度下增压轮的温度分布,设置进口区温度为 40 ℃,出口区温度为 98 ℃,无须设置其他载荷,无须施加约束条件,计算结果如图 10.8 所示。由温度场分布计算结果可以看出,在增压轮进出口存在温差时,增压轮的温度分布也是连续的。

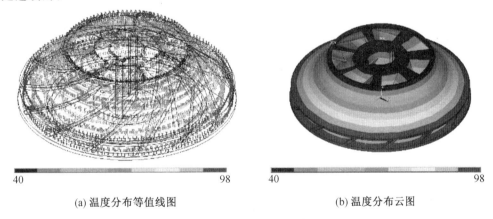

(a) 温度分布等值线图　　　　　　　　　　　(b) 温度分布云图

图 10.8　增压轮温度场分布图

4.叶轮的温差应力

(1)膨胀轮的温差应力。

把计算出来的温度场分布(Node Temp)作为温度边界条件,同时考虑实际情况,约束轮盘内表面靠轴肩处一端的内圆周线的轴向自由度,约束轮盘与轴配合内表面的径向自由度。

膨胀轮温差应力计算结果如图 10.9 所示,最大应力为 235 MPa,出现在轮盘与主轴配合的圆周面上,这是由于膨胀轮的工作温度比常温低,冷缩引起的。由计算结果可知膨胀轮所受的温差应力比较大,在计算膨胀轮强度时忽略温差应力的影响显然是不合理的。

膨胀轮温差应力引起的位移变形分布如图 10.10 所示,叶轮沿半径的延伸方向收缩

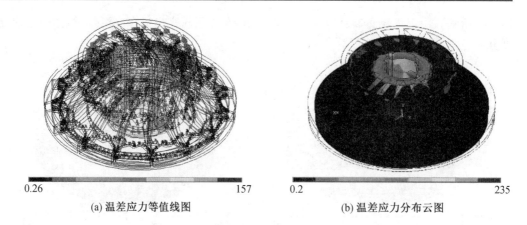

(a) 温差应力等值线图	(b) 温差应力分布云图

图 10.9　膨胀轮温差应力图

变形,轮毂的轴孔处变形也向半径变小的方向延伸,轴孔有缩小的趋势。由于膨胀轮的工作温度比较低,膨胀轮受冷收缩,因此膨胀轮是向内收缩变形的,整个叶轮的外形尺寸变小(图中的虚线部分为变形前的轮廓线)。膨胀轮的最大位移变形为 0.117 mm,最大的变形发生在膨胀轮出口处,由计算结果可知,膨胀轮的变形量是很小的。由于约束了轮盘内表面靠轴肩处一端的内圆周线的轴向自由度,所以此处位移为 0,这符合实际情况,膨胀轮收缩时,在靠近轴肩一端基本没有轴向位移。

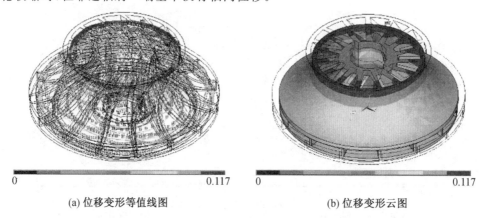

(a) 位移变形等值线图	(b) 位移变形云图

图 10.10　膨胀轮位移变形图

(2)增压轮的温差应力。

把计算出来的温度场分布(Node Temp)作为温度边界条件,同时考虑实际情况,约束轮盘内表面靠轴肩处一端的内圆周线的轴向自由度,约束轮盘与轴配合内表面的径向自由度。

增压轮温差应力计算结果如图 10.11 所示,最大应力为 124 MPa,出现在轮盘与主轴配合靠近轴肩一端的内圆周面上,这是由于此处位移为 0,而增压轮的工作温度比较高,往外膨胀引起的。由计算结果可知,增压轮所受的温差应力比较大,在计算增压轮强度时忽略温差应力的影响显然是不合理的。

增压轮温差应力引起的位移变形分布如图 10.12 所示,增压轮沿半径的延伸方向变形,轮毂的轴孔处变形也向半径变大的方向延伸,轴孔有扩大的趋势。由于增压轮的工作

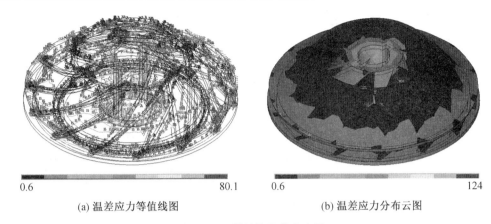

| (a) 温差应力等值线图 | (b) 温差应力分布云图 |

图 10.11　增压轮温差应力图

温度比较高,增压轮受热膨胀,因此增压轮是向外膨胀变形的,整个增压轮的外形尺寸变大(图中的虚线部分为变形前的轮廓线)。增压轮的最大位移为 0.088 mm,最大变形发生在增压轮外缘,由计算结果可知,增压轮的变形量是很小的。最小位移为 0,由于约束了轮盘内表面靠轴肩处一端的内圆周线的轴向自由度,所以此处位移为 0。

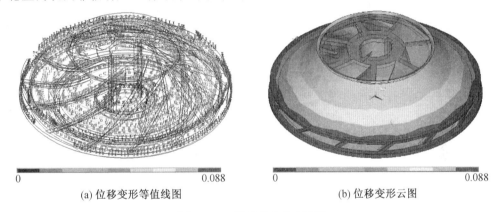

| (a) 位移变形等值线图 | (b) 位移变形云图 |

图 10.12　增压轮位移变形图

10.4　透平膨胀机叶轮强度的有限元分析

膨胀轮是透平膨胀机产生功的动力元件,增压轮则是透平膨胀机功率的消耗元件,二者能否正常运行直接关系到整个透平膨胀机组的运转,因此必须对叶轮的应力分布进行分析计算,从而为设计运行可靠的叶轮提供依据。

鉴于透平膨胀机膨胀轮和增压轮的特点,在前述叶轮温度场分析的基础上,综合考虑了温差应力、离心力和气动力三者共同作用时叶轮的应力分布,这对增强机器运行的可靠性、安全性、延长透平膨胀机的使用寿命具有很好的理论意义和实际意义。

10.4.1　计算叶轮应力的有限元方法

由于叶轮结构复杂,用目前采用的二次计算法或者有限元的轴对称方法都存在一定的困难,而采用三维有限元方法就可以很好的解决任何复杂的模型,而且一般方法如二次计算法和有限元的轴对称方法都只能计算出某一半径上的平均力,却不能计算出此半径上不同轴向位置的应力差异。而使用三维有限元方法却可以将叶轮的真实应力准确地计算出来,还能准确地计算出实际位置的实际应力,又能准确地得到最大应力出现的具体位置。因此,采用三维有限元方法来进行叶轮强度分析。

1. 弹性力学简介

有限元法是力学、数学、计算数学、计算机科学以及计算机硬件综合发展的结果。特别地,在有限元法中经常用到弹性力学基本方程,因此要更好地理解有限元法,首先要对弹性力学有所了解。

(1)弹性力学的特点。

弹性力学,又称弹性理论。作为固体力学学科的一个分支,弹性力学的基本任务是研究弹性体由于外力载荷或者温度改变,物体内部所产生的位移、变形和应力分布等,为解决工程结构的强度、刚度和稳定性问题做准备,但是并不直接做强度和刚度分析。

构件承载能力分析是固体力学的基本任务,但是对于不同的学科分支,研究对象和方法是不同的。弹性力学的研究对象是完全弹性体,包括构件、板和三维弹性体,比材料力学和结构力学的研究范围更为广泛。

弹性是变形固体的基本属性,而"完全弹性"是对弹性体变形的抽象。完全弹性使得物体变形成为一种理想模型,以便做进一步的数学和力学处理。完全弹性是指在一定温度条件下,材料的应力和应变之间具有一一对应的关系。这种关系与时间无关,也与变形历史无关。

材料的应力和应变关系通常称为本构关系,它表达的是材料在外力作用下抵抗变形的物理性能,因此又称为物理关系或者物理方程。本构关系满足完全弹性假设的材料模型包括线性弹性体和非线性弹性体。

线性弹性体是指载荷作用在一定范围内,应力和应变关系可以近似为线性关系的材料,外力卸载后,线性弹性体的变形可以完全恢复。线性弹性材料的本构关系就是物理学的胡克定理。

当然,这里并不是说弹性力学分析不再需要假设,事实上对于任何学科,如果不对研究对象做必要的抽象和简化,研究工作都是寸步难行的。

弹性力学作为一门基础技术学科,是近代工程技术的必要基础之一。在现代工程结构分析,特别是航空、航天、机械、土建和水利工程等大型结构的设计中,广泛应用着弹性力学的基本公式和结论。弹性力学又是一门基础理论学科,它的研究方法被应用于其他学科。近年来,科技界将弹性力学的研究方法用于生物力学和地质力学等边缘学科的研究中。

(2)弹性力学求解方法。

①弹性力学求解的基本方程。弹性力学是固体力学的一个分支,主要研究弹性体受外力作用或温度改变以及边界条件变化时产生的应力、应变和位移。对于三维问题,弹性力学求解的基本方程如下:

$$\begin{cases} \dfrac{\partial \sigma_x}{\partial x}+\dfrac{\partial \tau_{yx}}{\partial y}+\dfrac{\partial \tau_{zx}}{\partial z}+f_x=0 \\[2mm] \dfrac{\partial \tau_{xy}}{\partial x}+\dfrac{\partial \sigma_y}{\partial y}+\dfrac{\partial \tau_{zy}}{\partial z}+f_x=0 \\[2mm] \dfrac{\partial \tau_{xz}}{\partial x}+\dfrac{\partial \tau_{yz}}{\partial y}+\dfrac{\partial \sigma_z}{\partial z}+f_x=0 \end{cases} \tag{10.28}$$

式中　f_x、f_y、f_z——单位体积的体积力在 x、y、z 方向的分量。

可写成矩阵形式

$$A\sigma+f=0 \tag{10.29}$$

式中　A——微分算子；

f——体积力向量 $f=\begin{bmatrix} f_x & f_y & f_z \end{bmatrix}^{\mathrm{T}}$。

②几何方程——应变位移关系。在微小位移和微小变形的情况下,略去位移导数的高次幂,则应变向量和位移向量间的几何关系可表示为

$$\begin{cases} \varepsilon_x=\dfrac{\partial u}{\partial x},\varepsilon_y=\dfrac{\partial \nu}{\partial y},\varepsilon_z=\dfrac{\partial \omega}{\partial z} \\[2mm] \gamma_{xy}=\dfrac{\partial u}{\partial y}+\dfrac{\partial \nu}{\partial x}=\gamma_{yx},\gamma_{yz}=\dfrac{\partial u}{\partial y}+\dfrac{\partial \nu}{\partial z}=\gamma_{zy},\gamma_{zx}=\dfrac{\partial u}{\partial z}+\dfrac{\partial \nu}{\partial x}=\gamma_{xz} \end{cases} \tag{10.31}$$

其矩阵形式如下:

$$\varepsilon=Lu \text{ 在 } \Omega \text{ 域} \tag{10.32}$$

③物理方程——应力应变关系。弹性力学中应力应变之间的转换关系也称弹性关系对于各向同性的弹性材料,应力与应变之间的关系表达式可用矩阵形式表示为

$$\sigma=D\varepsilon \tag{10.33}$$

④力和位移界边界条件。设 Γ 为所研究物体的全部边界,Γ 上的边界条件可分为力边界条件 Γ_σ 和位移边界条件 Γ_u,则

$$\Gamma=\Gamma_\sigma+\Gamma_u \tag{10.34}$$

在弹性体力边界 Γ_σ 上作用的表面力为 $T=\begin{bmatrix} T_x & T_y & T_z \end{bmatrix}^{\mathrm{T}}$,由弹性理论可得

$$\begin{cases} T_x=\sigma_x l+\tau_{xy}m+\tau_{xz}n \\ T_y=\tau_{yx}l+\sigma_y m+\tau_{yz}n \\ T_z=\tau_{zx}l+\tau_{zy}m+\sigma_z n \end{cases} \tag{10.35}$$

式中　l、m、n——边界 Γ_σ 外法线与三个坐标轴夹角的方向余弦。

在弹性体位移边界 Γ_u 上,已知位移为 $\boldsymbol{u}$,$\boldsymbol{v}$,$\boldsymbol{w}$,则位移边界条件为

$$u=\boldsymbol{u},v=\boldsymbol{v},w=\boldsymbol{w} \tag{10.36}$$

表示张量形式为

$$\begin{cases} \sigma n=T \text{ 在 } \Gamma_\sigma \text{ 上} \\ u=\boldsymbol{u},\text{在 } \Gamma_u \text{ 上} \end{cases} \tag{10.37}$$

2.叶轮强度计算方法

透平膨胀机叶轮受力情况很复杂,主要载荷是高速旋转所产生的离心力,由气动力产生的压力载荷和热应力相对来说比较小。叶轮是典型的空间轴对称元件,不但几何形状

轴对称,而且作用在它们上面的载荷和约束也是轴对称的。一般在计算中,将叶轮简化为空间轴对称的问题来处理,因此叶轮强度的解决是三维有限元问题。根据叶轮结构的轴对称特点,可将回转体划分成由有限个互不重叠的横截面为三角形的环状单元组成,分析时用回转体的子午面代表回转体,用子午面的三角形单元的离散化来代替回转体的三角形环状单元的离散化。

(1)应变分量。

$$\{\varepsilon\} = \{\varepsilon_x \varepsilon, \varepsilon_\theta \gamma_{xr}\} = \left\{ \begin{array}{c} \dfrac{\partial u}{\partial x} \\[2mm] \dfrac{\partial v}{\partial r} \\[2mm] \dfrac{v}{r} \\[2mm] \dfrac{\partial u}{\partial r} + \dfrac{\partial v}{\partial x} \end{array} \right\} \tag{10.38}$$

上式可简写为 $\{\varepsilon\} = [B]\{\delta\}^e$,$[B]$ 为转换矩阵;$\{\delta\}^e = \left\{ \begin{array}{c} \delta_i \\ \delta_j \\ \delta_m \end{array} \right\} = \left\{ \begin{array}{c} u_i \\ v_i \\ u_j \\ v_j \\ u_m \\ v_m \end{array} \right\}$ 为位移分量。

(2)应力分量。

$$\{\sigma\} = \left\{ \begin{array}{c} \sigma_x \\ \sigma_r \\ \sigma_\theta \\ \tau_{xr} \end{array} \right\} = \dfrac{E}{(1+\mu)(1-2\mu)} \cdot \left[\begin{array}{cccc} 1-\mu & 0 & 0 & 0 \\ \mu & 1-\mu & \mu & \mu \\ \mu & \mu & 1-\mu & \mu \\ 0 & 0 & 0 & \dfrac{1-2\mu}{2} \end{array} \right] \left\{ \begin{array}{c} \varepsilon_x \\ \varepsilon_r \\ \varepsilon_\theta \\ \gamma_{xr} \end{array} \right\} \tag{10.39}$$

根据弹性力学中应力和应变的关系

$$\{\sigma\} = [D]\{\varepsilon\} \tag{10.40}$$

式中 $[D]$——弹性矩阵。

(3)节点力 $\{F\}^e$ 与单元刚度矩阵 $[k]$ 的关系。

$$\{F\}^e = [k]\{\delta\}^e \tag{10.41}$$

(4)离心力引起的等效节点外力。

叶轮在高速旋转时,所受到的外力是径向的离心力。若以 ω 表示叶轮的角速度,r 表示半径,ρ 为材料的密度,则单元 e 的单位体积的离心力为

$$\{p\} = \left\{ \begin{array}{c} p_x \\ p_r \end{array} \right\} = \left\{ \begin{array}{cc} 0 & \omega^2 \\ \omega^2 & \rho r \end{array} \right\} \tag{10.42}$$

(5)单元的组合。

由单元刚度矩阵组合成总刚度矩阵 $[K]$,即

$$\{F\} = [K]\{\delta\} \tag{10.43}$$

(6)平衡条件。

整个叶轮在等速旋转时保持平衡,每节点的内力和外力满足平衡条件

$$\{F\}=[K]\{\delta\}=[P] \tag{10.44}$$

因此按照式(10.38)~(10.44),在单元组合的具体运算过程中,先算出每个单元的刚度矩阵,按一定规则叠加,形成总刚度矩阵$[k]$,再算出所用单元由离心力引起的节点外力,按节点编号进行叠加,得到节点外力向量$\{P\}$。最后把所用节点的未知位移,按节点的统一编码排列起来,就是位移向量$\{\delta\}$。有限元法中的"位移法"最后归结为求解这样一组以节点位移表示的平衡方程。通过求解可获得全部节点的位移。

叶片单元所受载荷可分解为两部分:一部分作用在平板内,且认为沿平面厚度均匀分布,按平面问题求出应力分量:$\{\sigma^p\}=[\sigma_x^p,\sigma_y^p,\tau_{xy}^p]$;另一部分垂直于薄板单元,按薄板弯曲问题求出应力分量$\{\sigma^b\}=[\sigma_x^b,\sigma_y^b,\sigma_{xy}^b]$;进行叠加,则得计算模型应力分量

$$\{\sigma\}=\begin{Bmatrix}\sigma_x \\ \sigma_y \\ \sigma_z\end{Bmatrix}=\begin{Bmatrix}\sigma_x^p+\sigma_x^b \\ \sigma_y^p+\sigma_y^b \\ \tau_{xy}^p+\tau_{xy}^b\end{Bmatrix} \tag{10.45}$$

在实际的计算中,可以利用三维 CAD 软件对叶轮建模和网格划分,再利用有限元分析软件,按照设计要求和设计条件进行叶轮有限元应力分析。

10.4.2　叶轮强度分析

1. 叶轮实体模型的建立及材料属性

(1)叶轮实体模型的建立。

采用前述叶轮温度场分析的叶轮实体模型,如图 10.3、10.4 所示。

(2)叶轮材料属性。

叶轮材料属性见表 10.1 和表 10.2 所示。

2. 单元选择及有限元模型的建立

(1)单元类型。

ANSYS 到现在为止可用的单元大概有近 200 种,其中用于结构计算的单元类型就有好几十种,分为 Link、Beam、Pipe、Rigid、Solid 和 Shell 几大类。本节选用实体单元 Solid95 进行叶轮的强度分析。

Solid95 是三维八节点实体单元 Solid45 的高阶单元。Solid95 在保证精度的同时使用不规则形状,并具有完全形函数,适用于曲线边界的建模。

Solid95 由 20 个节点定义,每个节点有三个自由度,沿节点坐标系 x、y、z 方向平动。Solid95 可以有任何空间方向。Solid95 有塑性、蠕变、应力强化、大变形和大应变的功能,有各种输出选项。Solid95 的单元几何结构示意图如图 10.13 所示。

(2)网格划分方法。

采用前述叶轮温度场分析的有限元网格划分方法,膨胀轮及增压轮的有限元模型如图 10.6 所示。

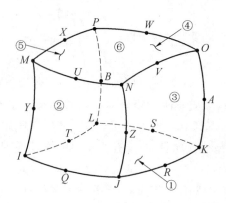

图 10.13　Solid95 的单元几何结构示意图

3. 载荷情况和边界条件

(1)载荷分析。

叶轮的几何形状复杂,所承受的主要载荷有离心载荷、热载荷、气动载荷等。显然,对其进行精确的应力分析需要的数据准备和计算工作量都很大,计算周期很长。因此,为适应方案设计的需要,有必要对叶轮实际承受载荷情况进行合理的简化,以便采用简捷的应力分析方法,获得准确的应力分析结果。下面分别讨论这些载荷的特点及应力分析时的处理原则。

(2)离心力。

叶轮高速旋转产生的离心力以分布体积力的形式作用于叶轮上,计算时将以集中力的形式施加在模型各个单元的质心上,力的方向向外,大小为

$$P_{Ei} = m_{Ei}\omega^2 R_{Ei} = \rho V_{Ei} R_{Ei}\omega^2 \tag{10.46}$$

式中　P_{Ei}——施加在单元 i 的离心力;

　　　ρ——叶轮材料密度,kg/m^3;

　　　V_{Ei}——单元 i 的体积;

　　　R_{Ei}——单元 i 的质心距旋转轴中心的距离;

　　　ω——叶轮旋转的角速度,rad/s。

由式(10.46)可以看出,只需施加一个旋转角速度和给定材料密度,ANSYS 软件自动计算各单元的离心应力。

(3)热载荷。

热载荷是由于叶轮受热时各部分的变形相互制约而产生的。热载荷所产生的热应力不仅与叶轮的温度梯度有关,而且还与叶轮所受的几何约束有关。总的来说,叶轮的温度梯度越大,几何约束越紧,则热应力越大。所以,热载荷通常以温度场的形式来描述,并且与几何边界条件密切相关。

(4)气动力。

气动力是一种表面分布压力,它作用在叶轮的各个表面,但它不是均布力,它沿叶高方向或叶宽方向的分布是不均匀的。较为准确的气动力压力场可通过三维流场计算得到,但工作量较大。将叶轮进出口处的气动载荷简化为均匀分布在叶轮节点处的集中力,

在此基础上计算出气动载荷的作用下,叶轮的应力分布。

通过上述分析,对叶轮强度分析研究工作主要从离心力、热应力及气动力角度考虑叶轮承受的静载情况。

其他因素有的只在有限场合发生,有的产生的应力水平很低,故这里就没有考虑。例如重力(在大型机械中)、陀螺力矩、惯性力矩(在负载突变场合)、线性惯性加速(在某些军事用途)等。

基于上述原则,对叶轮模型做以下假设:

①叶轮处于稳定的温度场中。

②弹性模量 E 和泊松比 μ 不随温度场而变化。

③载荷及边界条件。

(5)离心力载荷。

叶轮的工作转速为 31 328 r/min,即 3 779 弧度/秒。

(6)温度载荷。

叶轮温度场及应力场分布见前述计算结果。

(7)气动载荷。

膨胀轮进出口处的压力分别为 3.99 MPa、0.627 6 MPa。

增压轮进出口处的压力分别为 2.952 MPa、4.1 MPa。

约束轮盘内表面靠轴肩处一端的内圆周线的轴向自由度,约束轮盘与主轴配合内表面的径向自由度。

4. 叶轮的有限元分析结果

在强度分析中,应力和位移(变形)是用户所关心的主要结果。ANSYS 中的云图或等值线图能很好地展示模型的应力和位移分布以及各个区域的结果值;用 LIST 查看结果可以得到结果的数值解,从中获取特定的信息,如最大应力和位移值以及所在节点的编号和坐标值,这为优化提供了有的放矢的依据。

通过计算分析,可以得到整个叶轮详细应力分布情况,可以得到最大应力的实际位置。对现有的有限元软件,可以以不同的形式对结果进行后处理工作。可分别以云图、等值线图、等值面图及列表等形式将结果显示出来。从云图和等值线图上可以直接查出最大应力所处的位置,而从列表中则可得到最大应力的具体坐标位置。下面将采用第四强度理论(Mises 应力)以等值线及云图的形式对叶轮的应力分布及位移分布进行详细的叙述。

(1)膨胀轮的有限元结果分析。

利用 ANSYS 软件对膨胀轮只受离心力作用时的应力进行分析后,得到膨胀轮的等效应力分布图和位移变形图,如图 10.14 和图 10.15 所示。

由图 10.14 可以看出膨胀轮在工作时的应力分布状况,工作时最大应力出现在靠近出口处叶片与轮盖结合部位,最大应力为 193 MPa。因为膨胀轮的旋转速度比较大,所以只考虑离心力时膨胀轮的最大应力比较高。整个膨胀轮的材料由锻铝合金 6A02(旧牌号为 LD2)锻造而成,其屈服强度为 284 MPa。根据弯扭强度理论

$$\sigma_{\max} = [\sigma_s]/n$$

式中　$\sigma_{\max}$——最大应力；

σ_s——塑性材料的屈服极限；

n——只考虑离心力时膨胀轮的安全系数为 $n=1.47$。

膨胀轮的应力集中部位出现在靠近出口处叶片与轮盖结合处，应力集中处不受高速气流直接冲刷，虽然应力计算较大，但是危险较小。综合上述分析，只考虑离心力作用时膨胀轮的整体结构强度满足设计要求。

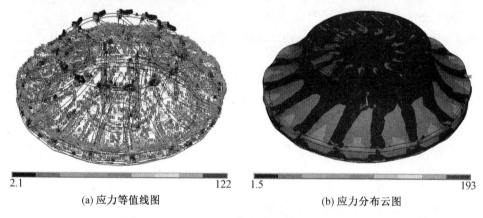

(a) 应力等值线图　　　　　　　　　(b) 应力分布云图

图 10.14　只考虑离心力时膨胀轮的应力分布图

由图 10.15 可以看出膨胀轮沿半径的延伸方向变形，轮毂的轴孔处变形也向半径变大的方向延伸，轴孔有扩大的趋势。整个膨胀轮的外形尺寸变大。从膨胀轮底部观察变形情况，看到膨胀轮外边缘向外扩张（图中的虚线部分为变形前的轮廓线）。从图中我们还可以看出最大变形值为 0.046 27 mm，最大的变形发生在膨胀轮外缘，膨胀轮整体的变形量是很小的。这说明所设计的膨胀轮在刚度方面能满足要求，不会因为变形过大而失稳，整体位移也在需用范围之内。

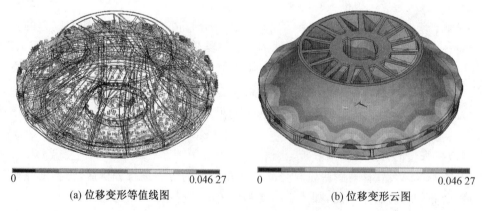

(a) 位移变形等值线图　　　　　　　(b) 位移变形云图

图 10.15　只考虑离心力时膨胀轮的位移变形图

利用 ANSYS 软件对离心力、温差应力作用下的膨胀轮的应力进行分析后，得到膨胀轮的等效应力分布图和位移变形图，如图 10.16 和图 10.17 所示。

由图 10.16 可以看出膨胀轮在工作时的应力分布状况，工作时最大应力出现在轮盘与主轴配合靠近出口的圆周表面,最大应力为 223 MPa。因为膨胀轮的旋转速度比较大、温度变化比较大,所以同时考虑离心力、温差应力作用时膨胀轮的最大应力比较高,安全系数为 $n=1.27$。虽然此时的增压轮安全系数比较小,但是应力集中的部位为轮盘与主轴配合靠近出口的圆周表面,应力集中处处在流道之外不受高速气流直接冲刷,虽然应力计算较大,但是危险较小。综合上述分析,同时考虑离心力、温差应力作用时膨胀轮的整体结构强度满足设计要求。

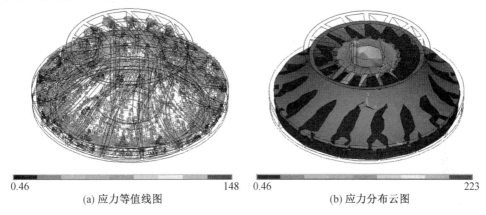

0.46　　　　　　　　　　　148　　　　0.46　　　　　　　　　　　223
　　(a) 应力等值线图　　　　　　　　　　(b) 应力分布云图

图 10.16　离心力和温差应力作用下膨胀轮的应力图

由图 10.17 可以看出膨胀轮沿半径的延伸方向收缩变形,轮毂的轴孔处变形也向半径变小的方向延伸,轴孔有缩小的趋势。整个膨胀轮的外形尺寸变小(图中的虚线部分为变形前的轮廓线)。这是因为膨胀轮的工作温度比较低,膨胀轮受冷收缩引起的。从图中我们还可以看出最大变形值为 0.115 2 mm,最大的变形发生在膨胀轮出口处,膨胀轮整体的变形量是很小的。说明所设计的膨胀轮在刚度方面能满足要求,不会因为变形过大而失稳,整体位移也在许用范围之内。

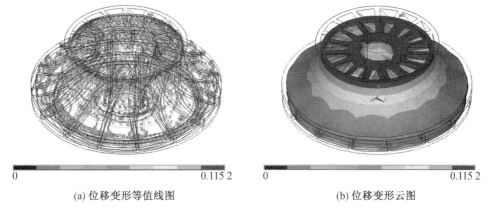

0　　　　　　　　　　　0.115 2　　　　0　　　　　　　　　　　0.115 2
　　(a) 位移变形等值线图　　　　　　　　　　(b) 位移变形云图

图 10.17　离心力和温差应力作用下膨胀轮的位移变形图

利用 ANSYS 软件对离心力、温差应力和气动力作用下的应力进行分析后,得到膨胀轮的等效应力分布图和位移变形图,如图 10.18 和图 10.19 所示。

由图 10.18 可以看出膨胀轮在工作时的应力分布状况,工作时最大应力出现在轮盘与主轴配合靠近出口的圆周表面,最大应力为 222 MPa。因为膨胀轮的旋转速度比较大、温度变化比较大,所受气动力影响比较显著,所以同时考虑离心力、温差应力和气动力时膨胀轮的最大应力比较高,安全系数为 $n=1.28$。虽然此时的安全系数较小,但是膨胀轮应力集中的部位为轮盘与主轴配合靠近出口的圆周表面,应力集中处处在流道之外不受高速气流直接冲刷,因此危险较小。综合上述分析,同时考虑离心力、温差应力及气动力作用时膨胀轮的整体结构强度满足设计要求。

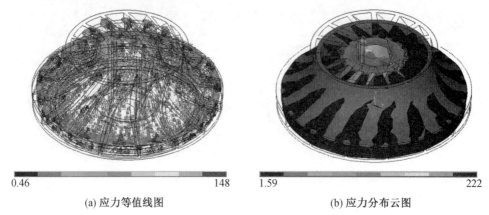

0.46　　　　　　148	1.59　　　　　　222
(a) 应力等值线图	(b) 应力分布云图

图 10.18　离心力、温差应力及气动力作用下膨胀轮的应力图

由图 10.19 可以看出膨胀轮沿半径的延伸方向收缩变形,轮毂的轴孔处变形也向半径变小的方向延伸,轴孔有缩小的趋势。整个膨胀轮的外形尺寸变小(图中的虚线部分为变形前的轮廓线)。这是因为膨胀轮的工作温度比较低,膨胀轮受冷收缩引起的。从图中我们还可以看出最大变形值为 0.115 97 mm,最大的变形发生在膨胀轮出口处,膨胀轮整体的变形量是很小的。说明所设计的膨胀轮在刚度方面能满足要求,不会因为变形过大而失稳,整体位移也在许用范围之内。

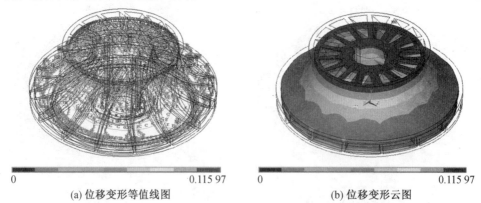

0　　　　　　0.115 97	0　　　　　　0.115 97
(a) 位移变形等值线图	(b) 位移变形云图

图 10.19　离心力、温差应力及气动力作用下膨胀轮的位移变形图

从表 10.3 中可以看出考虑气动载荷时膨胀轮的最大应力比不考虑气动载荷时小 1 MPa,这是由于气动力和温差应力为压应力,离心应力为拉应力,在一定程度上二者相抵消。另外因为气动载荷作用的方向与离心力垂直,从而改变了膨胀轮的应力状态,使得考虑气动载荷时的应力比不考虑时减小。这说明,同时考虑离心应力、温差应力及气动力

作用时,膨胀轮的应力分布更符合实际受力情况。

从表 10.3 中还可以看出考虑气动载荷时膨胀轮的最大位移比不考虑气动载荷时略大,这是由于气动力为压应力,增大了叶轮的收缩趋势,因此考虑气动载荷比不考虑气动载荷时的位移变形稍大一些,但是总的变形趋势是相似的。由此可见,同时考虑离心应力、温差应力及气动力作用时,膨胀轮的位移变形更符合实际变形情况。

表 10.3 考虑和不考虑气动力时膨胀轮最大和最小应力及位移值的比较

膨胀轮	最大应力/MPa	最小应力/MPa	最大位移/mm	最小位移/mm
考虑时	222	1 592	0.115 97	0
不考虑时	223	465	0.115 2	0

(2)增压轮的有限元结果分析。

利用 ANSYS 软件对增压轮只受离心力作用时的应力进行分析后,得到增压轮的等效应力分布图和位移变形图,如图 10.20 和图 10.21 所示。

由图 10.20 可以看出增压轮在工作时的应力分布状况,工作时最大应力出现在进口处叶片与轮盖连接处,最大应力为 222 MPa。因为增压轮的旋转速度比较大,所以只考虑离心力时增压轮的最大应力比较高,安全系数为 $n=1.28$。且叶轮应力集中部位为靠近进口处叶片与轮盖结合部位,此处处于高速气体直接冲刷,相对易出现开裂,这与实际叶轮易损坏情况相符。综合上述分析,只考虑离心力作用时增压轮的整体结构强度未满足设计要求,只受离心力作用时增压轮比较危险。

2	132
(a) 应力等值线图	(b) 应力分布云图

图 10.20 只考虑离心力时增压轮的应力分布图

由图 10.21 可以看出增压轮沿半径的延伸方向变形,轮毂的轴孔处变形也向半径变大的方向延伸,轴孔有扩大的趋势。整个增压轮的外形尺寸变大。从增压轮底部观察变形情况,看到增压轮外边缘向外扩张(图中的虚线部分为变形前的轮廓线)。从图中我们还可以看出最大变形值为 0.063 469 mm,最大的变形发生在增压轮外缘,增压轮整体的变形量是很小的。说明所设计的增压轮在刚度方面能满足要求,不会因为变形过大而失稳,整体位移在许用范围之内。

利用 ANSYS 软件对增压轮同时考虑离心力、温差应力时的应力进行分析后,得到增压轮的等效应力分布图和位移变形图,如图 10.22 和图 10.23 所示。

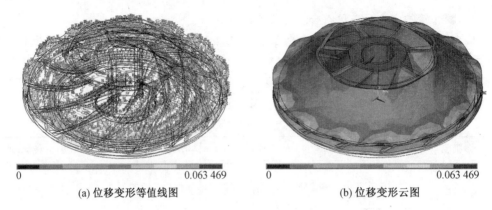

(a) 位移变形等值线图	(b) 位移变形云图

图 10.21　只考虑离心力时增压轮的位移变形图

　　由图 10.22 可以看出增压轮在工作时的应力分布状况,工作时最大应力出现在轮盘与主轴配合靠近轴肩的圆周表面,最大应力为 249 MPa。因为增压轮的旋转速度比较大、温度变化比较大,所以,同时考虑离心力、温差应力时增压轮的最大应力比较高,安全系数为 $n=1.14$。虽然此时的增压轮安全系数比较小,但是应力集中的部位为轮盘与主轴配合靠近轴肩的圆周表面,应力集中处处在流道之外不受高速气流直接冲刷,虽然应力计算较大,但是危险较小。综合上述分析,同时考虑离心力、温差应力作用时增压轮的整体结构强度满足设计要求。

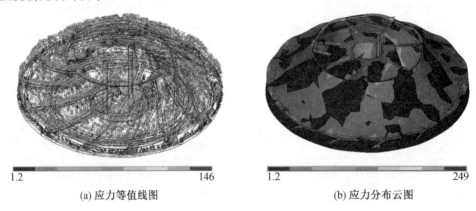

(a) 应力等值线图	(b) 应力分布云图

图 10.22　离心力和温差应力作用下增压轮的应力图

　　由图 10.23 可以看出增压轮沿半径的延伸方向变形,轮毂的轴孔处变形也向半径变大的方向延伸,轴孔有扩大的趋势。整个增压轮的外形尺寸变大。这是由于增压轮的工作温度比较高,增压轮膨胀变形引起的。从增压轮底部观察变形情况,看到增压轮外边缘向外扩张(图中的虚线部分为变形前的轮廓线)。从图中我们还可以看出最大变形值为 0.149 663 mm,最大的变形发生在增压轮外缘,增压轮整体的变形量是很小的。说明所设计的增压轮在刚度方面能满足要求,不会因为变形过大而失稳,整体位移也在许用范围之内。

　　利用 ANSYS 软件对离心力、温差应力及气动力作用下增压轮的应力进行分析后,得到增压轮的等效应力分布图和位移变形图,如图 10.24 和图 10.25 所示。

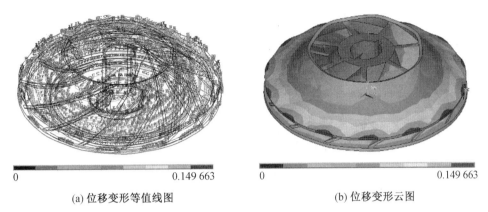

| (a) 位移变形等值线图 | (b) 位移变形云图 |

图 10.23　离心力和温差应力作用下增压轮的位移变形图

由图 10.24 可以看出增压轮在工作时的应力分布状况,工作时最大应力出现在轮盘与主轴配合靠近轴肩的圆周表面,最大应力为 219 MPa。因为增压轮的旋转速度比较大、温差较大,所受气动力影响比较显著,所以同时考虑离心力、温差应力和气动力时增压轮的最大应力比较高,安全系数为 $n=1.3$。虽然此时的增压轮安全系数比较小,但是应力集中的部位为轮盘与主轴配合靠近轴肩的圆周表面,应力集中处处在流道之外不受高速气流直接冲刷,虽然应力计算较大,但危险较小。综合上述分析,离心力、温差应力及气动力作用下增压轮的整体结构强度满足设计要求。

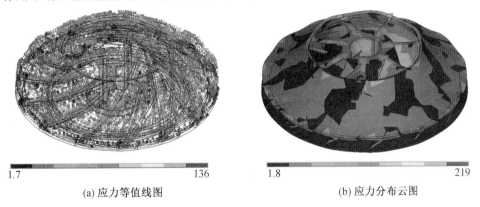

| (a) 应力等值线图 | (b) 应力分布云图 |

图 10.24　离心力、温差应力及气动力作用下增压轮的应力图

由图 10.25 可以看出增压轮沿半径的延伸方向变形,轮毂的轴孔处变形也向半径变大的方向延伸,轴孔有扩大的趋势。整个增压轮的外形尺寸变大。这是由于增压轮的工作温度比较高,增压轮膨胀变形引起的。从增压轮底部观察变形情况,看到增压轮外边缘向外扩张(图中的虚线部分为变形前的轮廓线)。从图中我们还可以看出最大变形值为 0.144 778 mm,最大的变形发生在增压轮外缘,增压轮整体的变形量是很小的。说明所设计的增压轮在刚度方面能满足要求,不会因为变形过大而失稳,整体位移也在许用范围之内。

从表 10.4 中可以看出考虑气动载荷时增压轮的最大应力比不考虑气动载荷时小 30 MPa,这是由于气动力为压应力,温差应力和离心应力为拉应力,在一定程度上二者相

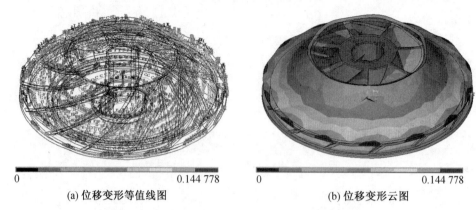

| (a) 位移变形等值线图 | (b) 位移变形云图 |

图 10.25　离心力、温差应力及气动力作用下增压轮的位移变形图

抵消。另外因为气动载荷作用的方向与离心力垂直,从而改变了增压轮的应力状态,使得考虑气动载荷时的应力比不考虑时减小。这说明,同时考虑离心应力、温差应力及气动力作用时,膨胀轮的应力分布更符合实际受力情况。

由表 10.4 中还可以看出考虑气动载荷时增压轮的最大位移比不考虑气动载荷时略小,这是由于气动力为压应力,减小了叶轮的膨胀趋势,因此比不考虑气动载荷时的变形稍小一些。但是总的变形趋势是相似的。由此可见,同时考虑离心应力、温差应力及气动力作用时,膨胀轮的位移变形更符合实际变形情况。

表 10.4　考虑和不考虑气动力时增压轮最大和最小应力及位移值的比较

增压轮	最大应力/MPa	最小应力/MPa	最大位移/mm	最小位移/mm
考虑时	219	28	0.144 778	0
不考虑时	249	12	0.149 663	0

10.5　透平膨胀机叶轮动力学模态的有限元分析

透平膨胀机是利用气体膨胀输出外功并产生冷量的机器。它是空气分离设备、天然气(石油气)液化分离设备和低温粉碎设备等获取冷量所必需的关键部件,是保证整套设备稳定运行的心脏。而对于透平膨胀机来说,核心部件则是叶轮。叶轮在实际工作中,结构受到随时间变化的动载荷的作用,如由于叶轮入口气流分布的不均匀以及转子不平衡量产生的离心力等周期性载荷的作用。当所受的动载荷较大,或者虽然载荷不大,但作用力的频率与叶轮的某一阶固有频率相等或者接近时,叶轮将产生强烈的共振,从而引起很高的动应力,造成结构强度破坏或变形。因此,进行叶轮振动特性的分析,对于保证机器的稳定安全运行是非常必要的。

10.5.1　模态分析理论

透平膨胀机叶轮结构振动要解决的问题主要有两点:

一是寻求叶轮结构的固有频率和主振型,从而了解结构固有的振动特性,以便更好地减小振动。

二是分析叶轮结构的动力响应特性,以计算结构振动时动应力和动位移的大小及其变化规律。

1. 叶轮的振动方程

根据振动学理论,具有多自由度结构系统的动力方程可表示为

$$[M]\{\ddot{\delta}\} + [C]\{\dot{\delta}\} + [K]\{\delta\} = \{Q\} \tag{10.47}$$

式中　$\{\delta\}$——单元节点位移;

　　　$\{\dot{\delta}\}$——单元节点速度;

　　　$\{\ddot{\delta}\}$——单元节点加速度;

　　　$[M]$——质量矩阵;

　　　$[C]$——阻尼矩阵;

　　　$[K]$——刚度矩阵;

　　　$[Q]$——节点载荷列阵,$[Q]$节点载荷列阵通常是时间的函数。

对于不同的结构,可以选用不同的单元和不同的形状函数矩阵,但动力方程的建立过程均相同。在模态分析过程中,是研究叶轮在无激振力作用下的自然属性。

因此,取 $\{Q\} = \{0\}$,则动力方程简化为 $[M]\{\ddot{\delta}\} + [C]\{\dot{\delta}\} + [K]\{\delta\} = \{0\}$,由于结构阻尼较小,对固有频率和振型的影响可忽略不计,由此,可以得到叶轮结构无阻尼自由振动方程

$$[M]\{\ddot{\delta}\} + [K]\{\delta\} = \{0\} \tag{10.48}$$

弹性结构的振动本身是连续体的振动,位移是连续的,具有无限多个自由度。经有限元离散化之后,单元内的位移按假定的位移形式来变动,可用节点位移插值表示。这样,连续系统的运动就离散化为有限个自由度系统的运动。如全部节点有 N 个自由度,则 $[M]\{\ddot{\delta}\} + [K]\{\delta\} = \{0\}$ 即为 N 阶自由度系统的自由振动微分方程。

透平膨胀机叶轮做高速旋转运动时,受离心力作用而产生径向拉应力。这一载荷在进行叶轮模态分析中作为初应力处理。所以方程中刚度矩阵 $[K]$ 主要是考虑初应力刚度矩阵 $[K_g]$ 和弹性刚度矩阵 $[K_e]$,初应力刚度矩阵 $[K_g]$ 来源于叶轮内部的初应力。

初应力刚度矩阵是考虑初应变所产生的非线性刚度矩阵,在叶轮的旋转平衡位置附近和叶轮小变形范围内,可以认为非线性不显著,应力不受应变二次项的影响,忽略大变形对平衡方程的影响。因此,将求叶轮微幅振动的平衡位置的过程,简化为叶轮在静力分析条件下得到的离心拉应力,作用在叶轮的各个离散有限单元。

2. 叶轮结构的振动特性

叶轮是一种很不规则的结构,属于连续体弹性系统,有无穷多个自由度,理论上有无穷多阶振动模态。在分析中,不可能将这些模态全部搞清楚,只能考虑在某一频率范围内对结构影响最大的若干阶主导模态。实际上可以将这种连续弹性系统离散化看作是一个多自由度弹性系统。

(1)叶轮自由振动微分方程式的解。

叶轮结构无阻尼自由振动方程

$$[M]\{\ddot{\delta}\}+[K]\{\delta\}=\{0\} \tag{10.49}$$

先假设上式具有下述一组特殊的解,即各节点的动位移$\{\delta\}$($i=1,2,\cdots,n$是结构全部节点的自由度数)按同一频率ω、同一相角α做简谐运动,只是各自的振幅X^i不同。即

$$\{\delta\}=X\sin(\omega t+\alpha) \tag{10.50}$$

式中 $X=(X^1 \quad X^2 \quad \cdots \quad X^n)^T$——未知列向量,其元素均为常量,是节点的振幅,该向量表示叶轮振动的形态;元素的上角标是自由度号;

$\sin(\omega t+\alpha)$——时间的函数,表示叶轮振动时各节点的位移随时间的变化规律,经运算

$$\{\ddot{\delta}\}=-\omega^2\sin(\omega t+\alpha) \tag{10.51}$$

将式(10.50),式(10.51)代入式(10.49),并消去$\sin(\omega t+\alpha)$,得

$$KX-\omega^2\sin(\omega t+\alpha)=0 \tag{10.52}$$

在数学中这是广义特征值问题,它是一个关于未知向量 $\boldsymbol{X}$ 的齐次线形代数方程组。若叶轮结构发生自由振动,它应当有非零解。当有

$$|K-\omega^2 M|=0 \tag{10.53}$$

式(10.53)是关于ω^2的高次代数方程,通常叫多自由度体系自由振动频率方程。它的次数与K,M的阶数相等,即等于结构的自由度数n。因此,方程有n个根,$\omega_1{}^2$,$\omega_2{}^2$,$\cdots$,$\omega_n{}^2$。对应于n个ω^2,方程组有nn个线形无关的解$\boldsymbol{X}_i=1,2,\cdots,n$。

$\omega_i{}^2$和$\boldsymbol{X}_i$分别称为式(10.52)的特征值和特征向量,元素的下角标是频率号。在振动分析中,$\omega_i{}^2$和$\boldsymbol{X}_i$就是结构的第i阶固有频率和与其对应的主振型,ω的最小值叫作基本频率,相应的主振型叫作基本振型。

(2)叶轮固有频率的特点。

因为叶轮的固有频率仅决定于其结构的刚度特性和质量分布,因此,M和K矩阵的性质决定了固有频率有如下特点。

①叶轮结构的固有频率都是正实数。

a.没有刚体运动的叶轮(具有完全约束)其固有频率均不为 0,且都是正实数。这是因为M、K均为正定。

b.具有刚体运动的叶轮,其固有频率有 0 值,0 值的个数与刚体运动自由度数相对应,其余频率仍为正实数。这是因为此时M正定而K半正定。

②叶轮结构的固有频率具有分离性(在无重根情况下)。叶轮结构的固有频率ω_i的平方值$\omega_i{}^2$是高次代数方程式(10.53)的根,它们是使$|K-\omega^2 M|=0$的一组不连续的特殊值,而且它们具有如下关系,即$\omega_1<\omega_2<\cdots<\omega_n$。这里将它们写成如下向量形式

$$\omega=(\omega_1 \quad \omega_2 \quad \cdots \quad \omega_n) \tag{10.54}$$

式(10.54)叫作频率向量,其中ω_1就是基本频率。

③叶轮结构的固有频率与坐标选择无关。从物理意思上说这是明显的,因为固有频率只与叶轮结构刚度特性和质量分布有关,当然与坐标选择无关。

从数学意义上说,在不同的坐标系中,特征方程的形式可能不同,但将其展开后得到的代数方程式却是相同的,因而求得的固有频率也总是相同的。

（3）叶轮主振型的特点。

由式（10.53）可知,叶轮结构的主振型不仅与其结构的 M、K 矩阵有关,而其还与固有频率 ω_i 有关,它有如下特点:

①若叶轮的各固有频率之间无重频,存在 $\omega_1 < \omega_2 < \cdots < \omega_n$ 的关系,则这些频率所对应的主振型之间具有正交性（叫作格雷姆—施密特正交化）,即

$$X_i^{\mathrm{T}} M X_j = 0 \tag{10.55}$$

$$X_i^{\mathrm{T}} K X_j = 0 \tag{10.56}$$

自由振动各阶主振型所具有的能量（动能和势能之和）是一定的,在振动过程中,同一主振型上的动能和势能相互转换,但不向其他主振型传递能量。因此,如能按某一主振型给定初始位移,则结构的各质点就能按此主振型振动。在无阻尼的情况下,这种振动将继续下去,而不会产生其他主振型的振动。这是利用扫频发测量结构的固有频率和主振型的理论依据,也是近似求固有频率的瑞雷商法的理论依据。

②若叶轮的各固有频率中存在重频的情况,则重频所对应的主振型是不同的,且一般不具有正交性。这时可由这些振型采用线形组合的方法构成正交主振型。

③叶轮结构的振动形态与坐标选择无关,在不同的坐标系中,同一固有频率对应的主振型是不同的,但它们所描述的叶轮结构的运动形态都是相同的。这可由各阶主振型之间的正交性得到该结论。

3. 动力学分析有限元法的特点

动力学分析与静力学分析的一个根本区别就是结构所受的载荷是随时间变化的动载荷。在动力学分析有限元法中,仍以节点位移 $\{\delta\}$ 作为基本未知量,但这时 $\{\delta\}$ 不仅是坐标的函数,而且也是时间的函数,即

$$\{\delta\} = \{\delta\}(x \quad y \quad z \quad t) \tag{10.57}$$

因此节点具有速度 $\{\dot{\delta}\}$ 和加速度 $\{\ddot{\delta}\}$。利用节点位移插值表示单元内任一点的位移时,一般仍采用与静力分析相同的形函数,即

$$\{d\} = [N]\{\delta\}^e \tag{10.58}$$

式中　$[N]$——静力分析中的形函数矩阵。

当单元数量较多时,上述插值可以得到较好的插值精度。在线弹性条件下,单元内的应变和应力与节点位移的关系仍为

$$\{\varepsilon\} = [B]\{\delta\}^e \tag{10.59}$$

$$\{\sigma\} = [D][B]\{\delta\}^e \tag{10.60}$$

但这时的位移、应变和应力都是某一时刻的瞬时值,它们都是随时间 t 变化的函数。

由于节点具有速度和加速度,结构将受到阻尼和惯性力的作用。根据达郎伯原理,引入惯性力和阻尼力之后结构仍处于平衡状态,因此动力学分析中仍可采用虚位移原理来建立单元特性方程,然后再根据整体平衡条件和与静力分析相同的集成方式,就可得到整个结构的平衡方程

$$[M]\{\ddot{\delta}\}+[C]\{\dot{\delta}\}+[K]\{\delta\}=\{R(t)\} \tag{10.61}$$

式(10.61)又称为运动方程,它不再是静力问题那样的线性方程,而是一个二阶常微分方程组,其求解过程要复杂得多,所以建立有限元模型时要特别注意控制模型规模。

动力学分析有限元法的基本思想与静力分析是一致的,只是由于有限元方程的形式不一样,而求解方程的方法和计算内容不同。

4. 动力学分析有限元法的一般步骤

(1)结构离散。

该步骤与静力分析完全相同,只是由于两者分析内容不同,对网格形式的要求有可能不一样。静力分析时要求在应力集中部位加密网格,但在动力学分析中,由于固有频率和振型主要与结构的质量和刚度分布有关,因此它要求整个结构采用尽可能均匀的网格形式。

(2)单元分析。

单元分析的任务仍是建立单元特性矩阵,形成单元特性方程。在动态分析中,除刚度矩阵外,单元特性矩阵还包括质量矩阵和阻尼矩阵。

由虚位移可知单元运动方程为

$$[m]^e\{\ddot{\delta}\}^e+[c]^e\{\dot{\delta}^e\}+[k]^e\{\delta\}^e=\{R(t)\}^e \tag{10.62}$$

式中

$$[k]^e=\iiint\limits_{V}[B]^{\mathrm{T}}[D][B]\mathrm{d}V \tag{10.63}$$

$$[m]^e=\iiint\limits_{V}[N]^{\mathrm{T}}\rho[N]\mathrm{d}V \tag{10.64}$$

$$[c]^e=\iiint\limits_{V}[N]^{\mathrm{T}}\nu[N]\mathrm{d}V \tag{10.65}$$

分别称为单元的刚度矩阵、质量矩阵及阻尼矩阵,它们就是决定单元动态性能的特性矩阵。

$$\{R(t)\}^e=\iiint\limits_{V}[N]^{\mathrm{T}}\{P_v\}\mathrm{d}V+\iint\limits_{A}[N]^{\mathrm{T}}\{P_s\}\mathrm{d}A+[N]^{\mathrm{T}}\{P_c\} \tag{10.66}$$

称为单元节点动载荷列阵,它是作用在单元上的体力、面力和集中力向单元节点位置的结果。在动力学分析和静力分析中,单元的刚度矩阵是相同的,外部载荷的位置原理也是一样的。

(3)总体矩阵集成。

总体矩阵集成的任务是将各单元特性矩阵装配成整个结构的特性矩阵,从而建立整体平衡方程

$$[M]\{\ddot{\delta}\}+[C]\{\dot{\delta}\}+[K]\{\delta\}=\{R(t)\} \tag{10.67}$$

式中　$\{\delta\}$——所有节点位移分量组成的 n 阶列阵;

$\{R(t)\}$—— $\{R(t)\}=\sum\limits_{i=1}^{n}\{R_i(t)\}$（$i$ 为节点数）,称为节点载荷列阵;

$[K]$、$[M]$、$[C]$——分别为结构的刚度矩阵、质量矩阵和阻尼矩阵。

其中$[K]$与静力分析中的总刚度矩阵完全相同,矩阵$[M]$、$[C]$也采用与$[K]$相同的集成方式,即

$$[M] = \sum_{e=1}^{n_e} [m]^e \tag{10.68}$$

$$[C] = \sum_{e=1}^{n_e} [c]^e \tag{10.69}$$

式中　n_e——单元总数,矩阵$[K]$、$[M]$和$[C]$均为 n 阶对称阵。

(4)固有特性分析。

结构的固有特性由结构本身决定,与外载荷无关,它由一组模态参数定量描述。模态参数包括固有频率、模态振型、模态质量、模态刚度和模态阻尼等,其中最重要的参数是固有频率、模态振型和模态阻尼比。

固有特性分析就是对模态参数进行计算,其目的一是避免结构出现共振和有害的振型,二是为响应分析提供必要依据。由于固有特性与外载荷无关,且阻尼对固有频率和振型影响不大,因此可通过无阻尼自由振动方程计算固有频率。

(5)结果处理和显示。

分析完毕后,对计算结果进行必要的处理,并按一定方式显示,以研究结构的动态特性和对给定动载荷的响应情况。在动力学分析中,结构的各种响应常常用时间历程曲线表示,结构的振型常用图形或动画显示,其他模态参数可通过列表方式列出。

10.5.2　叶轮的计算模态分析

1.叶轮的计算模态分析过程

由于叶轮的结构特点,叶轮在高速旋转过程中,它的旋转刚化作用对模态分析有着明显的影响。因此,采用考虑叶轮离心力影响的预应力分析模型。基于 ANSYS 的高速透平膨胀机,叶轮动力学模态分析一般分为以下几步:

(1)建立叶轮实体模型。通过 pro/E 建立透平膨胀机叶轮实体模型。

(2)叶轮前处理。指定项目名和分析标题,然后用前处理器 PREP7 定义单元类型、单元实常数和材料性质。在模态分析中必须指定杨氏模量 EX、泊松比 PRYX 和密度 DENS,材料性质可以是线性的,各向同性或正交各向异性,恒定的或与温度有关的。在模态分析中只有线性行为是有效的,而非线性特性将被忽略。

(3)划分网格后添加约束条件,对模型进行静力分析。在这个步骤中要定义分析类型和分析选项,施加载荷与约束,对模型进行静力分析。

(4)叶轮带有预应力下的模态分析。必须选择预应力选项。指定载荷阶段选项,并进行固有频率的有限元求解。在得到初始解后,应对模态进行扩展以供查看。

(5)计算结果后处理,分析计算结果并得出结论。模态分析的结果(扩展模态处理的结构)写入结果分析 Jobname. rst 文件中,其中包括固有频率、已扩展的振型和相对应力和力分布,可以在普通后处理器(/POST1)中查看模态分析结构。

2. 叶轮实体模型的建立及材料属性

(1)叶轮的实体建模。

采用前述叶轮温度场分析的实体模型,如图 10.3 和图 10.4 所示。

(2)叶轮材料属性。

叶轮材料属性见表 10.1 和表 10.2。

3. 单元选择及有限元模型的建立

(1)单元类型。

采用叶轮强度分析的单元类型。

(2)网格划分方法。

采用前述叶轮温度场分析的有限元网格划分方法,膨胀轮及增压轮的有限元模型如图 10.6 所示。

4. 载荷情况及边界条件

划分网格完毕后,对模型添加载荷及约束。模态分析中唯一有效的"载荷"是零位移约束,若指定了非零位移约束,程序将以零位移约束代替该约束,在叶轮的计算过程中,叶轮的载荷为离心力,约束为全自由度约束。首先,对模型进行静力计算,并在静力分析的基础上扩展模态对模型进行带有预应力的模态分析,应用 Block－Lanzos 法求解振动方程的特征值。Block－Lanzos 法适用于大多数场合,功能强大,提取中、大型模型 50 000～100 000 个自由度的大量振型,用于实体或壳单元,可以很好地处理刚体模型,缺点是需要很高的内存。

计算完成以后,观察结果并对计算结果进行后处理。模态分析求解器输出内容主要是固有频率,其被写到输出文件 jobname. OUT 及振型文件 jobname. TRI 中,也包括缩减振型和参与因子表,由于振型还未写到结果文件中,必须经模态扩展。在模态分析中,我们用"扩展"这个词表达将振型写入结果文件,扩展到完整的 DOF 集上,无论是否采用缩减(reduced)法,我们都需要把振型写入结果文件,以便在后处理器中观察振型。模态扩展要求 jobname. MOD、Ejobname. EMAT、jobname. ESAV 文件必须存在,而且数据库中包含计算时的分析模型。

5. 叶轮的有限元分析结果

(1)膨胀轮的有限元结果分析。

①高速旋转的预应力下的膨胀轮的动力学模态分析。在进行膨胀轮的振动频率和相应的模态计算分析时,由于高阶模态对振动系统的贡献不大,不会对系统产生较大的影响,故只计算了膨胀轮的前八阶模态。计算结果由表 10.5 给出,一阶到八阶振型图如图 10.26～10.33 所示。

表 10.5 膨胀轮前八阶频率   单位:Hz

阶数	频率	振动形式
1	5 793	零节径伞形振动
2	8 116	一节径扇形振动
3	8 174	一节径扇形振动
4	8 974	零节径伞形振动
5	9 374	二节径扇形振动
6	9 396	二节径扇形振动
7	11 799	三节径扇形振动
8	11 824	三节径扇形振动

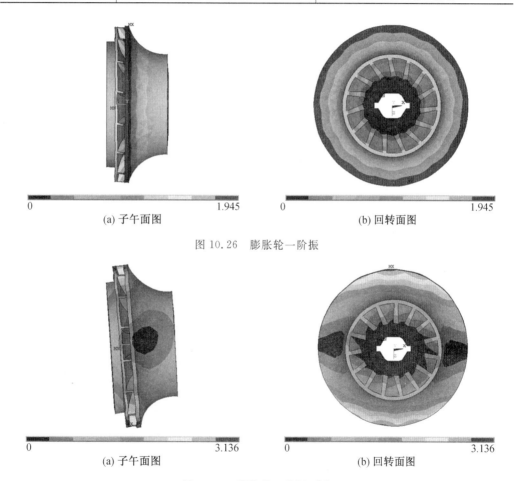

(a) 子午面图   (b) 回转面图

图 10.26 膨胀轮一阶振

(a) 子午面图   (b) 回转面图

图 10.27 膨胀轮二阶振型图

②不同转速的膨胀轮的动力学模态分析。为了深入分析离心力对膨胀轮的刚化作用和对模态分析的影响,对不同转速下的膨胀轮的模态进行了分析,计算得到了膨胀轮不同转速下的固有频率和振型,前八阶固有频率计算值由表 10.6 给出。

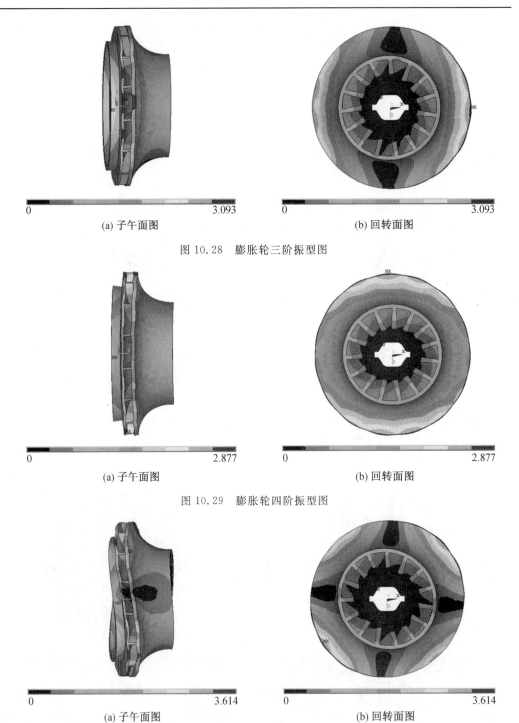

(a) 子午面图　　　　　　　　　　　(b) 回转面图

图 10.28　膨胀轮三阶振型图

(a) 子午面图　　　　　　　　　　　(b) 回转面图

图 10.29　膨胀轮四阶振型图

(a) 子午面图　　　　　　　　　　　(b) 回转面图

图 10.30　膨胀轮五阶振型图

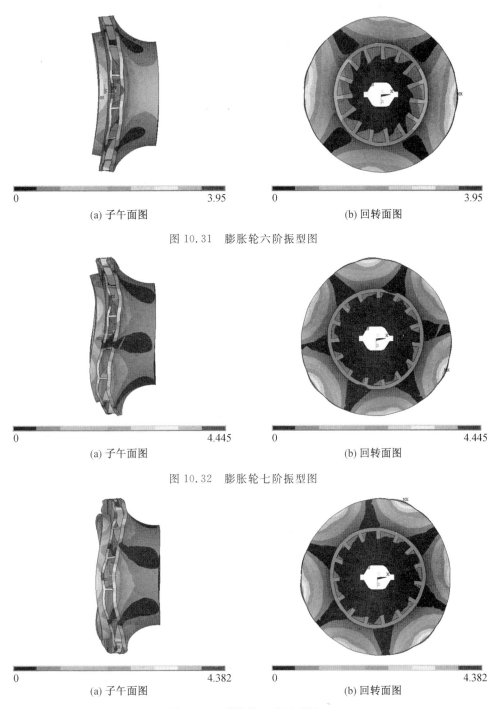

| 0 | 3.95 | 0 | 3.95 |

(a) 子午面图　　　　　　　　　　　　(b) 回转面图

图 10.31　膨胀轮六阶振型图

| 0 | 4.445 | 0 | 4.445 |

(a) 子午面图　　　　　　　　　　　　(b) 回转面图

图 10.32　膨胀轮七阶振型图

| 0 | 4.382 | 0 | 4.382 |

(a) 子午面图　　　　　　　　　　　　(b) 回转面图

图 10.33　膨胀轮八阶振型图

表 10.6　膨胀轮不同转速下的前八阶固有频率　　　　单位：Hz

阶数	转速/(r·min^{-1})					
	0	1×10^4	2×10^4	3×10^4	4×10^4	5×10^4
1	5 760	5 763	5 773	5 789	5 813	5 842
2	8 092	8 095	8 102	8 113	8 130	8 151
3	8 151	8 153	8 160	8 172	8 189	8 210
4	8 954	8 956	8 962	8 972	8 986	9 003
5	9 340	9 344	9 354	9 371	9 394	9 425
6	9 363	9 367	9 377	9 393	9 417	9 447
7	11 754	11 759	11 773	11 796	11 828	11 868
8	11 779	11 784	11 798	11 820	11 852	11 893

③结果分析。离心应力对固有频率的影响采用初应力模式引入振动方程总刚度矩阵中，并对初应力刚度矩阵采用了小变形条件下计入非线性影响的线性处理，得到膨胀轮在高转速下的固有频率。

膨胀轮由轮盘、叶片及轮盖组成。通过膨胀轮的振型图分析可以看出，膨胀轮低阶频率的振动形式以轴向摆动为主。此时，质量效应为主，表现为低阶固有频率较低。随着频率阶数的增加，膨胀轮的振型为轴向弯曲变形。由于离心力的刚化作用，使其固有频率有所提高，参见表 10.5。

由膨胀轮的振型图可知，轮盖对叶片的刚性具有增强作用。因此，叶片的变形较小，由于叶片、轮盘、轮盖的振动耦合效应，膨胀轮的变形以轴向摆动、弯曲、扭转振动形式为主。随着膨胀轮振动频率的提高，其主要振型也在发生变化，由原来的零节径逐渐过渡到三节径，呈现出了比较明显的扇形和伞形振动。

确定模态频率是模态分析最基本的目的，因为确定了系统的模态频率就可以知道系统在什么频率范围内振动比较敏感，并且当外加激励频率和膨胀轮的固有频率一致时，发生共振，膨胀轮振动幅度加剧，此时将导致膨胀轮因共振而破坏。因此，设计膨胀轮的旋转频率应避免共振区域，防止膨胀轮破坏。图 10.34 所示的共振区域是应避免的危险区域。由表 10.5 固有频率计算结果可以看出，透平膨胀机膨胀轮各部分的刚度较大，其频率比较高。膨胀轮的第一阶频率为 $\omega_0 = 5\ 792$ Hz，远高于工作转速 31 328 r/min 时的频率 $\omega = 3\ 279$ Hz，即不在叶轮的共振区域范围内。由此可以确定，膨胀轮满足设计余量和振动安全性要求，所以在一定的工作转速范围内，选用膨胀轮时可以不考虑其产生共振的影响，直接根据膨胀轮的级比焓降、热效率等因素选取膨胀轮类型。

透平膨胀机的工作转速通常很高，大部分转速均在每分钟一万转以上，膨胀轮高速旋转产生的离心惯性力对叶片、轮盘及轮盖的耦合振动特性具有显著影响。膨胀轮的振动是轮盘、轮盖、叶片耦合的结果，由于其转动和变形的耦合将导致膨胀轮刚度增大，即使在小变形条件下，也将产生动力刚化现象。因此，动力刚化效应对膨胀轮的固有频率有着不可忽略的影响。由于离心力的刚化作用，膨胀轮在不同的旋转速度下的振动频率也有所不同，膨胀轮的固有频率比静频有所提高，并且，随着转速的增加膨胀轮的振动频率随之

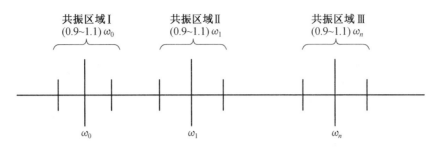

共振区域 I
$(0.9\sim1.1)\,\omega_0$

共振区域 II
$(0.9\sim1.1)\,\omega_1$

共振区域 III
$(0.9\sim1.1)\,\omega_n$

ω_0　　　　　　　ω_1　　　　　　　ω_n

图 10.34　叶轮的共振区域

增加,参见表 10.6。

(2)增压轮的有限元结果分析。

①高速旋转的预应力下的增压轮的动力学模态分析。在进行增压轮的振动频率和相应的模态计算分析时,由于高阶模态对振动系统的贡献不大,不会对系统产生较大的影响,故只计算了增压轮的前八阶模态。计算结果由表 10.7 给出,一阶到八阶振型图如图 10.35～10.42 所示。

表 10.7　增压轮前八阶频率　　　　　　　　　　　　单位:Hz

阶数	频率	振动形式
1	4 474	零节径伞形振动
2	5 761	一节径扇形振动
3	5 797	一节径扇形振动
4	6 336	零节径伞形振动
5	6 898	二节径扇形振动
6	6 906	二节径扇形振动
7	8 983	零节径伞形振动
8	9 257	三节径扇形振动

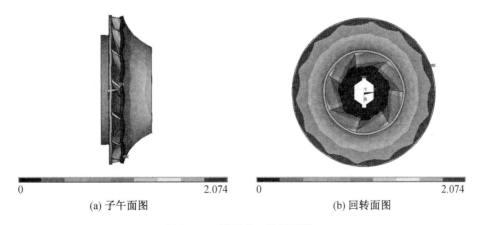

0　　　　　　　　　　2.074　　　　　　0　　　　　　　　　　2.074
(a) 子午面图　　　　　　　　　　(b) 回转面图

图 10.35　增压轮一阶振型图

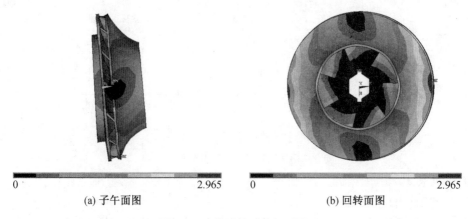

0   2.965   0   2.965

(a) 子午面图   (b) 回转面图

图 10.36　增压轮二阶振型图

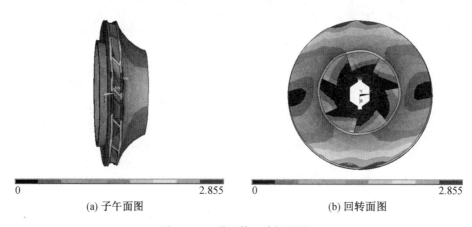

0   2.855   0   2.855

(a) 子午面图   (b) 回转面图

图 10.37　增压轮三阶振型图

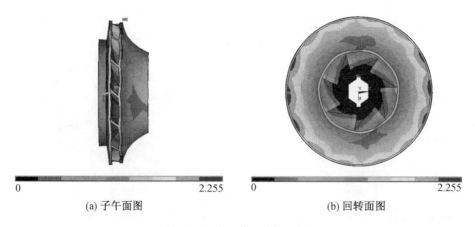

0   2.255   0   2.255

(a) 子午面图   (b) 回转面图

图 10.38　增压轮四阶振型图

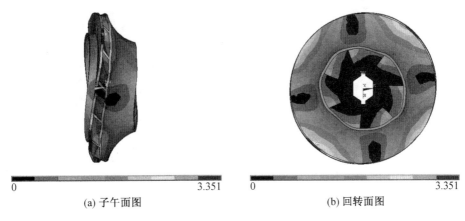

0 3.351	0 3.351
(a) 子午面图	(b) 回转面图

图 10.39　增压轮五阶振型图

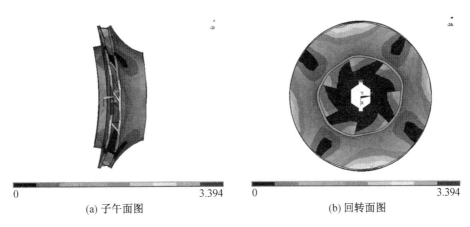

0 3.394	0 3.394
(a) 子午面图	(b) 回转面图

图 10.40　增压轮六阶振型图

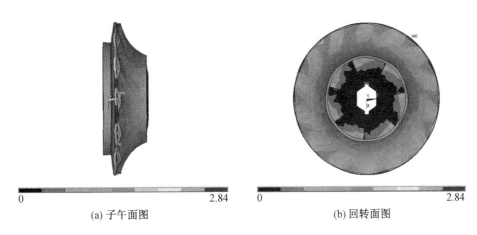

0 2.84	0 2.84
(a) 子午面图	(b) 回转面图

图 10.41　增压轮七阶振型图

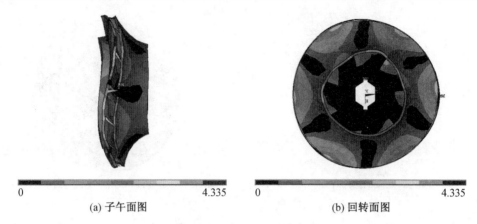

0　　　　　　　　　　　4.335	0　　　　　　　　　　　4.335
(a) 子午面图	(b) 回转面图

图 10.42　增压轮八阶振型图

②不同转速的增压轮的动力学模态分析。为了深入分析离心力对增压轮的刚化作用和对模态分析的影响,对不同转速下增压轮的模态进行了分析,计算得到了增压轮不同转速下的固有频率和振型,前八阶固有频率计算值由表 10.8 给出。

③结果分析。离心应力对固有频率的影响采用初应力模式引入振动方程总刚度矩阵中,并对初应力刚度矩阵采用了小变形条件下计入非线性影响的线性处理,得到增压轮在高转速下的固有频率。

增压轮也由轮盘、叶片及轮盖组成,只是增压轮的叶片既有长叶片又有短叶片。通过增压轮的振型图分析可以看出,增压轮低阶频率的振动形式也以轴向摆动为主。此时,质量效应为主,表现为低阶固有频率较低。随着频率阶数的增加,增压轮的振型也为轴向弯曲变形。由于离心力的刚化作用,使其固有频率有所提高,参见表 10.7。

由增压轮的振型图可知,轮盖对叶片的刚性具有增强作用。因此,叶片的变形较小,增压轮由于叶片、轮盘、轮盖的振动耦合效应,变形以增压轮轴向摆动、弯曲、扭转振动形式为主。随着增压轮振动频率的提高,增压轮的主要振型也在发生变化,由原来的零节径逐渐过渡到三节径,呈现出了比较明显的扇形和伞形振动。

确定模态频率是模态分析最基本的目的,因为确定了系统的模态频率就可以知道系统在什么频率范围内振动比较敏感,并且当外加激励频率和增压轮的固有频率一致时,发生共振,增压轮振动幅度加剧,此时将导致增压轮因共振而破坏。因此,设计增压轮的旋转频率应避免共振区域,防止增压轮破坏。图 10.34 所示的共振区域是应避免的危险区域。由表 10.7 固有频率计算结果可以看出,透平膨胀机增压轮各部分的刚度较大,其频率比较高。增压轮的第一阶频率 $\omega_0 = 4\,474$ Hz,高于工作转速 31 328 r/min 时的频率 $\omega = 3\,279$ Hz,即不在增压轮的共振区域范围内。由此可以确定,增压轮满足设计余量和振动安全性要求,所以在一定的工作转速范围内,选用增压轮时可以不考虑增压轮产生共振的影响,直接根据增压轮的级比焓降、热效率等因素选取增压轮类型。

透平膨胀机的工作转速通常很高,大部分转速均在每分钟一万转以上,增压轮高速旋转产生的离心惯性力对叶片、轮盘及轮盖的耦合振动特性具有显著影响。增压轮的振动是轮盘、轮盖及叶片耦合的结果,由于其转动和变形的耦合将导致增压轮刚度增大,即使在小变形条件下,也将产生动力刚化现象。因此,动力刚化效应对增压轮的固有频率有着不可忽略的影响。由于离心力的刚化作用,增压轮在不同的旋转速度下的振动频率也有所不同,增压轮的固有频率比静频有所提高,并且,随着转速的增加增压轮的振动频率随之增加,参见表 10.8。

表 10.8　增压轮不同转速下的前八阶固有频率　　　　　　单位:Hz

阶数	转速/(r·min^{-1})					
	0	·1×10^4	2×10^4	3×10^4	4×10^4	5×10^4
1	4 732	4 736	4 749	4 770	4 800	4 837
2	5 725	5 729	5 740	5 758	5 783	5 815
3	5 761	5 765	5 776	5 794	5 819	5 852
4	6 305	6 308	6 318	6 330	6 355	6 383
5	6 852	6 857	6 871	6 895	6 927	6 969
6	6 859	6 864	6 878	6 902	6 935	6 977
7	8 936	8 941	8 955	8 979	9 013	9 056
8	9 200	9 206	9 223	9 252	9 293	9 345

参考文献

[1] 张启华.叶轮机械流体力学基础[M].北京:科学出版社出版,2023.

[2] 向伟.流体机械[M].西安:西安电子科技大学出版社,2016.

[3] 祁大同.离心式压缩机原理[M].北京:机械工业出版社,2018.

[4] 庞学诗.螺旋涡的基本性质及其在旋流器中的应用[J].有色金属:选矿部分,1991(4):5.

[5] 徐继润.水力旋流器流场理论[M].北京:科学出版社,1998.

[6] 梁政.固液分离水力旋流器流场理论研究[M].北京:石油工业出版社,2011.

[7] 赵庆国,张明贤.水力旋流器分离技术[M].北京:化学工业出版社,2003.

[8] 庞学诗,陈文梅,戴光清,等.水力旋流器[M].北京:化学工业出版社,1998.

[9] 蒋明虎,王尊策,李枫,等.结构及操作参数对旋流器切向速度场的影响——液-液水力旋流器速度场研究之二[J].石油机械,1999(2):20-22,2.

[10] 钟英杰,都晋燕,张雪梅.CFD技术及在现代工业中的应用[J].浙江工学院学报,2003,31(3):6.

[11] 吴强.CFD技术在通风工程中的运用[M].北京:中国矿业大学出版社,2001.

[12] 马艺,金有海,王振波.FLUENT软件在液—液旋流器中的应用[J].过滤与分离,2008(2):42-45,48.

[13] 邵悦,赵会军,王小兵.水力旋流器油水分离数值模拟与实验研究[J].常州大学学报(自然科学版),2013,25(2):51-55.

[14] 江帆.CFD基础与Fluent工程应用分析[M].北京:人民邮电出版社,2022.

[15] 潘丽萍.实用多相流数值模拟——ANSYS Fluent多相流模型及其工程应用[M].北京:科学出版社,2020.

[16] 罗先武,叶维祥,宋雪漪,等.支撑"双碳"目标的未来流体机械技术[J].清华大学学报(自然科学版),2022(4):62.

[17] 罗先武,季斌,张超,等.一种基于"健康和谐"理念的水能资源开发与运行管理评价指标体系[J].水力发电学报,2013,32(2):9.

[18] 张春泽,刁伟,尤建锋,等.长短叶片水轮机尾水涡带动态特性数值分析[J].华中科技大学学报(自然科学版),2017,45(7):8.

[19] 李广府,卢池.高水头混流式水轮机尾水管涡带特性的试验研究[J].水电自动化与大坝监测,2019,5(5):52-57.

[20] 张锐志,西道弘,罗先武.尾水管壁面加鳍对混流式水轮机压力脉动的影响[J].空气动力学学报,2020,38(4):9.

[21] 廖伟丽,姬晋廷,逯鹏,等.水轮机主轴中心孔补气对尾水管内部流态的影响[J].水

利学报，2008，39(8):7.

[22] LI F, LIU P, YANG X, et al. Purification of granular sediments from wastewater using a novel hydrocyclone[J]. Powder Technology, 2021:393.

[23] 刘鸿雁，王亚，韩天龙，等. 水力旋流器溢流管结构对微细颗粒分离的影响[J]. 化工学报，2017，68(5):1921-1931.

[24] 刘培坤，杜启隆，张悦刊. 内螺旋道式旋流器流场特征及分离性能[J]. 流体机械，2022，50(3):53-59.

[25] 刘国庆，张悦刊，刘培坤，等. 单、双溢流管旋流器流场特征及分离性能研究[J]. 金属矿山，2021(11):151-157.

[26] 刘培坤，杨广坤，杨兴华，等. 具有溢流帽结构的旋流器流场特征及分离性能研究[J]. 流体机械，2021，49(1):1-6.

[27] 兰雅梅，张婷婷，王世明，等. 旋流器结构参数对其性能的影响分析[J]. 化工机械，2021，48(5):678-682.

[28] 谢苗，朱昀，张保国. 水力分级旋流器工艺参数匹配优化研究[J/OL]. 机械科学与技术:1-9[2023-02-10].

[29] 刘秀林，陈建义，姜淑凤，等. 旋风分离器结构优化实验研究[J]. 现代化工，2019，39(12):205-209.

[30] 郑建祥，周天鹤. 旋风分离器排气管缩口半径优化的数值模拟[J]. 流体机械，2015，43(12):28-32.

[31] 邢雷，李金煜，赵立新，等. 基于响应面法的井下旋流分离器结构优化[J]. 中国机械工程，2021，32(15):1818-1826.

[32] 刘培坤，杜启隆，张悦刊. 内螺旋道式旋流器流场特征及分离性能[J]. 流体机械，2022，50(3):53-59.

[33] 刘秀林，陈建义，姜淑凤，等. 旋风分离器结构优化实验研究[J]. 现代化工，2019，39(12):205-209.

[34] 兰雅梅，张婷婷，王世明，等. 旋流器结构参数对其性能的影响分析[J]. 化工机械，2021，48(5):678-682.

[35] 熊攀，鄢曙光，刘玮寅. 基于响应曲面法的旋风分离器结构优化[J]. 化工学报，2019，70(1):154-160.

[36] 宋民航，赵立新，徐保蕊，等. 液-液水力旋流器分离效率深度提升技术探讨[J]. 化工进展，2021，40(12):6590-6603.

[37] 刘鹤，贾新勇，王博. 溢流管结构参数对旋风分离器性能影响的仿真研究[J]. 流体机械，2020，48(11):6-10,16.

[38] 刘丰. 非球形颗粒旋风分离机理与并联旋风分离器性能研究[D]. 北京:中国石油大学(北京)，2015.

[39] 邵国兴. 水封式水力旋流器的研究及应用[J]. 化工机械，1996，23(1):5.

[40] 时铭显，王云瑛. PV型旋风分离器尺寸设计的特点[J]. 石油化工设备技术，1992，13(4):14-18.

[41] PENG W，HOFFMANN A，DRIES H，et al. Reverse-flow centrifugal separators in parallel：performance and flow pattern[J]. A. I. Ch. E Journal，2007，53：589-597.

[42] 童秉纲，尹协远，朱克勤. 涡运动理论［M］. 2 版. 北京：中国科学技术大学出版社，2009.

[43] AREF H，STREMLER M. Four-vortex motion with zero total circulation and impulse[J]. Physics of Fluids，1999,11(12)：3704-3715.

[44] 严建华. 循环流化床飞灰分离装置的试验研究及设计[J]. 动力工程，1994(3)：19-24.

[45] GIBSON M M，LAUNDER B E. Ground effects on pressure fluctuations in the atmospheric boundary layer[J]. Journal of Fluid Mechanics，1978，86(3)：491-511.

[46] 杨景轩，马强，孙国刚. 旋风分离器排气管最佳插入深度的实验与分析[J]. 环境工程学报，2013，7(7)：2673-2677.

[47] 陶华东. 轴入式旋风管两相流特性研究[D]. 杭州：浙江工业大学，2012.

[48] 郝晓文，王磊，赵强. 下排气旋风分离器流场分析与结构优化[J]. 电站系统工程，2011，27(3)：15-16.

[49] 计光华. 透平膨胀机[M]. 北京：机械工业出版社，1989.

[50] 何丕文. 有限差分法在河流水质预测中的应用[J]. 长江大学学报，2006，3(1)：38-39.

[51] 周长城，胡仁喜，熊文波. ANSYS 基础与典型范例[M]. 北京：电子工业出版社，2007.

[52] 陈晓霞. ANSYS7.0 高级分析[M]. 北京：机械工业出版社，2004.

[53] 冯光. 旋转机械的强度与振动分析[D]. 武汉：华中科技大学，2005.

[54] 陆煜，程林. 传热原理与分析[M]. 北京：科学出版社，1997.

[55] 杨世铭，陶文铨. 传热学[M]. 北京：高等教育出版社，1998.

[56] 米海珍，李春燕. 弹性力学[M]. 重庆：重庆大学出版社，2001.

[57] 刘东远，孟庆集. 叶片振动特性的三维非协调有限元计算[J]. 动力工程，1999，19(4)：293-296.

[58] 赵经文，王宏钰. 结构有限元分析[M]. 2 版. 北京：科学出版社，2001.

[59] 钮冬至. 风机叶轮振动特性的分析与实验研究[D]. 上海：上海交通大学，2001.

[60] 冯光. 旋转机械的强度与振动分析[D]. 武汉：华中科技大学，2005.

[61] 陆煜，程林. 传热原理与分析[M]. 北京：科学出版社，1997.

[62] 杨世铭，陶文铨. 传热学[M]. 北京：高等教育出版社，1998.

[63] 张洪信. ANSYS 有限元分析完全自学手册[M]. 北京：机械工业出版社，2008.

[64] 陈国荣. 有限单元法原理及应用[M]. 北京：科学出版社，2008.

[65] 杜平安，甘娥忠，于亚婷. 有限元法——原理、建模及应用[M]. 北京：国防工业出版社，2004.

[66] 米海珍，李春燕. 弹性力学[M]. 重庆：重庆大学出版社，2001.

[67] 王勖成，邵敏. 有限元法基本原理与数值方法[M]. 北京：清华大学出版社，1998.

[68] 张虹，马朝臣. 车用涡轮增压器压气机叶轮强度计算与分析[J]. 内燃机工程，2007，

28(1):62-66.

[69]刘东远,孟庆集.叶片振动特性的三维非协调有限元计算[J].动力工程,1999,19(4):293-296.

[70]赵经文,王宏钰.结构有限元分析[M].2版.北京:科学出版社,2001.

[71]钮冬至.风机叶轮振动特性的分析与实验研究[D].上海:上海交通大学硕士学位论文,2001.

[72]杨阳,王益群,向小强,等.连体膨胀机叶轮应力及模态分析[J].流体传动与控制,2008,27(2):9-11.